湍流燃烧火焰面模式
理论及应用

孙明波　白雪松　王振国　著

国防科学技术大学学术专著出版资助专项经费资助

科学出版社

北 京

内 容 简 介

本书系统建立和介绍了湍流燃烧火焰面模式的模型和方法,包括湍流预混火焰面模型、湍流扩散火焰面模型、部分预混湍流火焰面模型以及超声速湍流燃烧火焰面模型;针对各类模型同时给出了验证算例和详细的应用实例。上述理论或模型反映了当前的最新研究成果。

本书可作为航天、航空、内燃机及一切从事湍流燃烧领域和专业的师生和科技人员的参考书。

图书在版编目(CIP)数据

湍流燃烧火焰面模式理论及应用/孙明波,白雪松,王振国著. —北京:科学出版社,2014

ISBN 978-7-03-040606-4

Ⅰ.①湍… Ⅱ.①孙…②白…③王… Ⅲ.①航空发动机燃烧-湍流 Ⅳ.①V231.2

中国版本图书馆 CIP 数据核字(2014)第 097452 号

责任编辑:陈 婕 / 责任校对:胡小洁
责任印制:赵 博 / 封面设计:蓝正设计

科学出版社 出版
北京东黄城根北街 16 号
邮政编码:100717
http://www.sciencep.com

北京华宇信诺印刷有限公司印刷
科学出版社发行 各地新华书店经销
*
2014 年 7 月第 一 版 开本:720×1000 1/16
2025 年 1 月第四次印刷 印张:15 1/2
字数:310 000
定价:138.00元
(如有印装质量问题,我社负责调换)

前　　言

　　湍流燃烧火焰面模式最早由德国著名学者 Norbert Peters 在对层流扩散火焰的研究基础上提出,其蕴含的物理图像是一定条件下湍流燃烧的火焰由大量的火焰面组成,这些火焰面是很薄的反应扩散层,它的厚度比流动的最小涡尺度——Kolmogorov 尺度还要小,即湍流燃烧处于"皱褶"的层流火焰面燃烧模式下。火焰面模式是受特定燃烧条件限制的,但实际情况下,这种模式非常普遍,如往复式发动机、气体涡轮发动机等装置中的扩散、预混及部分预混燃烧都以这种模式为主。近年来,还有许多学者认为超燃冲压发动机中的燃烧也可能处于火焰面模式,并已经将低速火焰面模式推广应用于超声速湍流燃烧的计算。

　　在火焰面模式假设下,火焰内部结构不会受湍流涡旋的影响,而只是在湍流作用下发生火焰面的扭曲变形。在这种物理机制下,可将火焰面的内部结构和湍流的作用分开考虑。这样在某种程度上实现了流动和化学反应之间的解耦,能够以较小的计算代价预测多种燃烧现象,非常适合在工程中应用。目前,国际燃烧学界在火焰面模式的应用上已经取得了丰硕的成果,并且发展出了适合于各种复杂燃烧条件的火焰面模型。

　　作者从事火焰面模型研究多年,甚能体会其物理直观、计算效率高的特点,并坚信其生命力不会因为未来直接数值模拟的广泛应用而丧失;相反的,该模型的理论和方法在直接数值模拟海量数据的分析中会大有作为。2011 年年初,作者经过讨论达成共识,觉得有必要总结一本专著系统介绍和推广湍流燃烧火焰面模式。2012 年完成初稿,之后几易其稿,并不断添加学术界的最新成果,历经两年才最终定稿。

　　本书从湍流燃烧的基本特性出发,介绍了现有湍流燃烧数值模拟的常用模型,并引出火焰面模型;然后针对低速条件下不同燃烧形式,包括预混、扩散和部分预混火焰,分别介绍了基于不同守恒标量的火焰面模型;最后介绍了火焰面模型从低速流动拓展到超声速的应用困难、判别及修正方法。同时,本书附上了丰富的算例验证和分析,旨在让读者完整把握火焰面模式从理论到应用的脉络。

　　本书在撰写过程中,国防科学技术大学的汪洪波讲师、樊超讲师,研究生范周琴、吴锦水、洪燕、张林、刘朝阳、赵国炎等做了大量的资料收集整理工作,瑞典隆德大学喻日新副研究员,研究生于江飞、龚诚、王成龙等进行了大量的修改、校对工作,在此对他们表示感谢。同时感谢国防科学技术大学学术专著出版资助专项经费的资助,感谢装备学院庄逢辰院士、中国空气动力研究与发展中心乐嘉陵院士对本书提出的宝贵意见。

　　由于湍流燃烧火焰面模式理论的复杂性及应用的广泛性,加之作者水平有限,书中难免出现不妥和疏漏之处,敬请读者批评指正。

目　　录

第1章　湍流燃烧及其数值模拟概述

湍流燃烧过程广泛存在于能源产生系统、交通运输系统及航空航天系统中,如电站锅炉、汽车发动机、航空航天推进系统的发动机等。因为湍流燃烧和人类的生产、生活息息相关,所以关于它的研究得到了全世界燃烧领域学者的广泛关注。要设计出高效、清洁的燃烧装置,首先要提高对湍流燃烧机理的认识。湍流燃烧是一个极其复杂的物理化学过程,该过程中湍流流动、传热、传质与化学反应同时发生且强烈地耦合在一起,大大增加了湍流燃烧问题的研究难度。

1.1　湍流燃烧基本特性

湍流燃烧将本已经很复杂的两个问题——湍流和化学反应,耦合在一起。就湍流本身而言,其根本机理尚未得到充分解释,是经典物理学中悬而未决的问题之一。在探讨湍流燃烧本质之前,首先对湍流的基本特性要有所认识。

1.1.1　湍流的基本特性

直观地来看,湍流是一种伴随着瞬时速度波动的不规则流动状态,但其物理的本质远远要比其直观表现复杂。一般认为,湍流具有以下几种特性:

(1)随机性。通常认为湍流是在连续介质范畴内流体的不规则运动,这有别于分子的不规则运动。在极不规则的湍流中,流动的最小时间尺度和最小空间尺度仍远大于分子热运动的相应尺度,因此,其仍可用连续介质力学的方法来描述。当雷诺数较大时,流动状态对初始条件和边界条件变得极为敏感,任何微小的扰动都可能使原有的流动状态遭到破坏并发展为新的流动状态,其运动具有一定的随机性质,这种随机性造成流场中速度和其他状态参数都随空间位置和时间迅速脉动。当然,湍流也并非完全随机,其各个脉动分量仍然受到质量守恒、动量守恒和能量守恒定律的限制。

(2)扩散性与耗散性。与分子的无规则运动引起流场中动量、化学组分和能量等的扩散输运类似,湍流中流体微团的不规则运动宏观上导致了这些物理量及湍流能量本身的输运,其输运能力通常比分子扩散高2~3个数量级。工程燃烧应用中利用湍流的强扩散特性来实现各种组分的充分混合,并可获得比层流燃烧大得多的燃烧速率和强度。与此同时,湍流还具有极强的耗散性,湍流涡团的运动必然伴随着克服黏性力做功,从而使湍流动能转变为流体的内能,因而需要不断地补充能量来弥补其耗散才能使湍流得以维持。

（3）多尺度性。湍流本质上是不同尺度上的拟序结构和随机脉动的相互作用。充分发展的湍流由各种尺度的涡团组成,其运动的物理过程可以用湍流能量"级串"(cascade)理论来描述。涡团的最大尺度与流动的整个空间有相同的量级,涡团的最小尺度则由需要其耗散的湍流能量确定。湍流的尺度分布是流场的不均匀性对涡团连续不断地拉伸的结果。这种拉伸作用使旋涡发生从大变小的级串过程,即大尺度涡团不断破裂为更小尺度涡团的过程,涡团所含有的湍动能也逐渐由大尺度向小尺度传递,直到涡团的尺度足够小、局部剪切作用足够强,黏性足以耗散掉它所得到的湍流动能。由于涡的拉伸过程只能在三维条件下进行,因而湍流运动只能是三维的,即使从宏观上看其时均流场是二维甚至是一维的,但其湍流脉动结构仍是三维的。通常认为,尺度相差很大的旋涡没有直接的相互作用,而只有尺度相近的旋涡才能传递能量。由于湍流只存在于高雷诺数,大旋涡之间的作用几乎不受黏性的影响;只在上述级串过程的最后阶段,即在最小尺度的涡附近,黏性的作用才变得明显和重要。

湍流的随机性和多尺度性给湍流的实验测量带来了困难。随着计算机技术的发展,计算流体力学(CFD)逐渐成为湍流研究中最有力的工具。

1.1.2 湍流燃烧的特点

燃烧是燃料与氧化剂(常见的如空气或氧气)之间伴随着发光与发热的快速化学反应过程。燃烧过程中,化学反应往往集中于反应流中的某一薄层区域,这样的反应薄层称为火焰。根据燃料与氧化剂混合方式的不同,燃烧又可分为预混模式、非预混模式和部分预混模式。在预混模式中,燃料与氧化剂的混合过程发生在燃烧过程之前。在非预混模式中,燃料与氧化剂的混合与燃烧过程同时发生,这种燃烧模式又称为扩散燃烧。部分预混模式是指介于预混与非预混之间,在整个燃烧火焰中,一部分处于预混模式,另一部分处于非预混模式。在工程中,大部分湍流火焰都处于部分预混模式。

自点火(auto-ignition,or self-ignition)是有别于火焰的另一种燃烧模式。燃料与氧化剂形成的可燃混合物在一定的条件下,通过缓慢的化学反应实现能量的聚集,达到自加速的反应状态,最终达到燃烧状态并可能在流场内形成火焰。自点火不仅可能发生于预混(或均质)混合物中,也可能出现于非预混流场,如柴油机内液体燃料的喷雾燃烧。与火焰燃烧模式中的化学反应主要集中于某一薄层区域不同,自点火燃烧中的化学反应分布于更广的空间范围。例如,最近广受关注的均质压燃点火发动机(homogeneous charge compression ignition, HCCI)中燃料与氧化剂在点火前充分混合,在活塞的压缩作用下,整个燃烧室内可燃气体同时点火,燃烧主要以自点火的形式进行。

在工程应用中,燃烧一般发生于湍流流动中,这样的过程称为湍流燃烧。一般而言,燃烧中燃料与氧化剂的混合需要达到分子量级,这需要通过流体中浓度梯度造成的分子扩散来实现。在湍流流场中,不同尺度涡结构的增长、剪切与破碎以及小尺度涡的形成都会增强涡团表面的组分浓度梯度,从而起到增强混合的作用。涡团表面间的化学反应对燃料和氧化剂的消耗也会进一步影响不同化学组分间的扩散过程。然而这些描述都是理想化的,湍流对组分混合以及燃烧的作用机理还远不够清楚。

燃烧过程也会对湍流的特性造成强烈影响:燃烧火焰锋面前后的速度梯度以及燃烧释热形成的压力波都会促进湍流涡结构的形成;燃烧形成的高温燃气会造成流场中气体黏性系数的提高,从而造成湍流最小涡尺度的增大。湍流和燃烧之间的相互作用将会造成纯流动中的尺度规律不再适用,如在大雷诺数下自由剪切流中流动与雷诺数的无关性不再适用于带燃烧的湍流流场。另外,燃料的燃烧涉及大量基元反应,这些基元反应具有完全不同的时间尺度。当这些反应的时间尺度完全覆盖湍流理论中的惯性子区时,将不存在任何简化的尺度规律可用于燃烧流场的求解。

自 20 世纪 70 年代初计算流体力学被引入燃烧问题的求解以来,数值模拟逐渐成为研究湍流燃烧问题的重要方法。与常规的实验研究手段相比,数值模拟能够提供更精细、更全面的流场参数分布。随着计算机技术的发展,数值模拟被成功应用于机理研究和燃烧器设计等燃烧问题的多个领域。

1.2　化学反应流的数学描述

1.2.1　化学反应流控制方程

不同文献中的湍流反应流的控制方程可能具有不同的表现形式,但都是针对流体的质量、动量、能量以及其他标量建立的输运方程。质量、动量与能量之外的其他标量一般用于混合物热力学状态的时空重构。本节针对多组分反应流建立如下控制方程:

$$\frac{\partial \rho}{\partial t} + \frac{\partial \rho u_i}{\partial x_i} = 0 \tag{1.1}$$

$$\frac{\partial \rho u_i}{\partial t} + \frac{\partial (\rho u_i u_j + p\delta_{ij} - \tau_{ij})}{\partial x_j} = 0 \tag{1.2}$$

$$\frac{\partial \rho E}{\partial t} + \frac{\partial \left[(\rho E + p) u_i + q_i - u_j \tau_{ji} \right]}{\partial x_i} = 0 \tag{1.3}$$

$$\frac{\partial \rho Y_m}{\partial t} + \frac{\partial}{\partial x_i} \left[\rho Y_m (u_i + V_{i,m}) \right] = \dot{\omega}_m \tag{1.4}$$

式中，$m=1,2,\cdots,N-1$；N 是总的组分数目。此处黏性剪切应力为

$$\tau_{ij}=\mu\left(\frac{\partial u_i}{\partial x_j}+\frac{\partial u_j}{\partial x_i}-\frac{2}{3}\frac{\partial u_k}{\partial x_k}\delta_{ij}\right) \tag{1.5}$$

式中，μ 是分子黏性系数，由 Sutherland 公式给出；Y_m 是组分质量分数；$V_{i,m}$ 是组分扩散速度，定义为 $V_{i,m}=-\dfrac{D_m}{Y_m}\dfrac{\partial Y_m}{\partial x_i}$，$D_m$ 是混合物平均分子扩散系数。显然 $\sum\limits_{m=1}^{N}Y_m V_{i,m}=0$。质量生成率 $\dot{\omega}_m$ 在没有化学反应的情况下为 $\dot{\omega}_m=0$。

忽略热辐射以及交叉扩散效应后，热通量矢量 q_i 为

$$q_i=-\kappa\frac{\partial T}{\partial x_i}+\rho\sum_{m=1}^{N}h_m Y_m V_{i,m}$$

其中，κ 为混合物热传导系数；h_m 为组分焓值；$\kappa=c_p\mu/Pr$，Pr 为 Prandtl 数，$c_p=\sum\limits_{m=1}^{N}c_{p,m}Y_m$，$c_{p,m}$ 表示组分 m 的比定压热容，各组分比定压热容采用多项式拟合：

$$c_{pm}=a_{1,m}+a_{2,m}T+a_{3,m}T^2+a_{4,m}T^3+a_{5,m}T^4 \tag{1.6}$$

多组分气相混合物遵守理想气体状态方程，满足局部热力学平衡假设，则有

$$P=\rho T\sum_{m=1}^{N}\frac{Y_m R_u}{M_m} \tag{1.7}$$

式中，$R_u=8.314\mathrm{J}/(\mathrm{mol}\cdot\mathrm{K})$，为通用气体常数；$M_m$ 是第 m 种组分的分子量。

多组分总能量为

$$\rho E=\rho\left(e+\frac{1}{2}u_k u_k\right)$$

其中

$$e=\sum_{m=1}^{N_m}Y_m h_m-\frac{p}{\rho}$$

组分 m 的焓值 h_m 包括热焓项 $\int_{T_0}^{T}c_{p,m}\mathrm{d}T$ 和化学焓（或生成焓）项 h_m^0：

$$h_m=\int_{T_0}^{T}c_{p,m}\mathrm{d}T+h_m^0 \tag{1.8}$$

式中，T_0 为标准温度，通常取 $T_0=298.16\mathrm{K}$；没有化学反应只考虑组分时 $h_m^0=0$。

1.2.2 化学反应机理及反应速率

对于具有 N 个化学组分，Nr 个基元反应的化学反应方程式的一般形式为

$$\sum_{k=1}^{N}\nu'_{k,r}X_k\leftrightarrow\sum_{k=1}^{N}\nu''_{k,r}X_k \tag{1.9}$$

式中，$r=1,2,\cdots,Nr$；$\nu'_{k,r}$ 和 $\nu''_{k,r}$ 分别表示第 k 种组分在第 r 个基元反应中反应前后的化学计量系数；X_k 表示第 k 种组分。由质量作用定律可以得到第 k 种组分的生

成率,对应于方程(1.4)中的源项可以写作

$$\dot{\omega}_k = M_k \sum_{r=1}^{Nr} (\nu''_{k,r} - \nu'_{k,r}) RP_r \tag{1.10}$$

其中,RP_r 表示第 r 个基元反应的反应进行率,对于二元反应有

$$RP_r = k_{fr} \prod_{k=1}^{N} \left(\frac{\rho_k}{M_k}\right)^{\nu'_{k,r}} - k_{br} \prod_{k=1}^{N} \left(\frac{\rho_k}{M_k}\right)^{\nu''_{k,r}} \tag{1.11}$$

式中,k_{fr}、k_{br} 分别为第 r 个基元反应的正反应速率常数和逆反应速率常数;第 k 个组分密度 $\rho_k = \rho Y_k$。对于含有第三体的基元反应,其反应进行率应加入第三体影响因子,可写为

$$RP_r = \left\{ \sum_{k=1}^{N} \left(\alpha_{kr} \frac{\rho_k}{M_k}\right) \right\} \left\{ k_{fr} \prod_{k=1}^{N} \left(\frac{\rho_k}{M_k}\right)^{\nu'_{k,r}} - k_{br} \prod_{k=1}^{N} \left(\frac{\rho_k}{M_k}\right)^{\nu''_{k,r}} \right\} \tag{1.12}$$

其中,α_{kr} 表示在第 r 个基元反应中,第 k 种组分对应的第三体影响因子。其中正反应速率常数可以写作

$$k_{fr} = A_r T^{B_r} \exp\left(-\frac{E_r^*}{R_u T}\right) \tag{1.13}$$

式中,E_r^* 为活化能;A_r 为频率因子;B_r 为经验常数。有些文献直接给出了化学反应的正反应速率常数和逆反应速率常数,而有些只给出了正反应速率常数,其对应的逆反应速率常数根据反应平衡常数得到

$$k_{br} = \frac{k_{fr}}{K_{eq}^r} \tag{1.14}$$

式中,K_{eq}^r 表示第 k 个基元反应的浓度平衡常数,可以表示为

$$K_{eq}^r = \left(\frac{1atm}{R_u T}\right)^{\sum_{k=1}^{N}(\nu''_{k,r}-\nu'_{k,r})} \exp\left[\sum_{k=1}^{N}(\nu''_{k,r}-\nu'_{k,r})\left(\frac{S_k}{R_k} - \frac{H_k}{R_k T}\right)\right] \tag{1.15}$$

其中,H_k、S_k 分别代表第 k 种组分焓值和标准状态熵函数,且 $S_k = \int_T \frac{dH_k}{T} = \int_T \frac{c_{pk} dT}{T}$。

1.3　湍流燃烧模拟的一般方法

燃烧的数值方法可以分为两大类:直接求解和建立模型求解。在湍流燃烧中,直接求解的方法称为直接数值模拟(direct numerical simulation,DNS)方法,建立模型的方法有大涡模拟(large eddy simulation,LES)方法和雷诺平均(Reynolds-averaged Navier-Stokes,RANS)方法两类。传统的数值模拟方法是采用建立于 RANS 上的燃烧模型,但是 RANS 对湍流多尺度结构的平均使其在特定流动(如有旋流动、弯曲槽道流动)以及非定常流动细节的计算上出现困难。在目前

的条件下,DNS 还只能用于对层流及较低雷诺数湍流流动的求解,而在工程实际中,流动的雷诺数往往是非常高的。LES 方法的计算量和精度介于 RANS 方法与 DNS 方法之间,较 DNS 方法更具有实用性。对于含壁面湍流流动问题,近年来,有学者还发展了 RANS 与 LES 结合的方法,也就是混合 RANS/LES 方法。本节将结合湍流流动问题介绍上述几种模拟方法,并简要说明反应源项封闭所遇到的困难。

1.3.1　直接数值模拟

直接数值模拟(DNS)方法直接从精确的 N-S 方程出发,对所有尺度的湍流运动进行模拟,理论上能够得到湍流场的全部信息,因此,DNS 方法是求解湍流燃烧问题的最好方法。但是由于湍流是一个典型的多尺度非线性系统,包含有大大小小不同尺度的涡,从最大的湍流积分长度尺度 l_0 到最小的 Kolmogorov 尺度 l_K,尺度范围跨度非常大,$l_0/l_K \approx Re_t^{3/4}$($Re_t$ 是湍流雷诺数)。在燃烧条件下,反应层厚度有时比 Kolmogorov 尺度还小,要能够分辨湍流最小的涡旋甚至更薄的火焰面,需要将网格划分得非常密,这就必然会导致更为庞大的计算量。就目前的计算机能力而言,DNS 方法的运用局限于湍流及湍流燃烧基础理论研究,一般只能考虑小雷诺数或者中等雷诺数下的问题。湍流燃烧流场 DNS 的另一个障碍在于流场中多种反应标量方程的时间积分问题。在湍流燃烧过程中最快的化学反应与最慢的化学反应相差数百万倍,化学反应时间尺度的多样性造成所求解的方程组具有很强的刚性,也一定程度上增大了求解的计算量。

尽管如此,由于不需要任何模型,DNS 方法往往作为实验的补充来研究湍流流动及燃烧机理,并作为提供可靠原始数据用于改进湍流燃烧模型的重要手段受到重视。目前,DNS 方法已经被应用于预混燃烧、非预混燃烧、部分预混燃烧、点火熄火等问题的研究中。

1.3.2　雷诺平均数值模拟

对大部分工程湍流及湍流燃烧问题,通常更为关心的只是平均速度场、平均标量场和平均作用力等流场平均参数,RANS 方法将流场分解成平均量和脉动量两部分,将瞬时 N-S 方程转为时均化的雷诺平均方程,通过建立雷诺应力封闭模型来求解平均流场。

在推导平均量的方程时,需要对两个量的乘积求平均,如在动量方程中,需对两个速度分量的乘积求平均

$$\overline{uv}=\overline{(\bar{u}+u')(\bar{v}+v')}=\bar{u}\cdot\bar{v}+\bar{u}\cdot\overline{v'}+\overline{u'}\cdot\bar{v}+\overline{u'\cdot v'}=\bar{u}\cdot\bar{v}+\overline{u'\cdot v'} \quad (1.16)$$

这种平均称为雷诺平均。式(1.16)表明,对两个量的乘积求平均,得到两个量,一个是平均量的乘积,另一个是脉动量的二阶矩。雷诺平均模拟方法中的核心问题是对非线性项平均后得到的高阶矩进行建模,称为湍流模型。

对于密度脉动较大的流场,特别是燃烧流场中,引入密度加权平均的概念将会带来较大的方便,密度加权平均也称为 Favre 平均,具体就是将 $u(x,t)$ 作如下分解:

$$u(x,t)=\bar{u}(x,t)+u''(x,t) \tag{1.17}$$

$$\bar{u}=\frac{\overline{\rho u}}{\bar{\rho}} \tag{1.18}$$

Favre 平均在简化 N-S 方程方面,尤其是在可压缩流场的模拟中有着明显的优势。

RANS 方法的易实现性使其成为解决湍流及湍流燃烧工程问题最实际和最主要的方法。多年来,许多学者试图建立各种各样的模型来解决 RANS 方程的封闭问题,其基本思想是根据湍流的理论知识、实验数据或 DNS 结果,建立高阶统计量和低阶统计量之间的经验或半经验的关系式,这类方法目前主要分为一阶矩模型(如涡黏性模型)和二阶矩模型(如雷诺应力模型)。高阶矩模型在应用中需要求解的微分方程数量众多,计算量大,对数值方法的要求也比较苛刻,且计算容易发散,一般较少采用。一阶矩模型形式简单、易行,且具有一定的计算精度,受到工程技术人员的青睐。一阶矩模型根据其封闭中引入微分方程的数目又可分为代数模型、一方程模型和两方程模型,这些模型都建立在 Boussinesq 涡黏基本假设之上,即

$$\tau_{ij}=-\rho\overline{u_i'u_j'}=2\mu_t\left(S_{ij}-\frac{1}{3}S_{kk}\delta_{ij}\right)-\frac{2}{3}\rho k\delta_{ij} \tag{1.19}$$

式中,μ_t 为涡黏性系数,在不同的模型中形式略有区别;S_{ij} 为平均速率应变率张量,其表达式为 $S_{ij}=\frac{1}{2}\left(\frac{\partial \bar{u}_i}{\partial x_j}+\frac{\partial \bar{u}_j}{\partial x_i}\right)$;$k$ 是湍动能,$k=\frac{1}{2}\left(\overline{u'^2}+\overline{v'^2}+\overline{w'^2}\right)$。

目前两方程模型在工程中使用最为广泛。最基本的两方程模型就是标准 k-ε 模型,即分别引入关于湍动能 k 和湍流耗散率 ε 的方程。此外,还有各种改进的 k-ε 模型,其中比较著名的是 RNG k-ε 模型(Yakhot and Orszag,1986)、可实现的 (Realizable) k-ε 模型(Shih et al.,1995)和切应力输运(shear stress transport,SST)型 k-ω 模型(Menter,1994,2009)。本节主要以工程上常用的 k-ω SST 模型 (Menter,1994,2009)为例来介绍雷诺平均方法中的湍流封闭模型。

Wilcox(1998)在 Kolmogorov 等工作的基础上通过采用比耗散率 ω 给出湍流特征长度尺度的描述,通过比耗散率 ω 和湍动能 k 来对涡黏性系数进行建模,并在控制方程中相应的加入了 k 和 ω 的输运方程,从而发展出 k-ω 模型,并在此后进行了多次改进。为了克服 k-ω 模型对初值的依赖性,Menter(1994)提出了 BSL(Baseline)基准型和 k-ω SST 模型,该模型逐渐成为流行的工程湍流模型。

Menter 的 k-ω SST 模型采用分区思想,通过混合函数实现从近壁区的 Wilcox 的 k-ω 模型到边界层外部的高雷诺数的 k-ε 模型的逐渐转变。在近壁面区充

分利用 $k\text{-}\omega$ 模型对逆压梯度的敏感性，能够模拟存在较大分离的流动；在远离壁面的流场中利用 $k\text{-}\varepsilon$ 模型克服了 $k\text{-}\omega$ 模型的对自由流条件敏感的缺陷，提高了模型的稳定性。该模型中 k 和 ω 的输运方程为

$$\frac{\partial(\bar{\rho}\tilde{k})}{\partial t}+\frac{\partial(\bar{\rho}\tilde{k}\tilde{u}_j)}{\partial x_j}=\tilde{P}_k-\beta^*\bar{\rho}\tilde{\omega}\tilde{k}+\frac{\partial}{\partial x_j}\left[(\mu_1+\sigma_k\mu_t)\frac{\partial\tilde{k}}{\partial x_j}\right] \tag{1.20}$$

$$\frac{\partial(\bar{\rho}\tilde{\omega})}{\partial t}+\frac{\partial(\bar{\rho}\tilde{\omega}\tilde{u}_j)}{\partial x_j}=P_\omega-\beta\bar{\rho}\tilde{\omega}^2+\frac{\partial}{\partial x_j}\left[(\mu_1+\sigma_\omega\mu_t)\frac{\partial\tilde{\omega}}{\partial x_j}\right]$$
$$+2(1-F_1)\rho\sigma_{\omega2}\frac{1}{\tilde{\omega}}\frac{\partial\tilde{k}}{\partial x_j}\frac{\partial\tilde{\omega}}{\partial x_j} \tag{1.21}$$

式中

$$\tilde{P}_k=\min(P_k,10\beta^*\bar{\rho}\tilde{k}\tilde{\omega}),\quad P_k=\mu_t\frac{\partial\bar{u}_i}{\partial x_j}\left(\frac{\partial\bar{u}_i}{\partial x_j}+\frac{\partial\bar{u}_j}{\partial x_i}\right)-\frac{2}{3}\bar{\rho}\tilde{k}\delta_{ij}\frac{\partial\bar{u}_i}{\partial x_j},\quad P_\omega=\frac{r\rho}{\mu_t}P_k$$

μ_1 为层流黏性系数；μ_t 为湍流涡黏性系数，定义为 $\mu_t=\dfrac{a_1\tilde{k}}{\max(a_1\tilde{\omega},\Omega F_2)}$，$\Omega=\sqrt{2S_{ij}S_{ij}}$，$\sigma_k$、$\sigma_\omega$、$\beta$、$\beta^*$ 和 γ 分别为相关函数，通过混合函数 F_1 求得。这里混合函数为

$$F_1=\tanh\eta_1^4,\quad \eta_1=\min\left[\max\left(\frac{\sqrt{k}}{0.09\tilde{\omega}y},\frac{500v}{\tilde{\omega}y^2}\right),\frac{4\bar{\rho}\sigma_{\omega2}\tilde{k}}{\mathrm{CD}_{k\omega}y^2}\right] \tag{1.22}$$

$$F_2=\tanh\eta_2^2,\quad \eta_2=\max\left(\frac{2\sqrt{k}}{0.09\tilde{\omega}y},\frac{500v}{\tilde{\omega}y^2}\right) \tag{1.23}$$

$$\mathrm{CD}_{k\omega}=\max\left(2\bar{\rho}\sigma_{\omega2}\frac{1}{\tilde{\omega}}\frac{\partial\tilde{k}}{\partial x_j}\frac{\partial\tilde{\omega}}{\partial x_j},10^{-10}\right) \tag{1.24}$$

设 θ_1、θ_2 分别为 $k\text{-}\omega$ 模型和 $k\text{-}\varepsilon$ 模型的模型常数，则相对应的 $k\text{-}\omega$ SST 模型中常数 θ 的表达式为

$$\theta=F_1\theta_1+(1-F_1)\theta_2 \tag{1.25}$$

对于湍流燃烧问题，最初根本不可能直接求解燃烧场中的瞬时量，采用 RANS 方法通过对瞬时量的控制方程作雷诺或者 Favre 平均后所得的平均量方程进行求解得到燃烧物理量平均值的分布，这种方法用相对较少的计算量就可以研究较为复杂的问题。但是，平均量方程需要湍流模型和燃烧模型来封闭，对于问题涉及的全部尺度都是由单一的模型来模拟的。如果燃烧室几何结构复杂，大尺度拟序结构明显存在而且对混合过程影响很大时，RANS 方法的全尺度平均方法就值得质疑，事实上，很多燃烧问题的精细研究在 RANS 框架下很难进行。尽管如此，因为其计算的实用性，RANS 方法在历史上对 CFD 在工业中的普及应用起到了巨大的推动作用。

1.3.3　大涡模拟

湍流流场中动量、质量、能量及其他标量的输运，主要受大尺度湍流涡结构影

响。大尺度涡与所求解的问题密切相关,受几何及边界条件的影响,各个大尺度涡的结构是互不相同的;而小尺度涡趋向于各向同性,其运动具有共性,几乎不受几何边界条件的影响。因此,针对湍流的数值模拟,一个可行的方法是放弃对全尺度范围上涡结构瞬时运动的模拟,只将比网格尺度大的湍流运动通过瞬时 N-S 方程直接计算出来,而小尺度涡对大尺度涡运动的影响则通过类似于雷诺平均模拟中的建模方法模拟,这就是大涡模拟的基本思想。

湍流流场的大涡模拟主要通过两个重要环节来实现。首先是建立一种空间滤波函数,从湍流瞬时运动方程中将小尺度涡结构滤掉,从而分解出只含有大尺度涡的运动方程,而被滤掉的小涡对流场的影响则通过在控制方程中引入附加应力项来体现。滤波后的附加应力项类似于雷诺平均法中的雷诺应力项,称为亚格子应力。大涡模拟的第二个环节就是对亚格子应力的建模。这一数学模型称为亚格子尺度模型(subgrid-scale model),简称 SGS 模型。

大涡模拟引入滤波函数来对 N-S 方程进行滤波处理,使得高波数的波(对应于小尺度涡结构)被截断,但能量传递过程仍保留,即允许能量从大涡传递给小涡。

如果设 $\phi(x)$ 是包含所有尺度的某一流场参数,定义 $\overline{\phi}(x)$ 为滤波后的量,它可以通过滤波函数得到,而 $\phi(x)$ 与 $\overline{\phi}(x)$ 之差 $\phi'(x)$ 可定义为小尺度脉动量,则滤波过程具有与统计平均相似的表达形式,即

$$\phi(x)=\overline{\phi}(x)+\phi'(x) \tag{1.26}$$

$$\overline{\phi}(x)=\int_V \phi(x')G(x'-x)\mathrm{d}x' \tag{1.27}$$

式中,$G(x)$ 为滤波函数;积分域 V 为全流场;对于三维空间,$G=G_1G_2G_3$。截断波数的最大波长由滤波尺度 Δ 来控制,通常 Δ 取当地的网格尺度。

与雷诺平均方法相似,湍流的滤波过程也可采用质量加权的形式,称为 Favre 滤波:

$$\phi(x)=\tilde{\phi}(x)+\phi''(x) \tag{1.28}$$

$$\tilde{\phi}(x)=\frac{1}{\overline{\rho}}\int_V \rho\phi(x')G(x'-x)\mathrm{d}x' \tag{1.29}$$

常用的滤波函数有以下两种:

(1) 盒式滤波函数

$$G(x'-x)=\begin{cases} \dfrac{1}{\Delta}, & |x'-x|\leqslant\dfrac{\Delta}{2} \\[2mm] 0, & |x'-x|>\dfrac{\Delta}{2} \end{cases} \tag{1.30}$$

(2) 高斯(Gauss)滤波函数

$$G(x'-x)=\sqrt{\frac{6}{\pi}\left(\frac{1}{\Delta}\right)}\exp\left[\frac{-6\,(x'-x)^2}{\Delta^2}\right] \tag{1.31}$$

盒式滤波实际上是物理量在 Δ 区间上的平均,高斯滤波的高斯变换仍为自身,便于处理各向同性的量。采用盒式滤波函数对控制方程(1.1)~方程(1.4)进行 Favre 滤波,可以得到多组分反应流的大涡模拟控制方程:

$$\frac{\partial \overline{\rho}}{\partial t}+\frac{\partial (\overline{\rho}\,\overline{u}_i)}{\partial x_i}=0 \tag{1.32}$$

$$\frac{\partial (\overline{\rho}\,\overline{u}_i)}{\partial t}+\frac{\partial (\overline{\rho}\,\overline{u}_i\overline{u}_j+\overline{p}\,\delta_{ij}-\tilde{\tau}_{ij}+\tau_{ij}^{\mathrm{sgs}})}{\partial x_j}=0 \tag{1.33}$$

$$\frac{\partial \overline{\rho}\widetilde{E}}{\partial t}+\frac{\partial \left[(\overline{\rho}\widetilde{E}+\overline{p})\overline{u}_i+\overline{q}_i-\overline{u}_j\tilde{\tau}_{ji}+H_i^{\mathrm{sgs}}+\sigma_i^{\mathrm{sgs}}\right]}{\partial x_i}=0 \tag{1.34}$$

$$\frac{\partial \overline{\rho}\,\widetilde{Y}_m}{\partial t}+\frac{\partial}{\partial x_i}(\overline{\rho}\widetilde{Y}_m\overline{u}_i-\overline{\rho}\widetilde{Y}_m\widetilde{V}_{i,m}+Y_{i,m}^{\mathrm{sgs}}+\theta_{i,m}^{\mathrm{sgs}})=\overline{\dot{\omega}}_m \tag{1.35}$$

黏性通量 $\tilde{\tau}_{ij}=2\tilde{\mu}\left(\widetilde{S}_{ij}-\frac{1}{3}\widetilde{S}_{kk}\delta_{ij}\right)$,热通量 $\overline{q}_i=-\overline{\kappa}\dfrac{\partial \widetilde{T}}{\partial x_i}+\overline{\rho}\sum\limits_{m=1}^N \tilde{h}_m\widetilde{Y}_m\widetilde{V}_{i,m}+$ $\sum\limits_{m=1}^N q_{i,m}^{\mathrm{sgs}}$,其中近似认为 $\widetilde{V}_{i,m}=-\dfrac{\overline{D}_m}{\widetilde{Y}_m}\dfrac{\partial \widetilde{Y}_m}{\partial x_i}$。其中 τ_{ij}^{sgs}、H_i^{sgs}、$\sigma_{ij}^{\mathrm{sgs}}$、$Y_{i,m}^{\mathrm{sgs}}$、$q_{i,m}^{\mathrm{sgs}}$、$\theta_{i,m}^{\mathrm{sgs}}$ 分别为亚格子应力、亚格子总焓通量、亚格子黏性项、亚格子对流组分通量、亚格子热通量以及亚格子组分扩散通量,可以表达如下:

$$\begin{cases} \tau_{ij}^{\mathrm{sgs}}=\overline{\rho}(\widetilde{u_iu_j}-\overline{u}_i\overline{u}_j)\\[4pt] H_i^{\mathrm{sgs}}=\overline{\rho}(\widetilde{u_iE}-\overline{u}_i\widetilde{E})+(\overline{pu_i}-\overline{p}\,\overline{u}_i)\\[4pt] \sigma_{ij}^{\mathrm{sgs}}=-(\widetilde{\tau_{ij}u_j}-\tilde{\tau}_{ij}\overline{u}_j)\\[4pt] Y_{i,m}^{\mathrm{sgs}}=\overline{\rho}(\widetilde{u_iY_m}-\overline{u}_i\widetilde{Y}_m)\\[4pt] q_{i,m}^{\mathrm{sgs}}=\overline{h_mD_m\partial Y_m/\partial x_i}-\overline{h}_m\overline{D}_m\partial \widetilde{Y}_m/\partial x_i\\[4pt] \theta_{i,m}^{\mathrm{sgs}}=-\overline{\rho}(\widetilde{V_{i,m}Y_m}-\widetilde{V}_{i,m}\widetilde{Y}_m) \end{cases} \tag{1.36}$$

压力 $\overline{p}$ 由过滤后的气体状态方程决定,

$$\overline{p}=\overline{\rho}R_u\sum_{m=1}^N \frac{\widetilde{Y}_m\widetilde{T}}{M_m}+\frac{\widetilde{Y_mT}-\widetilde{Y}_m\widetilde{T}}{M_m}$$

显然,如果忽略掉温度组分关联项 $T^{\mathrm{sgs}}=\overline{\rho}(\widetilde{Y_mT}-\widetilde{Y}_m\widetilde{T})$,可以认为 $\overline{p}=\overline{\rho}R\widetilde{T}$,对于低放热的情况,$T^{\mathrm{sgs}}$ 可以忽略掉,但是对于高的热释放,不应忽略。然而由于该项建模的困难,通常予以省略。过滤后的单位体积总能量可以记作 $\overline{\rho}\widetilde{E}=\overline{\rho}\tilde{e}+\frac{1}{2}\overline{\rho}\,\overline{u}_k\overline{u}_k+\overline{\rho}k^{\mathrm{sgs}}$,此处亚格子湍动能记作 $k^{\mathrm{sgs}}=(\widetilde{u_ku_k}-\overline{u}_k\overline{u}_k)/2$,过滤后的内能方程为:$\tilde{e}=\sum\limits_{m=1}^N\left[\widetilde{Y}_m\tilde{h}_m+(\widetilde{Y_mh_m}-\widetilde{Y}_m\tilde{h}_m)\right]-\overline{p}/\overline{\rho}$,对于完全气体,可以推导得到 $\tilde{e}=$

$\sum_{m=1}^{N}\left[c_{v,m}\widetilde{Y}_m\widetilde{T}+c_{v,m}T^{\mathrm{sgs}}+\widetilde{Y}_m\Delta h'_{f,m}\right]$。此处有 $\Delta h'_{f,m}=\Delta h^0_{f,m}-c_{p,m}T^0$。$\Delta h^0_{f,m}$ 是参考温度

T^0 下的标准生成焓，忽略掉 T^{sgs}，最后可以得到 $\tilde{e}=\sum_{m=1}^{N}\left[c_{v,m}\widetilde{Y}_m\widetilde{T}+\widetilde{Y}_m\Delta h'_{f,m}\right]$。

亚格子总焓通量 H_i^{sgs} 可以与总焓 $H\left(=\sum_{m=1}^{N_m}Y_m h_m\right)$ 相关联，

$$H_i^{\mathrm{sgs}}=-\frac{\bar{\rho}\nu_{\mathrm{t}}}{Pr_{\mathrm{t}}}\frac{\partial H}{\partial x_i}$$

ν_{t} 为亚格子涡黏性，其他未进行封闭的亚格子通量 $\sigma_{ij}^{\mathrm{sgs}}$、$q_{i,m}^{\mathrm{sgs}}$、$\theta_{i,m}^{\mathrm{sgs}}$ 在高雷诺数流动中都很小，通常予以省略，并且认为

$$Y_{i,m}^{\mathrm{sgs}}=\bar{\rho}\left[\widetilde{u_i Y_m}-\tilde{u}_i\widetilde{Y}_m\right]=-\frac{\rho\nu_{\mathrm{t}}}{Sc_{\mathrm{t},m}}\frac{\partial\widetilde{Y}_m}{\partial x_i}$$

$Sc_{\mathrm{t},m}$ 是组分 m 的施密特数。这是将亚格子组分对流通量同组分梯度扩散相关联的封闭方法。

现在关键是如何对式(1.36)中给出的亚格子通量项以及式(1.35)中给出的过滤后的化学反应源项进行模化的问题。关于 τ_{ij}^{sgs} 的模化即为湍流大涡模拟的亚格子模型(SGS模型)。

亚格子应力 τ_{ij}^{sgs} 通常可以类比雷诺平均模拟中雷诺应力的模化方法，认为 τ_{ij}^{sgs} 由偏分量和各向同性分量组成，$\tau_{ij}^{\mathrm{sgs}}=\tau_{ij,d}^{\mathrm{sgs}}+\tau_{kk}^{\mathrm{sgs}}$，$\tau_{ij}^{\mathrm{sgs}}$ 的偏分量 $\tau_{ij,d}^{\mathrm{sgs}}$ 被认为与可解尺度的应变分量 $\widetilde{S}_{ij}=1/2(\partial\tilde{u}_i/\partial x_j+\partial\tilde{u}_j/\partial x_i)$ 成正比，可得到如下形式：

$$\tau_{ij,d}^{\mathrm{sgs}}=-2\bar{\rho}\nu_{\mathrm{t}}\left(\widetilde{S}_{ij}-\frac{1}{3}\widetilde{S}_{kk}\delta_{ij}\right)\tag{1.37}$$

亚格子模型的发展也经历了零方程模型(代数模型)和一方程模型。Smagorinsky(1963)提出的涡黏模型是最早的代数亚格子模型，其表达式为 $\mu_{\mathrm{t}}=\bar{\rho}L_s^2|\widetilde{S}|$，其中，$|\overline{S}|=\sqrt{2\widetilde{S}_{ij}\widetilde{S}_{ij}}$，$L_s$ 为亚格子尺度的混合长度，$L_s=C_s\overline{\Delta}$，$\overline{\Delta}=(\Delta x\Delta y\Delta z)^{1/3}$，$C_s$ 为 Smagorinsky 常数，通常有 $0.10\leqslant C_s\leqslant0.24$。后人又在此基础上发展出尺度相似模型和动力模式等一系列代数模型。然而，这一类模型均是在假设湍流脉动存在局部平衡这一基础之上的，要求滤波尺度必须在局部平衡的尺度范围以内。这一假设在高雷诺数湍流中具有一定的物理依据，因为高雷诺数湍流中存在较大局部各向同性的惯性子区，惯性子区中的湍流统计性质和大尺度湍流无关，也和小尺度湍流无关，它只起传递湍动能的作用。

然而在很多工程应用中，上述假设并不成立。在湍流输运较强时，由亚格子尺度输运的部分能量与可解尺度相比同等重要，此时 Smagorinsky 涡黏性模型可能会导致较大的误差。基于此认识，Schumann(1975)建立了以亚格子湍动能作为湍流特征参数的输运方程。Yoshizawa 等(1985)以及 Chakravarthy 和 Menon

(2001)都给出了该方程的修正形式：

$$\frac{\partial(\bar{\rho}k^{sgs})}{\partial t}+\frac{\partial(\bar{\rho}k^{sgs}\tilde{u}_j)}{\partial x_j}=\frac{\partial}{\partial x_j}\left[\left(\frac{\nu_t}{\bar{\rho}Pr_t}\right)\frac{\partial k^{sgs}}{\partial x_j}\right]+P_k^{sgs}-D^{sgs} \tag{1.38}$$

式中，P_k^{sgs}、D^{sgs}分别为亚格子动能的产生项和耗散项，

$$P_k^{sgs}=-\tau_{ij}^{sgs}\left(\frac{\partial\tilde{u}_i}{\partial x_j}\right) \tag{1.39}$$

$$D^{sgs}=\frac{\partial}{\partial x_i}(\tilde{u}_j\tau_{ij}^{sgs}) \tag{1.40}$$

ν_t和D^{sgs}的计算公式为

$$\nu_t\approx C_\mu\sqrt{k^{sgs}}\overline{\Delta} \tag{1.41}$$

$$D^{sgs}\approx\frac{C_d\bar{\rho}(k^{sgs})^{3/2}}{\overline{\Delta}} \tag{1.42}$$

这里有两个需要确定的参数：C_μ和C_d。在当地局部平衡时，Yoshizawa模型给出的有效 Smagorinsky 系数用以下表达式表示：

$$(C_s)^2=\sqrt{2}C_\mu\left(\frac{C_\mu}{C_d}\right)^{\frac{1}{2}} \tag{1.43}$$

　　Yoshizawa 模型取 $C_\mu=0.05$，$C_d=1.0$，Smagorinsky 常数并没有固定值，但通常认为，均匀湍流时 $C_s=0.2$，而在剪切湍流中 $C_s=0.065$。作为 C_s 的折中，通常取 $C_\mu=0.02075$ 以及 $C_d=1.0$。Chakravarthy 等（2001）给出系数组合为：$C_\mu=0.067$，$C_d=0.916$。

　　湍流燃烧中的亚格子模型不同于湍流流动，这是由湍流燃烧不同的物理特性造成的。一般情况下，湍流燃烧依赖于几个完全不同的物理过程，即湍流掺混、分子扩散和化学反应，这些过程作用的时间和空间尺度又相差极大，湍流掺混的尺度覆盖了从宏观尺度直到 Kolmogorov 尺度，而分子扩散仅作用于流动中的最小尺度上，湍流掺混与分子扩散的共同作用将反应物分子输运到一起，从而发生反应。在湍流流动中，小尺度结构所起的作用主要是能量耗散机制，因此小尺度结构的湍流动量输运可以用各种形式的涡黏性模型来模拟，而在湍流燃烧中的小尺度结构的行为还极大地影响着湍流混合和化学反应的进行，简单地采用涡黏性模型来模拟湍流燃烧的亚格子尺度是不行的。如何准确模化小尺度上湍流混合、分子扩散和化学反应之间的相互作用，是建立湍流燃烧亚格子模型的困难所在。

1.3.4　混合 RANS/LES 方法

　　对于湍流流动，通常认为 LES 可以取得比 RANS 模型更加准确的结果。但

是对于诸如高雷诺数流动、壁面湍流流动等问题,LES 因为其巨大的计算耗费而在工程应用上不切实际。特别是对于壁面湍流流动,完全捕捉到附面层内拟序结构的演化需要非常精细的网格,这对于工程仍然是过高的计算代价。因此,在同一套网格体系上将 RANS 和 LES 结合,近壁区利用成熟的 RANS 模型而主流区利用 LES,保证计算精度的同时可以有效节约计算耗费,这是 20 世纪 90 年代中期以来湍流 LES 计算的发展趋势(孙明波等,2011)。

混合 RANS/LES 的思想最早是由 Speziale(1992)于 20 世纪 90 年代初提出来的。Battern 等(2000)在此基础上引入了有限数值尺度(limited numerical scales,LNS)方法,但是该模型中 LES 与 RANS 的切换仍然显得过于随意,实现 LES 与 RANS 之间的合理转换是混合 RANS/LES 模型的关键问题。自 20 世纪 90 年代中期以来已经先后发展了多种混合 RANS/LES 方法,总结起来可以近似归纳为四类:衰减型 RANS 模型、分离涡模拟(detached eddy simulation,DES)及其改进方法、加权平均型 RANS/LES 模型方法与湍流能量谱一致的混合方法,目前这几种方法相互渗透交叉,演变出了多样的混合模型。本节主要针对加权平均型 RANS/LES 模型方法进行介绍。

Fan 等(2002)较早提出了将 RANS 方法和 LES 方法加权平均的思想,采用一个与到壁面的距离相关的混合函数将 RANS 控制方程及湍流模型和 LES 控制方程及湍流模型相结合,该方法借鉴了 Menter(1994)的 k-ω SST 湍流模型的构建思想,使得壁面附近强制采用 RANS 处理,这样就避免了壁面附近误判作 LES 处理的情况。

雷诺平均方法中湍动能的输运方程(1.20)与大涡模拟中亚格子湍动能的输运方程(1.38)具有相似的形式。参照湍流模型 k-ω SST 的构造方法,采用一个混合函数 F 来衔接两个方程的计算区域,从而得到的控制方程为

$$\frac{\partial(\bar{\rho}\tilde{k})}{\partial t}+\frac{\partial(\bar{\rho}\tilde{k}\tilde{u}_j)}{\partial x_j}=\frac{\partial}{\partial x_j}\left[\left(\mu_l+\frac{\mu_t}{\sigma_k}\right)\frac{\partial\tilde{k}}{\partial x_j}\right]+P_k-\bar{\rho}\left[FC_{d_1}\tilde{k}\tilde{\omega}+(1-F)C_{d_2}\frac{\tilde{k}^{\frac{3}{2}}}{\Delta}\right] \tag{1.44}$$

其中,$\mu_t=\bar{\rho}\left[F\mu_t^{RANS}+(1-F)\mu_t^{sgs}\right]$,$\mu_t^{RANS}=C_{\mu_1}\bar{\rho}\dfrac{\tilde{k}}{\tilde{\omega}}$,$\mu_t^{sgs}=C_{\mu_2}\bar{\rho}\tilde{k}^{\frac{1}{2}}\Delta$,$\Delta=(\Delta x\Delta y\Delta z)^{1/3}$,$\dfrac{1}{\sigma_k}=\dfrac{F}{\sigma_{k_1}}+\dfrac{1-F}{\sigma_{k_2}}$,$\sigma_\omega$,$C_d$,$\sigma_{k_1}$,$\sigma_{k_2}$ 是模型系数。

混合函数分布特性直接影响附面层的计算,因此合理地构造混合函数非常重要。研究人员从不同的理论出发构造了多种混合函数,Fan 等(2002)完全类比 k-ω BSL/SST 的构建过程构造,提出混合函数

$$F=\tanh\eta^4,\quad \eta=\max\left(\frac{\sqrt{\tilde{k}}}{0.09\omega d},\frac{500\nu}{\bar{\omega}d^2}\right) \tag{1.45}$$

　　该混合函数完全类同于 Menter 的 k-ω SST 中的 F_1。后来,Baurle 等(2003)、Nichols 和 Nelson(2003)、Chakravarthy 和 Menon(2001)针对不同的混合函数形式进行修正和改进,但混合函数开始过渡的位置究竟应该取在附面层的对数律层还是尾迹层,过渡过程应该采用什么样的拟合函数,目前都没有统一的定论。

　　目前采用混合 RANS/LES 方法在复杂湍流流动、湍流燃烧等领域已经取得了一系列的应用成果,但同时混合 RANS/LES 方法仍然存在着大量的问题,对于 DES 及其改进型、类 Menter 的 k-ω SST 的加权平均型模型,普遍存在着混合函数确定过程人工痕迹过重的问题。虽然这些混合方法在实际应用中已经取得了良好的效果,但对于更宽范围的、更复杂的流动条件,其准确适用性仍然要受到质疑。湍流能量谱一致的混合方法虽然从理论基础上讲更完备一些,但涉及假设过多而且对网格比较敏感的问题,这样也导致其目前应用受限。下一步的混合模型的发展应该兼顾到上述的几个方面,不仅要方便实用、可靠性好,而且也要尽量能够满足湍流能量谱一致或其他连续性条件,这样才能构建出适用于多种流动条件下复杂湍流的混合 RANS/LES 模型。

1.3.5　湍流燃烧模拟的封闭问题

　　湍流燃烧的模拟过程中除了对流动项的非线性高阶矩建模外,化学反应标量输运方程中的反应源项非线性更强,同样存在平均或滤波后的高阶矩问题。1.2.2 节中给出的化学反应速率是在均匀气体中发生的。这种情况可以预料在静止反应器或流动反应器的层流火焰中发生。然而,当反应流体变为湍流时,T、ρ 等参数的当地值将随时间和空间迅速脉动,这将给湍流反应流的模拟带来新的困难。

　　以一个基本的双分子不可逆反应为例:

$$A_1 + A_2 \rightarrow A_3 + A_4 \tag{1.46}$$

根据前文分析,可以得出组分 A_1 的瞬时消耗速率为

$$\dot{\omega}_1 = \frac{1}{M_1 M_2} B T^{B_r} \rho^2 Y_1 Y_2 \exp\left(-\frac{E_a}{R_u T}\right) \tag{1.47}$$

　　为了找到平均方程(或滤波方程)中反应源项 $\overline{\dot{\omega}}$ 的表达式,需对方程(1.47)中各项进行分解,对于雷诺平均即把独立变量的瞬态值用时间平均值加脉动值的和来表示,对于大涡模拟则需要把独立变量的瞬态值用含大尺度脉动的滤波值与小尺度脉动值之和来表示,例如:

$$T = \tilde{T} + T'', \quad Y_1 = \tilde{Y}_1 + Y'', \quad Y_2 = \tilde{Y}_2 + Y'', \quad \rho = \bar{\rho} + \rho'$$

则方程(1.47)可以改写为

$$\dot{\omega}_1 = \frac{1}{M_1 M_2} B \, (\bar{\rho} + \rho')^2 \, (\tilde{T} + T'')^{B_r} \, (\tilde{Y}_1 + Y''_1)(\tilde{Y}_2 + Y''_2) \exp\left[-\frac{E_a}{R_u(\tilde{T} + T'')}\right]$$

$$\tag{1.48}$$

对上式进行泰勒展开后对方程两端取平均(或滤波)并忽略 3 阶以上小量,可得

$$\bar{\dot{\omega}}_1 = \frac{1}{M_1 M_2} B(\bar{\rho}^2 + \overline{\rho'^2}) \widetilde{T}^{B_r} \widetilde{Y}_1 \widetilde{Y}_2 \exp\left(-\frac{E_a}{R_u \widetilde{T}}\right)$$

$$\times \left[1 + \frac{\widetilde{Y_1'' Y_2''}}{\widetilde{Y}_1 \widetilde{Y}_2} + (P_1 + Q_1)\left(\frac{\widetilde{Y_1'' T''}}{\widetilde{Y}_1 \widetilde{T}} + \frac{\widetilde{Y_2'' T''}}{\widetilde{Y}_2 \widetilde{T}}\right)\right.$$

$$\left. + (P_2 + Q_2 + P_1 Q_1)\left(\frac{\widetilde{Y_1'' T''^2}}{\widetilde{Y}_1 \widetilde{T}^2} + \frac{\widetilde{Y_2'' T''^2}}{\widetilde{Y}_2 \widetilde{T}^2}\right)\right] \tag{1.49}$$

其中

$$P_n = \sum_{k=1}^{n} (-1)^{n-k} \frac{(n-1)!}{(n-k)![(k-1)!]^2 k} \left(\frac{E_a}{R_u \widetilde{T}}\right)^k$$

$$Q_n = \frac{b(b+1)\cdots(b+n-1)}{n!}, \quad n = 1, 2$$

当考虑多组分计算时,$\bar{\dot{\omega}}$ 的表达式要远复杂得多。

　　显然,平均(或滤波后)的反应源项是组分浓度和反应物温度的强非线性函数。由于湍流影响,化学反应中组分浓度和温度以及化学反应速率都是随时间而脉动的,因此在湍流燃烧的数值模拟中,不仅面临着湍流流动所具有的问题以及脉动标量的输运方程如何处理的问题,还面临着湍流燃烧所特有的与脉动量呈强非线性函数关系的脉动标量即平均(或滤波后)化学反应速率的模拟。湍流燃烧模拟最基本的问题是反应速率的时均值(或滤波值)不等于用时均值(或滤波值)表达的反应速率。如何模化平均后(或滤波后)的化学反应源项是湍流燃烧建模最主要的研究方向。

1.4　常用湍流燃烧模型

　　从前文的分析知道,在有化学反应的湍流流场模拟中,平均化学反应速率项有待封闭。如果能量方程用混合物的温度表示,则方程也只有一个与反应速率相关的源项需要确定。从方程(1.48)可以看出,由于湍流脉动对燃烧过程的作用,反应速率的平均或滤波将带来脉动参数的高阶非线性关联项。滤波后反应源项的模化方法称为湍流燃烧模型。Poinsot 和 Veynante(2005)对该问题进行过综述,国内的张会强等(1999)、刘奕等(2001)也就此进行过综述。对于大涡模拟,目前可以选用的燃烧亚格子模型通常有如下几种:①涡破碎(eddy breakup,EBU)模型、涡耗散(eddy dissipation concept,EDC)模型;②条件矩封闭(conditional moment closure,CMC)模型;③线性涡模型(linear eddy model,LEM)或一维湍流(one-dimensional turbulence,ODT)模型;④概率密度函数(probability density function,

PDF)方法;⑤火焰面模型(flamelet model,FLM)。本节将分别对这几类湍流燃烧模型进行简介。

1.4.1 涡破碎模型与涡耗散模型

湍流燃烧的反应速率是受湍流混合、分子扩散和化学动力学三方面因素所控制的。在不少情况下湍流起着主导作用。对于湍流燃烧中化学源项的封闭问题,Spalding(1971)较早针对湍流预混燃烧提出了涡破碎(EBU)模型。此模型的基本思想是:对于预混火焰,湍流燃烧区中的已燃气体和未燃气体都是以大小不等并做随机运动的涡团形式存在的。化学反应主要在这些涡团的交界面上发生。化学反应速率取决于未燃气体涡团在湍流作用下破碎成更小涡团的速率,而此破碎速率正比于湍动能的耗散率 ε。这样就将湍流燃烧反应速率与湍流的基本参数 k 和 ε 联系起来。该模型湍流燃烧燃料的平均反应速率为

$$\overline{\omega_F} = -\rho C_{EBU}\frac{\varepsilon}{k}(\overline{Y''^2_F})^{1/2} \tag{1.50}$$

式中,$\overline{Y''^2_F}$ 为燃料浓度脉动的均方值;C_{EBU} 为模型参数,取 $0.35\sim0.4$。

EBU 模型是建立在直观基础上的,其主要的思想就是利用湍流时间尺度 $\tau = k/\varepsilon$ 来代替化学反应的时间尺度。因此,该模型忽略了化学反应动力学的影响,表征的仅仅是快速化学反应的极限情况,只能用于高雷诺数的湍流燃烧现象。

EBU 模型只能用于预混湍流燃烧。Magnussen 和 Hjertater(1977)在此基础上提出了一种可以同时用于预混燃烧和扩散燃烧的模型,称为涡耗散(EDC3)模型。其基本思想是:燃烧反应速率是由燃料和氧化剂形成的两种涡团在分子尺度上相互混合的速率所决定的,即由涡团的破碎率和耗散率所决定。对于扩散燃烧,燃料和氧化剂分别形成两种涡团;对于预混燃烧,两种涡团则是由已燃气体形成的"热"涡团和未燃混合气体形成的"冷"涡团。燃烧总是在两种涡团的界面上进行,平均化学反应速率由平均组分浓度确定。在计算总包反应 $F+\nu O=(1+\nu)P$ 的平均化学反应源项时,该模型取以下三个速率中的最小值。

由燃料质量分数确定的反应速率

$$\overline{\omega_F} = -\overline{\rho}A\,\overline{Y_F}\frac{\varepsilon}{k} \tag{1.51}$$

由氧化剂质量分数确定的反应速率

$$\overline{\omega_{O_2}} = -\frac{\overline{\rho}A\,\overline{Y_{O_2}}}{\nu}\frac{\varepsilon}{k} \tag{1.52}$$

由反应产物确定的反应速率

$$\overline{\omega_P} = \rho\frac{A\cdot B}{(1+\nu)}\overline{Y_P}\frac{\varepsilon}{k} \tag{1.53}$$

在式(1.51)～式(1.53)中,A 和 B 是模型常数,ν 是化学恰当当量比时的氧气-燃料质量比。

EBU 模型和 EDC 模型都过于突出了湍流混合对燃烧速率的作用,忽略了分子输运和化学动力学的作用,只适用于快速反应的湍流燃烧过程,对于温度不高的慢反应区,可能给出错误的预报值。为此,引入平均参数确定的化学反应速率,计算时取 EBU 模型(或 EDC 模型)和按平均参数的 Arrehnius 公式计算的化学反应速率中的最小值,称为 EBU-Arrehnius 模型(或 EDC-Arrehnius 模型)。

1.4.2　条件矩封闭模型

条件矩封闭(CMC)模型是由 Klimenko(1990)和 Bilger(1993)于 20 世纪 90 年代各自独立提出的,它是一种基于统计理论的湍流燃烧模型。对于一个系综,若只对满足一定条件的样本进行统计平均或求其方差,如此求出的统计矩称为条件统计矩。在湍流燃烧中采用条件统计矩方法的原因是:因为湍流中组分质量分数和温度都有很强的脉动,使平均化学反应速率的计算变得很困难。但经验表明,在很多情况下,组分质量分数和温度的大部分脉动都能和某个标量的脉动关联起来(如扩散燃烧中的混合分数,预混燃烧中的反应进度)。因此,在对湍流随机量进行统计平均时,如果限定该关键标量取某一特定值,即对随机量取条件平均,则有条件的脉动均方值将远小于无条件的平均值。而且,相对于雷诺平均或 Favre 平均,条件平均所得出的条件脉动值要远小于条件平均值。这意味着湍流脉动被大大削弱,从而可将化学动力学与湍流分开处理,即实现二者的解耦。

CMC 模型基于流场内某一固定位置 x 和时间 t 来计算物理量的条件矩。定义流场标量关于混合分数的条件概率密度函数为

$$P(\psi_i \,|\, Z;x,t)=\frac{P(\psi_i,Z;x,t)}{P(Z;x,t)} \tag{1.54}$$

则该标量的一阶条件矩即条件平均值为

$$Q_i(Z;x,t)=\langle \psi_i \,|\, Z \rangle=\int_0^1 \psi_i P(\psi_i \,|\, Z;x,t)\mathrm{d}\psi_i \tag{1.55}$$

条件矩 Q_i 不仅是流场位置 x 和时间 t 的函数,同时也是混合分数 Z 的函数。同样,也可以将流场的标量 ψ_i 分解为条件平均值和一个条件脉动值 y_i:

$$\psi_i(x,t)=Q_i(Z;x,t)+y_i(Z;x,t) \tag{1.56}$$

和传统的矩方法类似,将方程(1.56)代入标量的输运方程,时均处理后可以得到条件矩 Q_i 的输运方程:

$$\langle \rho \,|\, Z \rangle\frac{\partial Q_i}{\partial t}+\langle \rho \,|\, Z \rangle\tilde{v}_Z \cdot \nabla Q_i=\langle \rho \,|\, Z \rangle\frac{\tilde{\chi}_Z}{2}\frac{\partial^2 Q_i}{\partial Z^2}+\langle \omega_i \,|\, Z \rangle \tag{1.57}$$

简便起见,上述方程中不包括扩散通量以及物理空间的条件湍流输运项。一般认为,条件矩的湍流输运可以通过类似于常规矩输运项的模型进行模拟。

方程(1.57)中的条件平均速度 $\bar{v}_Z$、条件平均标量耗散率 $\tilde{\chi}_Z$ 以及条件平均反应源项 $\langle \omega_i | Z \rangle$ 均是未封闭项。目前已知的运用中,条件平均速度均用无条件平均速度代替,通过 PDF 输运方程计算条件标量耗散率 $\tilde{\chi}_Z$。设定型 PDF 函数被用于计算条件平均反应速率。

在 CMC 模型中,化学反应源项的高阶矩通常认为是可以忽略的,从而可以导出反应源项的封闭:

$$\langle \omega_i | Z \rangle = \omega_i(\langle \psi_i | Z \rangle) \tag{1.58}$$

在 CMC 的概念中,同样可以推导出高阶条件矩的输运方程及封闭方法。如对于一个含有 n 个反应标量的二阶条件矩封闭,可以推导出 $n(n+1)/2$ 个条件方程和协方差的微分方程。Swaminathan 和 Bilger(1998)通过 DNS 结果分析了一个两步反应机理中条件方差输运方程中不同项的影响,并给出了不同项关于混合分数的相关系数。

条件矩模型在理论上是很严格的,其基本方程的导出没有引入额外的简化假设,因而适用于湍流燃烧过程。该模型能够有效地将反应动力学和流动的非均匀性解耦,同时保持了标量耗散即微尺度混合的影响,它可以模拟相当复杂的反应动力学。但同时也存在以下缺点:①通过条件平均,单个流场标量 ψ_i 的输运方程分解为多个条件矩 $Q_i(Z; x, t)$,$(Z = z_1, z_2, z_3, \cdots, z_n)$ 的输运方程,从而增加了数值求解的计算量;②时均湍流反应率用级数展开的方法,不可避免会带来较大的误差,从而实际计算中得到的结果比 PDF 输运方程的模拟结果要差。总体来说,条件矩封闭方法是一种很有应用前景的湍流燃烧模拟方法,目前仍处在发展阶段,有待改进和完善。

1.4.3 线性涡模型

线性涡模型(LEM)最早由 Kerstein(1988)对湍流流动的混合过程研究中作为描述湍流标量混合和扩散的一种随机混合模型提出。LEM 是一种统计性质的模型,试图在一维方向上描述流动中在所有尺度上各种不同的物理过程,如湍流掺混、分子扩散和化学反应等,反应和扩散过程都是在一维区域内进行,该区域内所有湍流尺度都可解,不需要模化,可认为它是在亚格子内进行一维直接模拟(孙明波等,2007)。Menon 等(1993)最早将 LEM 应用于燃烧大涡模拟的亚格子模型,并把 LES-LEM 方法的实现分为两个过程,第一个过程是在每一个 LES 网格内独立进行线性涡计算;第二个过程是通过"叠接"过程实现亚格子标量信息在 LES 网格边界的输运。

在 LEM 中,并不直接求解过滤后的标量方程。分子扩散、小尺度和大尺度的湍流输运、化学反应是在各自对应的时间尺度上分别进行模化的。为了从数学上说明这个问题,将速度场分为:$u_i = \bar{u}_i + (u'_i)^R + (u')^S$。这里 $\bar{u}_i$ 是大涡模拟可解尺度的速度场,$(u'_i)^R$ 是大涡模拟可解亚格子脉动(从 k_{sgs} 可以求得),$(u'_i)^S$ 是不可解亚格子脉动。考虑准确的组分方程(不加任何的显式滤波),第 k 种组分可以写为如下稍有不同的形式:

$$\rho \frac{\partial Y_k}{\partial t} = -\rho [\bar{u}_i + (u'_i)^R + (u'_i)^S] \frac{\partial Y_k}{\partial x_i} - \rho D_k \frac{\partial Y_k}{\partial x_i} + \dot{w}_k \tag{1.59}$$

在 LES-LEM 中,上述方程可以重写为

$$\frac{Y_k^* - Y_k^n}{\Delta t_{LES}} = -[\bar{u}_i + (u'_i)^R] \frac{\partial Y_k^n}{\partial x_i} \tag{1.60}$$

$$Y_k^{n+1} - Y_k^* = \int_t^{t+\Delta t_{LES}} -\frac{1}{\rho} \left[\rho (u'_i)^S \frac{\partial Y_k^n}{\partial x_i} + \frac{\partial}{\partial x_i} (\rho Y_k^n V_{i,k})^n - \dot{w}_k^n \right] dt' \tag{1.61}$$

这里,Δt_{LES} 是大涡模拟的时间步长。方程(1.60)描述了标量场的大尺度三维大涡模拟可解尺度通过网格交界面上的拉格朗日输运;方程(1.61)描述了亚格子 LEM 模型,积分中包含了三个在每个 LES 网格内发生的过程:亚格子掺混、亚格子分子扩散、化学反应。这些过程都是在每个 LES 网格内的一维区域上模化的,方程的积分可以写成一维形式。

在每个 LES 网格内,求解组分的一维反应-扩散方程:

$$\rho \frac{\partial Y_k^m}{\partial t^s} = F_{ks}^m - \frac{\partial}{\partial s} (\rho Y_k^m V_{s,k}^m) + \dot{w}_k \tag{1.62}$$

此处 t^s 代表的是当地 LEM 时间尺度,亚格子区域在一维的 s 方向上由 N_{LEM} 个 LEM 网格离散。LES 上可解量是由亚格子区域所有 LEM 格子的 Favre 平均得到。F_{ks}^m 是亚格子尺度上的组分的湍流搅拌。亚格子内温度的一维反应-扩散方程也可同理列出,此处略去。气体遵循热完全气体假定,不考虑 P^{LEM} 的计算,假定 $P^{LEM} = P^{LES}$。此假设下放热会导致体积的膨胀,还需要考虑热膨胀过程的模化。下面分别列出关键过程的模化方法。

亚格子的掺混是通过 LEM 区域上的标量场的重新排列来进行模化的,这种重排方法被 Kerstein(1988)称作"三连映射"(triplet mapping)(见图 1.1)。Kerstein(1988)揭示了这种方法可以再现标量梯度场中单个涡的作用而并不改变平均的标量场。这种重排方法只在一维 LEM 区域上执行,因此此处隐含的假定就是亚格子内的小尺度结构是各向同性的。数学上,三连映射可以定义为一个将初始标量场映射为掺混后标量场的函数:

$$\Psi(x,t) = \begin{cases} \Psi^0(3x - 2x_0, t), & x_0 \leq x \leq x_0 + l/3 \\ \Psi^0(-3x + 4x_0 + 2l, t), & x_0 + l/3 \leq x \leq x_0 + 2l/3 \\ \Psi^0(3x - 2x_0 - 2l, t), & x_0 + 2l/3 \leq x \leq x_0 + l \\ \Psi^0(x, t), & \text{其他} \end{cases} \tag{1.63}$$

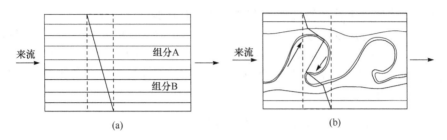

图 1.1　LEM 区域三连映射方法示意图

显然,映射函数需要选择涡尺度 l 和搅拌发生的位置 x_0。搅拌起始点位置是由均匀分布随机产生的,单位长度上的重排频率 λ 是 Kerstein(1988)从三维标度律得到的,即

$$\lambda=\frac{54\nu Re_{\overline{\Delta}}\big[(\overline{\Delta}/\eta)^{5/3}-1\big]}{5C_\lambda\overline{\Delta}^3\big[1-(\eta/\overline{\Delta})^{4/3}\big]}\tag{1.64}$$

式中,C_λ 是标量湍流扩散系数,一般取 0.067;两次搅拌之间的时间间隔为 $\Delta t_{\text{stir}}=1/(\lambda\overline{\Delta})$。

涡尺度 l 从如下的概率密度函数分布随机得到: $f(l)=\dfrac{(5/3)l^{-8/3}}{\eta^{-5/3}-\overline{\Delta}^{-5/3}}$,这里 $\eta=N_\eta\overline{\Delta}Re_{\overline{\Delta}}^{-4/3}$。$N_\eta$ 是经验参数,一般取为 $N_\eta\in[1.3,10.78]$。

标量场的演化是通过在 LES 区域上以拉格朗日追踪的"叠接"方式得到的。"叠接"模拟了大尺度输运的过程,但是并不直接求解方程(1.60)。注意到 LES 的标量场并不知道,只有 LEM 区域上的分布是知道的。现在的目的是将标量从一个 LES 网格中的 LEM 区域输运到另一个 LES 网格中的 LEM 区域。足够小的 LES 时间步长保证了标量只是从一个 LES 网格中输运到与其相邻接的网格中,减小了问题的复杂度。

"叠接"过程需要知道三个物理量:①LES 网格界面上需要转移的质量大小;②每一网格界面上的质量通量方向(是流入还是流出);③三个坐标轴方向执行输运操作的顺序。在有限体积方法中,每一个 LES 网格界面上的质量通量都是已知的(从大尺度场的 LES 求解过程得到),并且网格界面上速度方向可以给出质量通量的方向。这样前两个要求可以自动知道。对标量输运的数值操作相当于一个三维的对流算子,它是通过顺序进行三个一维对流算子实现的。目前对这些一维算子执行顺序的处理是采用类迎风的方法。

总结一下 LES-LEM 的交叉迭代过程,首先求解过滤后的 LES 大尺度控制方程,储存每一个网格控制体积表面的质量通量。然后在亚格子内采用 LEM 计算,再利用"叠接"方法计算标量场的大尺度输运,将亚格子区域上的标量进行过滤,如

组分质量分数 $\widetilde{Y}_k = \sum\limits_{i=1}^{N_{\mathrm{LEM}}} \rho_i Y_{k_i} / \sum\limits_{i=1}^{N_{\mathrm{LEM}}} \rho_i$。利用过滤后的标量计算流体的热化学属性,利用过滤后的组分场(由 LEM 得到)和密度场(由 LES 得到)计算过滤后的内能、温度和压力,将这些过滤值作为下一个 LES 时间步的初值,这样就完成了一个时间步内的迭代。

总体来看,LES-LEM 方法的人为痕迹十分明显,"叠接"过程导致的不正常扩散迄今没有很好地解决。另外,在每一个网格上布置一维线性涡使得标量场的维数增加,对于三维问题这将极大地增加计算量。另外,在考虑复杂化学反应时,单个网格内布置的线性涡格子数目大量增加,同时还要考虑多种组分的输运与反应过程,这使得求解极为困难。LEM 模型是一个经验模型,其湍流场的实现取决于特定的雷诺数,并不能反映流场的瞬时特征,也不能真实捕捉典型的湍流特性,如能量级串现象。

作为 LEM 的发展,Kerstein(1999)提出了"一维湍流"(one dimension turbulence,ODT)模型。不同于 LEM,ODT 模型是一个自包含的模型。该模型并不依赖经验参数,其对于流场的求解完全根据流场的瞬时状态,因而,能够真实地捕捉一些典型的湍流现象如能量级串。同时由于能够完全求解精细尺度的量,因而该模型能够描述湍流化学反应的耦合。但是,一维的本质又限制了 ODT 模型的使用范围。ODT 模型尚不能用来模拟一些复杂几何结构的流场。近年来,已有一些人将 ODT 模型和 LES 耦合研究湍流流动与湍流燃烧问题。McDermott(2005)最早将 ODT 模型作为 LES 亚格子湍流模型对均匀各向同性湍流进行了模拟。不同于 LES-LEM 方法中在 LES 网格内划分一维网格,LES-ODT 方法中 ODT 网格在整个计算域的各个方向上统一划分,在各个维度上统一执行函数(1.63)定义的"三连映射"操作,从而避免了"叠接"过程。Cao(2006)采用 LES-ODT 方法计算了非均匀混合气中的自点火过程。然而这一类方法中普遍的问题在于 ODT 方程中仅包含动量方程和反应标量方程,而不包括质量守恒方程,目前还不能有效处理亚网格的可压缩性,特别是燃烧流场的热膨胀效应。

1.4.4　概率密度函数方法

概率密度函数(PDF)方法以完全随机的观点对待湍流流场,其发展源于 Dopazo(1975)、Pope(1976)等的开创性工作。精确的 PDF 输运方程是由 N-S 方程组推导出来的,在该方程中化学反应源项是封闭的,无须模拟,因此能够精确模拟任何详细的化学动力学过程,适用于预混、非预混和部分预混的任何燃烧问题。但压力脉动梯度项以及分子黏性和分子扩散引起的 PDF 分子输运项是不封闭的,需要引入模型加以封闭。用于模拟分子扩散过程的模型称为小尺度混合模型。相应地,模拟脉动压力梯度和分子黏性引起的 PDF 在速度空间上输运的模型称为随机速度模型。从这个意义上讲,PDF 方法又是一种需要模型的方法。PDF 方法在求解带非线性源项的标量输运方程(如基于有限反应速率的燃烧过程)时具有很强的优势,此外,其另一个优势体现在可以对任意复杂的化学反应机理进行精确计算,因而被认为是目前研究有限反应速率和熄火等湍流燃烧问题的最合适的方法。

目前,常用的 PDF 方法主要包括速度-组分-湍流频率联合 PDF、速度-组分联合 PDF 和组分联合 PDF(Haworth and Pope,2011),可以分别表示为 $f_{u\phi w}(\boldsymbol{V},\psi,\theta,\boldsymbol{x},t)$, $f_{u\phi}(\boldsymbol{V},\psi,\boldsymbol{x},t)$ 和 $f_{\phi}(\psi,\boldsymbol{x},t)$,其中 $\boldsymbol{V},\psi,\theta$ 分别为速度 $\boldsymbol{u}$、组分 ϕ 和湍流频率 w 的样本空间。这三种 PDF 都可以通过反应流体的质量、动量、组分及能量守恒方程推导得到。PDF 包含着流场中所有空间和时间点的全部单点统计信息。PDF 具有的一个重要性质是流场中任意一个空间和时间的单点联合统计量都可以由 PDF 在其样本空间进行积分得到。

下面以组分联合 PDF 为例对 PDF 输运方程做简要介绍。假设组分变量 ϕ 包含各个组分的质量分数以及焓值,同时忽略组分联合 PDF 的下标,定义 $\tilde{f}(\psi;\boldsymbol{x},t)$ 为组分的质量加权联合 PDF。基于 Pope(2010)的推导,质量加权联合 PDF $\tilde{f}(\psi;\boldsymbol{x},t)$ 的输运方程可以写为

$$\frac{\partial}{\partial t}\bar{\rho}\tilde{f}+\nabla\cdot(\bar{\rho}\tilde{u}\tilde{f})+\nabla\cdot(\overline{\rho u''|\psi}\tilde{f})=-\frac{\partial}{\partial\psi_{\alpha}}\left(\bar{\rho}\left(\frac{1}{\bar{\rho}}\overline{\nabla\cdot(\bar{\rho}\Gamma_{(\alpha)}\nabla\phi_{\alpha})|\psi}+S_{\alpha}(\psi)\right)\tilde{f}\right)$$

$$(1.65)$$

式中,除了小括号内的 α 下标之外,其他的 α 下标均采用求和约定,S_{α} 为化学反应源项。定义等号右边第一项为条件扩散项,即

$$\gamma_{\alpha}(\psi;x,t)\equiv\frac{1}{\bar{\rho}}\overline{\nabla\cdot(\bar{\rho}\Gamma_{(\alpha)}\nabla\phi_{\alpha})|\psi}$$

$$(1.66)$$

上式可以模化为

$$\gamma_{\alpha}(\psi;x,t)=-\Omega_{m}(\psi_{\alpha}-\tilde{\phi}_{\alpha})+\tilde{D}$$

$$(1.67)$$

其中,等号右边第一项为小尺度混合项,Ω_{m} 为标量混合频率;第二项为 PDF 方法的平均输运项,$\tilde{D}\equiv\frac{1}{\bar{\rho}}\nabla\cdot(\bar{\rho}\Gamma\nabla\tilde{\phi})$;$\Gamma$ 为扩散系数。

由方程(1.65)可以看出,当组分较多时,PDF 输运方程的维数相当高,此时方程难以用有限容积、有限差分或有限元等方法来求解,比较可行的一种方法是蒙特卡罗(Monte Carlo)方法,其计算量随维数仅呈线性增长。在该方法中输运方程被转化为拉格朗日(Lagrangian)方程,流体由大量遵循拉格朗日方程的随机粒子的系综来描述,最后对粒子作统计平均得到流场物理量和各阶统计矩。求解 PDF 方程的算法主要包括单独的颗粒方法和混合方法。单独的颗粒方法即完全采用蒙特卡罗方法求解 PDF 方程,而混合方法则是将蒙特卡罗方法求解 PDF 方程和传统的有限体积或有限差分法求解统计矩方程相结合求解流场。

　　单独的颗粒方法又分为两类：一类是基于节点的蒙特卡罗算法，所有的颗粒都固定在各自的网格点上不动，这种方法适合于标量 PDF 方程的求解，使用简单且容易收敛，应用较广，缺点是空间精度只有一阶；另一类是分布颗粒蒙特卡罗算法，颗粒在流场中是运动的，适用于各种 PDF 方法，它的实施相对比较复杂，但具有至少二阶以上的精度。

　　基于分布颗粒蒙特卡罗算法，方程（1.65）转化为如下方程进行求解（Yang et al.，2013b）：

$$dX^*(t) = \left(\bar{u} + \frac{\nabla \bar{\rho} \Gamma_T}{\bar{\rho}} \right)^* dt + \sqrt{2\Gamma_T^*}\, dW \tag{1.68}$$

$$d\phi^*(t) = -\Omega_m^* (\phi^* - \tilde{\phi}^*) dt + \widetilde{D}^* dt + S(\phi^*) dt \tag{1.69}$$

式中，$X^*(t)$ 为粒子位置；W 为各向同性且具有向量值的 Wiener 过程；$\tilde{\phi}$ 为可解标量；上标"*"意为插值得到。通过方程（1.68）和方程（1.69）得到的模化的 PDF 输运方程通常通过粒子/网格方法进行求解。

　　方程（1.67）和方程（1.69）中的标量混合率 Ω_m 需要通过小尺度混合模型进行封闭。小尺度混合模型通常分为三类（范周琴等，2010）：确定性模型、颗粒相互作用模型和通过映射封闭法构造的模型。IEM(interaction by exchange with the mean)模型(Dopazo,1975)是确定性模型的代表，它在均匀湍流中的弛豫性不好，初始 PDF 一旦给定，就将保持下去，无法弛豫到高斯分布。颗粒相互作用模型是在颗粒系综平均中随机选取若干对颗粒进行混合，混合后的颗粒标量值等于混合前两个颗粒参数的平均值，而其余颗粒的参数保持不变。Curl 模型(Janicka et al.,1979)就是颗粒相互作用模型的一种，它容易用蒙特卡罗方法求解，但不适用于具有多个基元化学反应且化学反应速率相差很大的燃烧问题的计算。用映射封闭的方法构造混合模型时，物理真实标量场通过映射函数映射到理想的特性已知随机场中，而映射函数本身通过求解其演化方程得出。它的弛豫性好，单标量在均匀湍流中能够弛豫到正态分布；缺点是计算比较困难，而且对于多标量场混合还要进一步研究。目前，常见小尺度混合模型还有二项取样(binomial sampling)模型(Chen,1990)、欧几里得最小扩展树（EMST）模型（Subramaniam and Pope,1998)等。

　　如前所述，PDF 方法计算湍流燃烧的优势是可以对任意复杂的化学反应机理作精确计算。但详细的化学反应机理常常包含几十上百种组分和几百个甚至上千个基元反应，不同的基元反应时间尺度常相差若干个数量级。化学反应速率方程具有强非线性和强刚性的特点，而蒙特卡罗方法本身为了减小统计误差，需要大量的样本以满足计算精度的要求。通过直接积分化学反应速率方程的方法计算每个样本的化学热力学参数，这使得 PDF 方法的计算量通常十分巨大。

　　为了降低计算耗费，理论上希望降低组分空间的维数。低维流形（low-dimensional manifold,LDM)方法认为化学组分在组分空间中分布于某一低维流形附近,即组分质量分数可以由少数几个代表组分的函数近似表示,从而降低组分空间维数,实际计算时仅求解代表组分的输运方程。这种方法可以明显降低计算量,因而具有很强的应用前景,但在一些复杂燃烧现象中(如局部熄火现象),低维流形的假设难以成立,而且对于非代表组分的次要组分质量分数的计算往往有较大偏差(Yang et al.,2013a)。

Pope(2013)将低维流形方法分为如下几类:①骨架流形,基于忽略次要组分及反应的骨架反应机理;②热力学流形,由系统的热力学状态决定;③反应流形,基于描述组分变化的常微分方程组的自治类型;④扩散流形,以混合分数或者线性独立的惰性组分参数来表示;⑤反应-扩散流形,基于描述扩散和化学反应源项的常微分或偏微分方程组;⑥条件流形,定义为非代表组分关于代表组分的条件期望值;⑦经验流形,由实验或者 DNS 结果中的组分样本构造。

基于低维流形的上述定义,Pope(2013)认为火焰面模型也是一种基于组分空间降维处理的有效的低维反应-扩散流形方法。

1.4.5　湍流燃烧火焰面模型

火焰面模型是 Peters(1984)在层流扩散火焰的研究基础上提出的,随后扩展到湍流扩散、预混、部分预混火焰的研究领域中(Peters,2000)。在层流扩散火焰中,若化学反应速率无限快,则在化学当量比为 1 时,反应区内部的燃料与氧化剂会完全反应,反应区较薄,呈薄火焰面模式,此时火焰可被看成一维;若化学反应速率为有限值,则反应区内部的燃料与氧化剂不能完全反应,会有部分剩余,反应区较厚,极限情况下(燃料或氧化剂较多时)会导致火焰熄灭。但是只要火焰能够维持稳定的燃烧,即使在化学反应速率为有限值的情况下,火焰的主要特征仍可以用薄火焰面解进行描述。

火焰面是一系列薄的反应-扩散层,嵌入在无反应的湍流流场中。一旦点火成功,化学反应随着温度的升高而加速。当温度达到一个临界值,决定燃料消耗的反应将变得非常快。当反应时间尺度很小时,化学反应几乎只作用在一个很薄的反应层内,也就是所说的燃料消耗层或内层。如果这一层相对于 Kolmogorov 涡的尺寸而言要薄得多,那么此时层流火焰面结构的假设也是合理的。相反的,如果湍流强度很大,以至于 Kolmogorov 涡变得比内层还要小,那么这些涡将能够破坏火焰面的结构。在这种情况下,整个火焰可能会熄灭。

内层的位置决定了火焰面的位置。相对条件矩方法或者基于 PDF 输运方程的方法,火焰面概念中的统计计算更关注火焰面的位置,而不是反应标量本身。这个位置定义为一个非反应标量参数的等值面,对于该非反应标量参数,可以推导得到一个场方程。对于非预混燃烧,混合分数 Z 就是这个标量参数。关于 Z 的定义及其方程将在第 3 章中予以详细讨论。推导火焰面方程过程中需要引入标量耗散率的概念,如果标量耗散率变化平缓,可以假定标量耗散率的分布,利用火焰面方程获得组分变量与混合分数的函数关系来建立解耦于湍流的火焰面数据库;如果标量耗散率变化剧烈,则火焰面方程中的时间非稳态项通常需要保留,此时火焰面模型必须将流场方程和火焰面方程耦合求解。非稳态火焰面模型以及进一步能够考虑火焰面方程非稳态解的火焰面/进度变量模型已经被用于柴油发动机的点火、燃烧和污染物生成的模拟。这些应用将在第 3 章中进行进一步的讨论。

对于预混燃烧,将引入标量 G 或反应进度变量 C。直观上,G 函数表征当地点到火焰面的距离。通过反应进度变量 C 也可以对火焰面进行描述,通常 C 定义为一个无量纲化的温度或者无量纲化的产物质量分数。关于 G、C 的定义及其方程将在第 2 章详细给出。

一旦描述 Z 和 G(或 C)的统计分布被求解,沿表面法向的反应标量的分布就可以应用一维火焰面方程求解得到。这些一维标量分布假定是附在火焰表面上的,并且随着火焰面在湍流场内输运。因此,反应标量的统计矩可以从标量参数 Z 和 G(或 C)的统计分布中得到。

扩散燃烧与预混燃烧方式是湍流燃烧的两个极限情形,很多情况下两种燃烧模式是并存的,称为部分预混燃烧。部分预混燃烧可出现在下列情形中:①在一个完全以非预混燃烧为配置的燃烧装置发生了局部熄火;②当预混火焰前缘穿过非均匀的混合气体时;③射流非预混火焰发生抬举,其根部是一个典型的部分预混三岔火焰(triple flame)。这三种部分预混燃烧情形涉及了经常受到关注的燃烧研究话题如局部熄火、火焰稳定等,它们对研究湍流燃烧过程的机理有很大意义。在第 4 章中预混和非预混两种火焰面概念将被结合在一起,以得到描述部分预混燃烧分层混合物中湍流火焰面传播与扩散的模型。

超声速燃烧是具有可压缩湍流燃烧的一种极限形式,是超燃冲压发动机实现其高效、稳定工作的基础。由于超声速燃烧是速度、密度、压力、温度与释热之间的强耦合,并且还出现具有间断性质的激波,火焰面模式的存在性首先要受到质疑。Balakrishnan 和 Williams(1994)、Bray 和 Peters(1994)、Willams(2000)等先后对超声速扩散火焰进行量纲分析,认为组织较好的氢气/空气超声速扩散燃烧可以用火焰面模型描述。尽管如此,超声速条件下激波、局部熄火/自点火等复杂物理化学过程给火焰面模型的应用带来了模型如何修正的难题。孙明波等(2010)对部分预混超声速燃烧火焰面模式进行过综述。第 5 章对超声速燃烧火焰面模式的系统判别及建模应用进行了详细讨论。

1.5　本书的主要内容

本书从湍流燃烧的基本特性出发,阐述了火焰面模式的数学建模过程及其在湍流燃烧数值模拟中的应用。各章主要内容如下:

第1章主要介绍了湍流流动与燃烧的基本特点,并系统概述了目前常用的湍流燃烧数值模拟方法和模型。

第2章首先介绍了层流预混和湍流预混火焰的基本概念,给出了湍流预混火焰在常温和高温下的火焰传播速度;在此基础上给出了预混燃烧的两种火焰面模型,分别是 G 方程、C 方程,并通过算例检验了各种建模方法的有效性。

第3章对层流和湍流扩散火焰的基本结构及特点进行了介绍;分析了湍流扩散火焰中湍流与燃烧的相互作用;在此基础上推导了非预混条件下的火焰面模型的模式分区图,并通过算例对稳态、非稳态、交互式火焰面模型,火焰面/进度变量模型等不同火焰面模型进行了验证和对比。

第4章介绍了湍流部分预混火焰的基本特点,给出了层流和湍流条件下的部分预混火焰结构,并给出了湍流部分预混火焰的火焰稳定机理;针对不同部分预混火焰的特点,给出了部分预混湍流燃烧火焰面模型,并对相应模型进行了数值验证;最后给出了带自点火特性的部分预混火焰的火焰面模型。

第5章介绍了超声速燃烧的特点,对超声速流场内火焰面模型假设的适用性进行了判别,讨论了火焰面模型在超声速燃烧流场中运用的若干问题;针对超声速流场的特点对火焰面模型进行了改进;建立了部分预混的超声速燃烧火焰面模型,并进行了数值验证与应用。

参 考 文 献

范周琴,孙明波,刘卫东.2010.湍流燃烧的概率密度函数输运方程模型研究.飞航导弹,30(3):90-95.

刘奕,郭印诚,张会强,等.2001.大涡模拟及其在湍流燃烧中的应用.力学进展,31(2):215-226.

孙明波,范周琴,梁剑寒,等.2010.部分预混超声速燃烧火焰面模式研究综述.力学进展,46(6):634-644.

孙明波,梁剑寒,王振国.2007.湍流燃烧亚格子线性涡模型研究.燃烧科学与技术,(2):169-176.

孙明波,汪洪波,梁剑寒,等.2011.复杂湍流流动的混合 RANS/LES 方法研究.航空计算技术,(1):24-33.

张会强,陈兴隆,周力行,等.1999.湍流燃烧数值模拟研究的综述.力学进展,29(4):567-576.

Balakrishnan G, Williams F A. 1994. Turbulent combustion regimes for hypersonic propulsion employing hydrogen/air diffusion flames. Journal of Propulsion and Power,10(3):434-436.

Batten P, Goldberg U, Chakravarthy S. 2000. Sub-grid turbulence modeling for unsteady flow with acoustic resonance. AIAA Paper 2000-0473.

Baurle R A, Tam C J, Edwards J R, et al. 2003. Hybrid simulation approach for cavity flows: Blending, algorithm, and boundary treatment issues. AIAA Journal, 41(8):1463-1484.

Bilger R W. 1993. Conditional moment closure for turbulent reacting flows. Physics of Fluids, 5: 436-444.

Bray K N C, Peters N. 1994. Laminar Flamelets in Turbulent Flames. London: Academic Press.

Cao S. 2006. A Novel Hybrid Scheme for Large-Eddy Simulation of Turbulent Combustion Based on the One-Dimensional Turbulence Model[PhD Thesis]. Raleigh: North Carolina State University.

Chakravarthy V, Menon S. 2001. Large eddy simulations of turbulent premixed flames in the flamelet regime. Combustion Science and Technology, 162:175-222.

Chen J Y. 1990. A binomial sampling model for scalar turbulent mixing. Physics of Fluids, 2:315-346.

Dopazo C. 1975. Probability density function approach for a turbulent axisymmetric heated jet centerline evolution. Physics of Fluids, 18:397-404.

Fan T C, Xiao X D, Edwards J R, et al. 2002. Hybrid LES/RANS simulation of a shock wave/boundary layer interaction. AIAA Paper 2002-0431.

Haworth D C, Pope S B. 1996. A generalized Langevin model for turbulent flows. Physics of Fluids, 29(2):387-405.

Haworth D C, Pope S B. 2011. Transported probability density function methods for Reynolds-averaged and large-eddy simulations. Turbulent Combustion Modeling, 95:119-142.

Janicka J, Kolbe W, Kollmann W. 1979. Closure of the transport equation for the probability density function of turbulent scalar fields. Journal of Non-Equilibrium Thermodynamics, 4:47-66.

Kerstein A R. 1988. Linear eddy model of turbulent scalar transport and mixing. Combustion Science and Technology, 60:391-421.

Kerstein A R. 1999. One-dimensional turbulence: Model formulation and application to homogeneous turbuence, shear flows and buoyant stratified flows. Journal of Fluid Mechanics, 392: 277-334.

Klimenko A Y. 1990. Multicomponent diffusion of various scalars in turbulent flows. Fluid Dynamics, 25:327-334.

Magnussen B F, Hjertager B H. 1977. On mathematical models of turbulent combustion with special emphasis on soot formation and combustion. The Sixteenth Symposium(International) on Combustion, Pittsburgh.

McDermott R J. 2005. Toward One-Dimensional Turbulence Subgrid Closure for Large-Eddy Simulation[PhD Thesis]. Salt Lake City: The University of Utah.

Menon S, McMurtry P A, Kerstein A R. 1993. A Linear Eddy Mixing Model Large Eddy Simulation of Turbulent Combustion, in LES of Complex Engineering and Geophysical Flows. London:Cambridge University Press.

Menter F R. 1994. Two-equation eddy-viscosity turbulence models for engineering applications. AIAA Journal,32(8):1598-1605.

Menter F R. 2009. Review of the shear-stress transport turbulence model experience from an industrial perspective. International Journal of Computational Fluid Dynamics,23(4):305-316.

Muradoglu M,Jenny P,Pope S B,et al. 1999. A consistent hybrid finite-volume/particle method for the PDF equations of turbulent reactive flows. Journal of Computational Physics,154(2): 342-371.

Nichols R H, Nelson C C. 2003. Application of hybrid RANS/LES turbulence model. AIAA Paper 2003-0083.

Peters N. 1984. Laminar diffusion flamelet models in non-premixed turbulent combustion. Progress in Energy and Combustion Science,10:319-339.

Peters N. 2000. Turbulent Combustion. London:Cambridge University Press.

Poinsot T, Veynante D. 2005. Theoretical and Numerical Combustion. Philadelphia: R. T. Edwards.

Pope S B. 1976. The probability approach to the modeling of turbulent reacting flows. Combustion and Flame,27:299-312.

Pope S B. 2010. Self-conditioned fields for large-eddy simulations of turbulent flows. Journal of Fluid Mechanics,652:139-169.

Pope S B. 2013. Small scales,many species and the manifold challenges of turbulent combustion. Proceedings of the Combustion Institute,(34):1-31.

Schumann U. 1975. Subgrid scale model for finite difference simulations of turbulent flows in plane channels and annuli. Journal of Computational Physics,18:376-404.

Shih T-H,Liou W W,Shabbir A,et al. 1995. A new k-w eddy-viscosity model for high Reynolds number turbulent flows-model development and validation. Computers Fluids,24(3):227-238.

Smagorinsky J. 1963. General circulation experiments with the primitive equations I,the basic experiment. Monthly Weather Review,91(3):99-164.

Spalding D B. 1971. Mixing and chemical reaction in steady confined turbulent flames. The Thirteenth Symposium(International)on Combustion,Pittsburgh.

Speziale C G. 1992. Turbulence modeling for time dependent RANS and VLES:A review. AIAA Journal,36(2):173-184.

Subramaniam S,Pope S B. 1998. A mixing model for turbulent reactive flows based on euclidean minimum spanning trees. Combustion and Flame,115:41-63.

Swaminathan N,Bilger R W. 1998. Conditional variance equation and its analysis. The Twenty-Seventh Symposium(International)on Combustion,Pittsburgh.

Wilcox D C. 1998. Turbulence Modeling for CFD. California:DCW Industries,Inc.

Williams F A. 2000. Progress in knowledge of flamelet structure and extinction. Progress in Energy and Combustion Science,26:657-682.

Yakhot V, Orszag S A. 1986. Renormalization group analysis of turbulence: I. Basic theory. Journal of Scientific Computing, 1(1): 1-51.

Yang Y, Pope S B, Chen J H. 2013a. Empirical low-dimensional manifolds in composition space. Combustion and Flame, 160: 1967-1980.

Yang Y, Wang H F, Pope S B, et al. 2013b. Large eddy simulation/probalitity density function modeling of a non-premixed CO/H_2 temporally evolving jet flame. Proceedings of the Combustion Institute, 34: 1241-1249.

Yoshizawa A, Horiuti K. 1985. Statistically derived subgrid scale kinetic energy model for large-eddy simulation of turbulent flows. Journal of the Physical Society of Japan, 54: 2834-2839.

第 2 章　湍流预混燃烧

预混燃烧是指燃料和氧化剂在燃烧前进行预先混合。根据流动的状态,预混火焰又可分为层流预混火焰和湍流预混火焰。湍流预混燃烧速度远大于层流预混的燃烧速度,燃烧与湍流的强相互作用使得火焰极不规则。一般认为,工业上绝大多数的湍流预混燃烧处于火焰面的燃烧模式,如气体涡轮燃烧室、火花点火式发动机都属于这种形式(Williams,2000)。

本章首先介绍了层流预混和湍流预混火焰的基本概念,给出了湍流预混燃烧的模式分区,推导出常温和高温下的火焰传播速度;接着在此基础上给出了预混燃烧的两种火焰面模型,分别是 G 方程和 C 方程,通过算例检验了各种建模方法的有效性;最后给出了带自点火特性的预混火焰传播模型。

2.1　层流预混火焰

2.1.1　层流预混火焰结构

一维层流火焰在燃料/氧化剂混合物中的传播是最为简单的燃烧现象之一。在充满预混气管道的一端点燃混合物,火焰前锋(化学反应区)即朝着未燃混合物传播。如图 2.1 所示,把观察坐标轴固定在火焰前锋上,就能测到沿火焰传播方向上组分浓度、密度和温度等参数的变化。

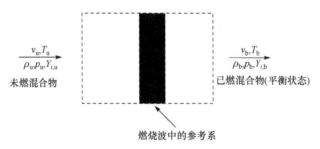

图 2.1　一维层流预混火焰坐标系

图 2.2 显示的是各组分和温度在火焰前锋附近区域的典型分布,这种分布称为传播火焰的结构(传播的火焰前锋又被称为爆燃波)。在此类火焰中,化学动力学以及能量和组分的扩散输运起着重要作用。

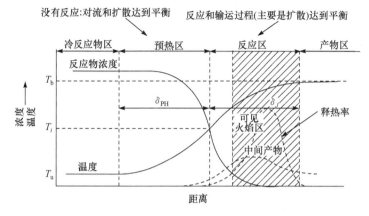

图 2.2　一维层流预混火焰结构

在图 2.2 的阴影区域中燃料完全消耗并生成产物,该过程中有中间产物生成并被消耗。这意味着大多数的化学反应都发生在这一狭窄的区域内,这个区域称为反应区,用 δ_l 代表其厚度。反应区将火焰坐标分成左右两个不同区域。

左边区域,燃料和空气混合物温度很低,达不到点火温度 T_i(约 1000K)。因为基团的重组反应大于分解反应,该区域不能发生化学反应。然而在该区域中混合物的温度从 T_u 到 T_i 发生了显著的提高,这归因于从反应区传递的热量。这个没有化学反应的加热区叫做预混火焰的预热区,用 δ_{PH} 代表预热区厚度。但如图2.2 所示,该区域有燃烧产物。实际上反应区形成的所有组分都可以扩散到预热区,但是自由基团很快重组形成稳定组分,所以在预热区观察不到。

反应区的右边,温度和燃烧产物浓度比较稳定,放热也不明显,该区域称为已燃区(也称为产物区)。由于已燃区的温度仍然很高,这里可以发生化学反应。但是该区域的大多数化学反应都已达到平衡,所以这里的净放热、燃烧产物净生成和反应物的净消耗是可以忽略的。

综上所述,从图 2.1 和图 2.2 中可以得到如下几点:

(1)从预热区到反应区,反应物浓度随着火焰坐标迅速单调递减;已燃区的反应物浓度为零(燃料与氧化剂完全反应)。

(2)从预热区到反应区,温度和主要燃烧产物(如碳氧化物)浓度迅速单调递增。

(3)化学反应发生在一个很窄的区域,这导致了预热区和反应区中浓度梯度和温度梯度非常大。因此这两个区域间的质量和热量扩散非常重要。

2.1.2　层流预混火焰温度

已燃区内的混合物从燃烧室排入大气,因此排出气体的温度和浓度,尤其是那些对环境有害的气体如未完全燃烧的燃料、CO 和 NO_x 等是需要关注的对象。而 NO_x 与已燃区温度有很大的关系,因此如何控制已燃区的温度变得相当重要。

注意到已燃区的化学反应处于平衡状态,应用化学动力学的方法便可以确定其各个性质及参数。这里介绍一种预测主要组分浓度和火焰温度的分析方法。

假设化学反应是一步完成、不可逆的,即 F+A→P。空气与燃料的化学恰当当量比为 γ_A。未燃的混合物中实际燃料/空气比与当量比 Φ 的关系如下:

$$Y_{F,u}/Y_{A,u}=\frac{\Phi}{\gamma_A}, \quad Y_{F,u}=\frac{\Phi}{\Phi+\gamma_A}, \quad Y_{A,u}=\frac{\gamma_A}{\Phi+\gamma_A}, \quad Y_{F,u}+Y_{A,u}=1 \quad (2.1)$$

下标 u 代表未燃的空气/燃料混合物,当量比 Φ 代表燃料的实际流量和化学恰当当量比下的燃料流量之比。

对于绝热火焰,即燃烧室器壁没有热量损失,假设混合物的总焓沿着火焰坐标不变($h_b=h_u$),已燃区的温度可由能量平衡推导得出。假设 $c_{p,F}\approx c_{p,A}\approx c_{p,P}\approx c_P$,得到

$$T_b=T_u+\frac{Y_{F,u}h_F^0+Y_{A,u}h_A^0-(Y_{F,b}h_F^0+Y_{A,b}h_A^0+Y_{P,b}h_P^0)}{c_p} \quad (2.2)$$

下标 b 代表已燃区。

当 $\Phi=1$ 时,即混合物处于化学恰当当量比条件,可得到如下已燃区的性质:

$$\begin{cases} Y_{F,b}=0, \quad Y_{A,b}=0, \quad Y_{P,b}=1 \\ T_b=T_u+\frac{(-\Delta H_r)}{c_p}\frac{1}{1+\gamma_A} \end{cases} \quad (2.3)$$

其中,$-\Delta H_r=(Y_{F,u}h_F^0+Y_{A,u}h_A^0-Y_{P,b}h_P^0)/Y_{F,u}$,是单位燃料的反应热。

例如,对于化学恰当当量比的甲烷/空气火焰,对于甲烷/空气混合物,$h_{CH_4}^0=-75kJ/mol$, $h_{CO_2}^0=-394kJ/mol$, $h_{H_2O}^0=-242kJ/mol$, $h_A^0=0$, $(-\Delta H_r)/c_p\approx 36320K$, $\gamma_A=17.16$。已燃区混合物温度约为

$$T_{st}\sim T_u+2000K \quad (2.4)$$

燃料和空气混合物的初始温度越高,已燃区的温度就越高。根据上式估算得到室温条件下已燃区温度约为 2300K(更精确的计算得到的平衡火焰温度为 2230K)。

当 $\Phi>1$ 时,燃料/空气混合物富燃,得到如下已燃区的性质:

$$\begin{cases} Y_{F,b}=\frac{\Phi-1}{\Phi+\gamma_A}, \quad Y_{A,b}=0, \quad Y_{P,b}=1-Y_{F,b} \\ T_b=T_u+\frac{Y_{F,u}(-\Delta H_r)}{\Phi c_p} \end{cases} \quad (2.5)$$

其中,$-\Delta H_r=(Y_{F,u}h_F^0+Y_{A,u}h_A^0-Y_{F,b}h_F^0-Y_{P,b}h_P^0)/Y_{F,u}$,是单位燃料的反应热。

如果预混气体富燃,排出气体中将出现剩余燃料,这显然是浪费并对环境有

害的。

当 $\Phi<1$ 时,燃料/空气混合物贫燃,得到如下已燃区的性质:

$$\begin{cases} Y_{F,b}=0, \quad Y_{A,b}=\gamma_A\dfrac{1-\Phi}{\Phi+\gamma_A}, \quad Y_{P,b}=1-Y_{A,b} \\[3mm] T_b=T_u+\dfrac{(-\Delta H_r)}{c_p}\dfrac{\Phi}{\Phi+\gamma_A} \end{cases} \tag{2.6}$$

其中,$-\Delta H_r=(Y_{F,u}h_F^0+Y_{A,u}h_A^0-Y_{A,b}h_A^0-Y_{P,b}h_P^0)/Y_{F,u}$,是单位燃料的反应热。

如果预混气体贫燃,排出燃气中就不会有剩余燃料,这对于环境是有利的。

上述分析表明,最高火焰温度由处于化学恰当当量比的混合物燃烧得到,见图 2.3。为了降低火焰温度(以降低 NO_x 的含量),需要选择富燃或贫燃模式。但因为未燃物的排放问题,工业中一般选择贫燃模式。

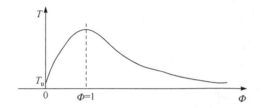

图 2.3　已燃区温度与当量比的关系图(Bai,2008)

2.2　湍流预混火焰

2.2.1　湍流预混火焰的基本性质

燃料与氧化剂混合物一旦被点燃,就会在局部形成一个薄火焰面。火焰面的一侧是未燃的预混气,另一侧是温度较高的燃烧产物,而火焰面内部则进行着剧烈的化学反应。这一薄的火焰面也被称为“火焰前锋”。湍流预混燃烧就是火焰前锋在湍流预混气流中的传播过程。火焰面与湍流的强相互作用使得火焰面极不规则,甚至产生破碎。

借助二维激光诊断方法,能够获得瞬时火焰图像。图 2.4 显示了甲烷/空气湍流预混射流火焰。图 2.4(a)为 Buschmann 等(1996)采用 OH 基 PLIF 技术得到的恰当当量比预混甲烷/空气本生灯火焰图像;图 2.4(b)为 Kiefer 等(2008)采用 CH 基 PLIF 技术得到的预混甲烷/空气射流燃烧图像,该实验中富燃甲烷/空气射流出口直径 22mm,流速 1.7m/s,同轴中心孔采用直径 2.2mm 的 70m/s 空气射流促进掺混。对比这两幅图可以观察到:

(1) 高浓度的 CH 基和 OH 基位于很薄的区域内。该区域是消耗燃料和空气的主要化学反应区,也是主要放热区。

（2）与层流预混火焰的已燃区类似，火焰燃烧后一侧也发现 OH 基的浓度较低，已燃区温度较高。虽然大部分燃料在此消耗，但其化学反应是平衡的，且该区域的 OH 基浓度低于反应区。

（3）在靠近火焰的未燃区没有检测到 OH 基或 CH 基的信号，这对应于层流预混火焰的预热区。

（4）CH 基和 OH 基的强信号区比较褶皱且不规则。这是由于该区域湍流的不规则运动作用所致。火焰的已燃区与未燃区都有 CH 基和 OH 基信号较强的孤立"岛区"。这应该是湍流涡将一部分燃烧区从主火焰分离的结果。

（5）湍流预混火焰结构不仅与混合物自身有关，而且也依赖于所处流动的状态。

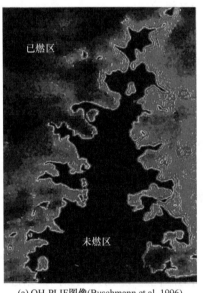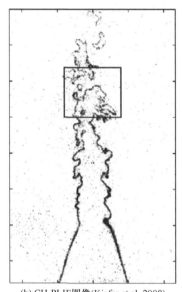

(a) OH-PLIF图像(Buschmann et al.,1996)　　　(b) CH-PLIF图像(Kiefer et al.,2008)

图 2.4　甲烷/空气预混湍流射流火焰的 PLIF 图像

2.2.2　湍流脉动与火焰的相互作用

湍流脉动与火焰的作用是相互的：湍流流场中各种不同尺度和强度的脉动会使火焰面发生扭曲、变形，甚至会改变火焰面的内部结构；燃烧产生的热量与产物又会影响湍流流场本身的发展。在湍流燃烧中，湍流流动特征尺度与火焰面厚度的相对大小直接决定了两者的相互作用程度。在此首先给出湍流流动特征尺度的计算方法。

由于湍流包含不同尺度的旋涡，因此，湍流流动特征尺度是以不同尺度涡的长度尺度和时间尺度来表征。湍流中有着大尺度范围的三维涡结构,定义最大涡的长度尺度 ℓ_0、速度尺度 $u(\ell_0)$、时间尺度 $\tau_0\equiv\ell_0/u(\ell_0)$。最小涡即 Kolmogorov 涡,长度、速度和时间尺度分别为 η、$u_\eta=u(\eta)$ 和 $\tau_\eta\equiv\eta/u_\eta$。

定义长度尺度为 ℓ 的涡的雷诺数为 Re_ℓ,用于表征惯性力与黏性力的相对大小

$$Re_\ell=\frac{u(\ell)\ell}{\nu} \tag{2.7}$$

其中,ν 为层流分子黏性系数。对于雷诺数远远大于 1 的涡,由于惯性力远远大于黏性力,根据湍流不稳定性理论,涡本身是不稳定的,将会逐步破裂成更小尺度的涡,直至惯性力与黏性力达到平衡。

根据湍流能量串级理论,湍流能量耗散率 ε 完全由初始能量和从最大尺度涡向最小尺度涡传递的速度决定。因此

$$\varepsilon\sim\frac{u(\ell_0)^2}{\ell_0/u(\ell_0)}\sim\frac{u(\ell_0)^3}{\ell_0} \tag{2.8}$$

根据 Kolmogorov 第二相似假定,当雷诺数相当大时,尺寸为 ℓ 的湍流涡具有相同的统计特性,且该特性仅与湍流能量耗散率 ε 有关,而与黏性系数 ν 无关,因此

$$\varepsilon\sim\frac{u(\ell)^3}{\ell} \tag{2.9}$$

根据 Kolmogorov 第一相似假定,当雷诺数相当大时,湍流中所有小尺度运动具有相同的统计特性,且仅决定于黏性系数 ν 和湍流能量耗散率 ε。再根据式(2.8)和式(2.9),可得

$$\frac{u(\ell)}{u(\ell_0)}\sim\left(\frac{\ell}{\ell_0}\right)^{1/3} \tag{2.10}$$

由湍流中不同尺度涡时间尺度的定义,并结合式(2.10),可得

$$\frac{\tau(\ell)}{\tau(\ell_0)}=\frac{\ell}{\ell_0}\frac{u(\ell_0)}{u(\ell)}\sim\left(\frac{\ell}{\ell_0}\right)^{2/3} \tag{2.11}$$

由式(2.7)和式(2.10),可得

$$Re_\ell=\frac{u(\ell)\ell}{\nu}=\frac{u(\ell_0)\ell_0}{\nu}\frac{u(\ell)\ell}{u(\ell_0)\ell_0}\sim Re_{\ell_0}\left(\frac{\ell}{\ell_0}\right)^{4/3} \tag{2.12}$$

可以发现,随着涡尺寸 ℓ 的减小,相应的雷诺数 Re_ℓ 也减小。当雷诺数 Re_ℓ 减小到 1 时,流动是稳定的,相应的旋涡不会再破裂,此即耗散涡。因此,耗散涡的尺寸为

$$\eta\sim\ell_0(Re_{\ell_0})^{-3/4} \tag{2.13}$$

再根据式(2.10)和式(2.11),可以得到耗散涡的速度尺度和时间尺度分别为

$$u(\eta)\sim u(\ell_0)(Re_{\ell_0})^{-1/4},\quad \tau(\eta)\sim\tau(\ell_0)(Re_{\ell_0})^{-1/2} \tag{2.14}$$

除流动尺度外,对于给定的燃料/空气混合物还有两个重要的特征尺度:层流火焰速度(S_L)和层流火焰厚度(δ_L)。

定义层流火焰前锋厚度和火焰传播速度分别为 l_F、S_L,根据量纲分析,有

$$l_F \sim \sqrt{D/\Omega}, \quad S_L \sim \sqrt{D\Omega} \tag{2.15}$$

其中,D、Ω 分别为质量扩散系数和组分生成率,上式的具体推导见 2.3 节。相应的化学反应时间尺度 τ_F 为 l_F/S_L,其代表预混火焰传播一个火焰层厚度距离所需的化学时间尺度。图 2.5 给出了 τ_F 的物理含义:产物生成所需时间。对燃料消耗来说,若令反应区内层 δ_I 作为特征长度尺度,那么相应的时间 τ_F 会更短,即消耗燃料所需时间。

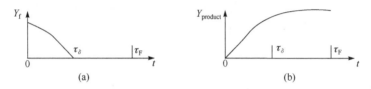

图 2.5　层流预混火焰的两个固有时间尺度

定义火焰面内化学反应区厚度为 l_δ,燃料消耗的时间尺度为 τ_δ,参考式(2.15),有

$$l_\delta = \sqrt{D\tau_\delta} \tag{2.16}$$

为了定性分析层流预混火焰与湍流之间的相互作用,定义如下几个无量纲参数来表征湍流的发展程度和湍流与燃烧的相互作用程度。

第一个参数是大尺度雷诺数 Re_{ℓ_0},用于检验燃烧发生的流场区域是否为充分发展的湍流区:

$$Re_{\ell_0} = \frac{u(\ell_0)\ell_0}{\nu} = \frac{u(\ell_0)\ell_0}{S_L l_F} \tag{2.17}$$

第二个参数是 Damköhler 数,定义为湍流中最大尺度涡的时间尺度 $\tau(\ell_0)$ 与火焰面的时间尺度 τ_F 之比:

$$Da = \frac{\tau(\ell_0)}{\tau_F} = \frac{\ell_0 S_L}{l_F u(\ell_0)} = \frac{\ell_0 S_L}{l_F u(\ell_0)} \frac{l_F}{l_F} \frac{\ell_0}{\ell_0} = \frac{\ell_0^2}{l_F^2} \frac{S_L l_F}{u(\ell_0)\ell_0} \sim \frac{\ell_0^2}{l_F^2} \frac{1}{Re_{\ell_0}} \tag{2.18}$$

当 $Da > 1$ 时,由于湍流流场中 $Re_{\ell_0} \gg 1$,因此可以得到 $\ell_0 \gg l_F$,即湍流流场中大尺度涡的尺度远远大于预混火焰前锋的厚度,这表明大尺度涡不能进入到火焰前锋内部,只能对整个火焰面进行随机输运。

第三个参数是 Karlovitz 数,定义为火焰面的时间尺度 τ_F 与湍流中 Kolmogorov 涡时间尺度 $\tau(\eta)$ 之比:

$$Ka = \frac{\tau_F}{\tau(\eta)} = \frac{l_F u(\eta)}{\eta S_L} \tag{2.19}$$

根据湍流能量串级过程,当湍流尺度达到 Kolmogorov 涡旋尺度时,惯性力与黏性力平衡,即

$$Re_\eta = \frac{u(\eta)\eta}{\nu} = 1 \Rightarrow u(\eta)\eta = \nu \tag{2.20}$$

由式(2.15)可以得到 $S_L l_F \sim D \sim \nu$,再结合式(2.20),可以得到 $S_L l_F \sim D \sim \nu = u(\eta)\eta$,即

$$\frac{l_F}{\eta} \sim \frac{u(\eta)}{S_L} \tag{2.21}$$

将式(2.21)代入式(2.19)中,得

$$Ka \sim \left(\frac{u(\eta)}{S_L}\right)^2 \sim \left(\frac{l_F}{\eta}\right)^2 \tag{2.22}$$

即 Karlovitz 数表征了火焰面厚度与湍流中 Kolmogorov 涡旋尺度的相对大小,当 $Ka < 1$ 时,有 $l_F < \eta$,即预混火焰前锋厚度小于 Kolmogorov 涡旋尺度,这表明湍流中最小尺度涡不能进入火焰面内部,此时湍流脉动对整个火焰面内部结构无影响,火焰面内部的化学动力学过程与层流中相同条件下的化学动力学过程相似,火焰面模型假设成立。

考虑到火焰前锋的化学反应区对火焰传播过程起决定性作用,仿照式(2.22),定义第二个 Karlovitz 数:

$$Ka_\delta = \frac{\tau_\delta}{\tau(\eta)} = \frac{\tau_\delta}{\tau_F} \cdot Ka = \left(\frac{l_\delta}{l_F}\right)^2 \cdot Ka \sim \left(\frac{l_\delta}{\eta}\right)^2 \tag{2.23}$$

在常压下,化学反应区厚度与火焰面厚度之比 l_δ / l_F 大约为 0.1,可以近似认为

$$Ka_\delta \sim 10^{-2} Ka \sim \left(\frac{l_\delta}{\eta}\right)^2 \tag{2.24}$$

当 $Ka_\delta < 1$ 时,有 $l_\delta < \eta$,$1 < Ka < 100$,即 $l_\delta < \eta < l_F$,这表明最小尺度涡可以进入到火焰前锋的预热区,但不能进入到反应区,此时也可以近似认为满足火焰面模型假设。

2.2.3　湍流预混燃烧模式分区

由于 $\tau(\eta)/\tau(\ell_0) \sim (Re_{\ell_0})^{-1/2}$ [见式(2.14)],结合 Damköhler 数和 Karlovitz 数的定义,可以得到

$$Ka^2 \cdot Da^2 = Re_{\ell_0} \tag{2.25}$$

由式(2.17)和式(2.18)可以得到

$$\frac{u(\ell_0)}{S_L} \sim Re_{\ell_0} \left(\frac{\ell_0}{l_F}\right)^{-1}$$

$$\frac{u(\ell_0)}{S_L} \sim Da^{-1}\frac{\ell_0}{l_F} \tag{2.26}$$

由式(2.25)和式(2.26)可以得到

$$\frac{u(\ell_0)}{S_L} \sim Ka^{2/3}\left(\frac{\ell_0}{l_F}\right)^{1/3} \tag{2.27}$$

以 ℓ_0/l_F、$u(\ell_0)/S_L$ 为坐标参量,按照关系式(2.26)、式(2.27)生成曲线,即得到湍流预混燃烧模式图,如图 2.6 所示(Bai,2008)。Bray(1980)、Williams(1985)、Peters(1986)、Borghi(1988)等均给出过类似的结果。

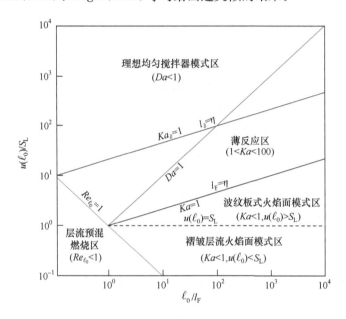

图 2.6　湍流预混火焰分区示意图(Bai,2008)

在图 2.6 中,等直线 $Re_{\ell_0}=1$、$u(\ell_0)=S_L$、$Da=1$、$Ka=1$ 和 $Ka_\delta=1$ 把坐标平面分成了如下几个区域:①层流预混燃烧区(laminar flames);②褶皱层流火焰面模式区(wrinkled flamelets);③波纹板式火焰面模式区(corrugated flamelets);④薄反应区(thin reaction zones);⑤理想均匀搅拌器模式区(well stirred reactor)。

层流预混燃烧区位于图 2.6 中左下角,以是否满足 $Re_{\ell_0}<1$ 作为其判别标准。在湍流燃烧中,雷诺数一般都较大,这相当于位于图 2.6 中右上角,且远离等值线 $Re_{\ell_0}=1$ 的区域。

在褶皱层流火焰面模式区,由于 $u(\ell_0)<S_L$,即大尺度涡脉动速度比层流预混火焰传播速度小,此时层流火焰可以继续向前传播,但湍流脉动会使火焰面发生褶皱,因此该区域的湍流预混燃烧呈褶皱层流火焰面模式。但在实际情况中,湍流脉动速度通常都比层流火焰传播速度大,因此该种情况几乎不存在。

在波纹板式火焰面模式区,有 $l_F < \eta$,即湍流的 Kolmogorov 涡旋尺度比火焰前锋厚度大,这表明 Kolmogorov 涡无法进入到火焰面内部,湍流脉动仅能对火焰面的空间位置进行随机输运,此时火焰面内部的化学动力学过程与层流中相同条件下的化学动力学过程相似,即火焰面模型假设成立,可以用火焰面模型对整个流场进行描述。

在薄反应区,有 $\eta < l_F$,此时 Kolmogorov 涡可以进入到火焰前锋的预热区,使标量的混合加强,但又由于 $\eta > l_\delta$,Kolmogorov 涡无法进入到火焰前锋的化学反应区,此时可以认为湍流脉动对火焰的主要反应区无影响,燃烧流场可以近似用火焰面模型进行描述。根据湍流的间歇性理论,波纹板式火焰面模式和薄反应区燃烧模式可以在一个湍流火焰中同时存在,因此,可以认为这两种燃烧模式近似满足火焰面模型假设。

在理想均匀搅拌器模式区,有 $\eta < l_\delta$,即 Kolmogorov 涡可以进入到火焰前锋的化学反应区并使其破碎,此时整个火焰面内部结构受到湍流的影响并发生改变。进入到火焰内部的湍流涡团会使化学反应区温度降低,最终可能导致化学反应终止及火焰熄灭。

2.3 火焰传播速度

2.3.1 常温条件下的火焰传播速度

1. 常温下层流火焰传播速度

对于层流预混燃烧,火焰前锋将会朝着未燃混合物以层流火焰速度 S_L 传播。该燃烧速度是火焰的一个重要特征量,了解 S_L 的影响因素对于控制火焰有重要意义。有关预混火焰的早期研究都集中在火焰速度测量方法和理论上,有兴趣的读者可以参考相关文献(Linan and Williams,1993;Glassman,1996)。

下面给出层流火焰速度的简单分析。

与 Zeldovich 和 Frank-Kamenetskii(1938)的分析方法类似,假设火焰是绝热并且流动是一维、层流的,而且化学反应是一步反应、不可逆。坐标系固定在火焰锋面上,从而未燃混合物以火焰燃烧速度向着火焰锋面流动。

连续性方程:

$$\frac{\partial \rho u}{\partial x} = 0 \tag{2.28}$$

组分输运方程:

$$\frac{\partial \rho Y_i u}{\partial x} = \frac{\partial}{\partial x}\left(\rho D \frac{\partial Y_i}{\partial x}\right) + \omega_i \tag{2.29}$$

式中，i＝F、A 和 P。

能量方程（假设 Lewis 数为 1）：

$$\frac{\partial \rho u h}{\partial x} = \frac{\partial}{\partial x}\left(\rho D \frac{\partial h}{\partial x}\right) \tag{2.30}$$

边界条件：

$$x \to -\infty:$$

$$Y_F = Y_{F,u}, \quad Y_A = Y_{A,u}, \quad \frac{dY_F}{dx}=0, \quad \frac{dY_A}{dx}=0$$

$$h = h_u, \quad \frac{dh}{dx}=0, \quad u = S_L, \quad \rho = \rho_u$$

$$x \to +\infty:$$

$$Y_i = Y_{i,b}, \quad \frac{dY_i}{dx} \to 0, \quad i = F,A,P \tag{2.31}$$

$$\frac{dh}{dx}=0, \quad \rho = \rho_b$$

对组分方程求积分得

$$\rho_u S_L (Y_{i,b} - Y_{i,u}) = \int_{-\infty}^{+\infty} \omega_i dx = \varepsilon' \delta_L \overline{\omega}_i \tag{2.32}$$

式中，δ_L 是反应区与预热区的厚度之和；$\overline{\omega}_i$ 是反应区组分 i 的平均反应速率；ε' 是反应区厚度与 δ_L 的比值，见图 2.7。

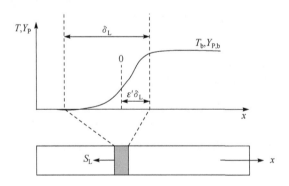

图 2.7　预热区及反应区的温度和燃烧产物分布示意图

只考虑预热区，该区域内反应速率为零。将组分方程对预热区积分得出如下关系：

$$\rho_{u} S_{L} (Y_{i,0} - Y_{i,u}) = \rho_0 D_0 \left. \frac{dY_i}{dx} \right|_0 \tag{2.33}$$

为了更具体一点,令 $i = P$ 并注意到

$$Y_{P,u} = 0, \quad Y_{P,0} = \alpha Y_{P,b}, \quad \left. \frac{dY_P}{dx} \right|_0 = \frac{\beta Y_{P,b}}{\delta_L} \tag{2.34}$$

式中,下标 0 代表预热区与反应区的界面;α 为 $Y_{P,0}$ 与 $Y_{P,b}$ 的比值;β 为修正系数。

综上所述,可以得到

$$S_L = \left(\frac{\beta \varepsilon}{\alpha} \frac{\rho_0}{Y_{P,b} \rho_u^2} D_0 \overline{\omega}_P \right)^{1/2}, \quad \delta_L = \left(\frac{\beta \rho_0 D_0 Y_{P,b}}{\alpha \varepsilon \overline{\omega}_P} \right)^{1/2} \tag{2.35}$$

式中,α、β、ε 和 $Y_{P,b}$ 的值可以通过使用 Zeldovich 等(1938,1980)的渐近分析方法来确定。此处近似假设

$$\alpha \sim 1/2, \quad \beta \sim 1, \quad \varepsilon \sim 1/2, \quad Y_{P,b} \sim 1 \tag{2.36}$$

得到

$$S_L \sim \sqrt{D_0 \Omega_P}, \quad \delta_L \sim \sqrt{D_0 / \Omega_P} \tag{2.37}$$

其中,D_0 为质量扩散率;Ω_P 为反应速率。上式说明了热量/质量输运和化学反应对层流火焰速度和厚度的影响。

注意到 Ω_P 的单位(s^{-1})和 $\overline{\omega}_P$ 的单位($\mathrm{kg \cdot m^{-3} \cdot s^{-1}}$),有

$$\overline{\omega}_P \sim C_F^a C_A^b T_b^n \exp\left(-\frac{E_a}{R_u T_b} \right) W_P \sim p^{a+b} T_b^n \exp\left(-\frac{E_a}{R_u T_b} \right) W_P$$

$$\Omega_P \sim \frac{\overline{\omega}_P}{\rho} \sim p^{a+b-1} T_b^{n+1} \exp\left(-\frac{E_a}{R_u T_b} \right) \tag{2.38}$$

2. 常温下湍流火焰传播速度

对于湍流预混火焰,考虑一种简单的情况:在一长直管中的湍流预混燃烧。类似于层流预混火焰,定义一个湍流火焰速度 S_T。假设火焰处于 $Ka \leqslant 1$ 的波纹板式火焰面模式区,火焰厚度小于 Kolmogorov 尺度,因此火焰内部结构仍是层流火焰结构,比火焰厚度大的涡使火焰产生了褶皱。如图 2.8 所示,局部褶皱的火焰在流场中以局部层流火焰的速度垂直于其表面朝着未燃混合物传播。

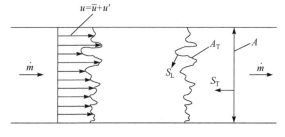

图 2.8　直管中湍流预混燃烧示意图(Peters,2000)

　　湍流火焰速度定义为平均火焰面(见图 2.8)朝未燃混合物传播的速度。根据质量守恒定律,有下列关系:

$$\rho_u S_T A_M = \dot{m} \tag{2.39}$$

式中,A_M 为平均火焰面面积;$\dot{m}$ 为未燃混合物流量;ρ_u 为未燃混合物密度。

　　对于波纹板式火焰面模式区有

$$\rho_u A_L S_L = \dot{m} \tag{2.40}$$

式中,A_L 为褶皱瞬时火焰面的面积。

　　由式(2.39)、式(2.40)推出如下关系:

$$\frac{S_T}{S_L} = \frac{A_L}{A_M} \tag{2.41}$$

上式右边表示褶皱火焰面的面积和平均火焰面的面积之比。高雷诺数下该比率远大于 1,也就是说湍流火焰速度远大于层流火焰速度。湍流预混火焰的燃料消耗率远高于层流火焰。

　　针对不同燃烧室结构的湍流火焰速度测量,已经有很多实验结果,如本生灯火焰和旋流火焰等,Bradley(1992)对此进行了综述,并给出了不同湍流强度下的火焰速度,如图 2.9 所示,其中横轴代表涡脉动速度与层流火焰速度之比,纵轴代表湍流火焰速度与层流火焰速度之比。从图中可以看出:

　　(1)中低等湍流强度时,湍流火焰速度随着涡脉动速度线性增加。

　　(2)较高湍流强度时,湍流火焰速度仅随湍流强度增大而小幅增加。

　　(3)很高湍流强度时,湍流火焰速度骤降,火焰熄灭。

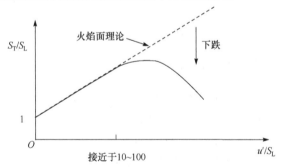

图 2.9　不同湍流强度下的湍流火焰速度

　　对于中低等湍流,Damköhler(1940)分析了湍流火焰速度 S_T 的实验数据。对于波纹板式火焰面模式区,他提出褶皱湍流火焰面面积和平均火焰面面积的比率与 $(1+u'/S_L)$ 成正比。因此,湍流火焰速度可以表示为

$$\frac{S_T}{S_L} = 1 + \frac{u'}{S_L} \tag{2.42}$$

　　此后,对于中低强度湍流火焰传播速度,研究人员又针对典型条件提出了更为复杂的模型,例如:

(1) Helbig(1997)的模型为

$$\frac{S_T}{S_L} = A\, Pr^{1/4} Re_t^{1/4} \left(\frac{u'}{S_L}\right), \quad A=0.52 \tag{2.43}$$

(2) Gülderö(1990)的模型为

$$\frac{S_T}{S_L} = 1+0.62\, Re_t^{1/4} \left(\frac{u'}{S_L}\right)^{1/2} \tag{2.44}$$

(3) Liu-Ziegler-Lenze(1993)模型为

$$\frac{S_T}{S_L} = 1+0.435\, Re_t^{0.44} \left(\frac{u'}{S_L}\right)^{0.4} \tag{2.45}$$

(4) Peters(1999)的模型为

$$\frac{S_T}{S_L} = -\frac{a}{2}A + \left[\left(\frac{a}{2}A\right)^2 + aA\frac{u'}{S_L} + a + 1\right]^{1/2}, \quad A=\frac{Re_t}{u'/S_L}+1,\ a=0.547 \tag{2.46}$$

(5) 童正明等(2008)的模型为

$$S_T = S_L + 5.3(u')^{0.6\sim0.7}(S_L)^{0.3\sim0.4} \tag{2.47}$$

(6) Pocheau(1992)的模型为

$$S_T = S_L \left[1+6.67\left(\frac{u'}{S_L}\right)^2\right]^{0.5} \tag{2.48}$$

(7) Pitsch(2008)的模型为

褶皱火焰区:

$$S_T = S_L + u'\frac{\alpha}{2} \tag{2.49}$$

薄反应区:

$$S_T = S_L \left[1+(\gamma\alpha)^{1/2}\left(\frac{D_t}{D_u}\right)\right] \tag{2.50}$$

式中, α 为模型系数。

以上这些模型是根据实验数据拟合或者理论分析得到的。

对于高强度的湍流,Damköhler 假设湍流燃烧以湍流扩散率代替分子扩散率来描述反应区和未燃区之间的输运现象。与层流火焰速度 $S_L \sim \sqrt{D\Omega}$ 类比,得到湍流火焰速度:

$$S_T \sim \sqrt{D_t\Omega} \tag{2.51}$$

这里 D 和 D_t 分别为分子和湍流的质量扩散率。从式(2.37)、式(2.51)可以看出:

$$S_T/S_L \sim \sqrt{D_t/D} \sim \sqrt{u'\ell_0/\nu} = Re_{\ell_0}^{1/2} \tag{2.52}$$

该模型类似于中等湍流强度下湍流火焰速度公式,但高湍流强度下存在火焰熄灭,此时所有模型都将失效。从本质上来说湍流预混火焰的熄灭要满足下列条件:

(1) 火焰温度太低,链分支反应慢于链终结反应。

（2）反应中的活性基向外界环境流失，导致基元反应中没有足够的活性基。

（3）热量流失过多，导致温度低于燃烧所需最低温度。

（4）湍流涡的混合速度太快。湍流涡向反应区输运未燃气速度太快，导致燃料氧化不充分，这将降低火焰温度并反过来导致燃料氧化更加不充分，最终火焰发生熄灭。

2.3.2　高温条件下的火焰传播速度

在多数燃烧装置中，在预混阶段即存在高温环境，因此有必要对高温、高湍流度下湍流火焰传播速度 S_T 开展研究。

首先利用 FlameMaster 软件（Pitsch，2008）计算常温下氢气/空气、甲烷/空气和乙烯/空气三种预混气的层流火焰传播速度，用于检验计算软件和化学动力学机理的合理性。考虑条件 $P=0.1\text{MPa}$，$T=298\text{K}$，计算结果见图 2.10，可以发现计算与实验符合得很好。这说明此处所采用的化学动力学模型（氢气燃烧选用九组分十九方程模型，甲烷、乙烯燃烧选用 GRI3.0 机理）能很好地预测预混气体的层流火焰传播速度（范周琴等，2011）。

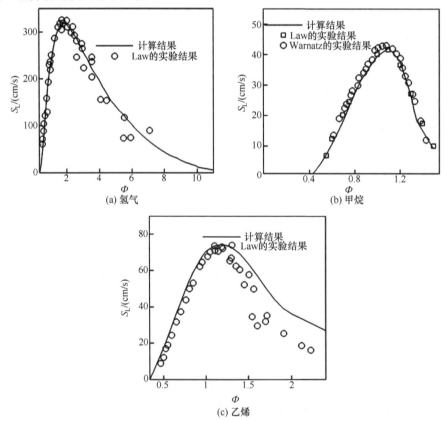

图 2.10　$P=0.1\text{MPa}$，$T=298\text{K}$ 时 S_L 随当量比变化（范周琴等，2011）

　　图 2.11 和图 2.12 分别给出了 $P=0.1$MPa、$P=1$MPa 时三种燃料在高温下的层流火焰速度 S_L 随当量比的变化的规律。经过对比分析可以发现：

　　(1) 同一压力条件下，S_L 随着预混气初始温度 T_u 升高而增大。

　　(2) 同一温度条件下，S_L 随着预混气初始压力 P 增大而减小。

　　(3) 同一温度、压力及当量比条件下，氢气的 S_L 值最大，甲烷的 S_L 值最小。

　　(4) S_L 最大值在 $\Phi=1$ 附近。

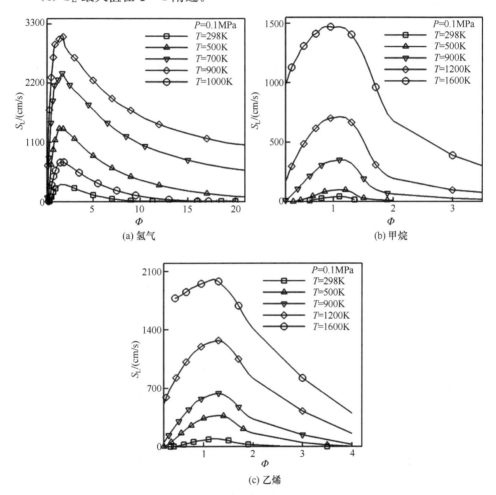

图 2.11　$P=0.1$MPa 不同温度条件下 S_L 随当量比变化(范周琴等，2011)

　　图 2.13 给出了 $P=0.1$MPa、0.5MPa、1MPa 时 S_L 随预混气初始温度变化的规律。可以看出：

　　(1) 对于同种燃料，同一压力下，随着温度升高，S_L 增大；压力越小，S_L 增大越快。

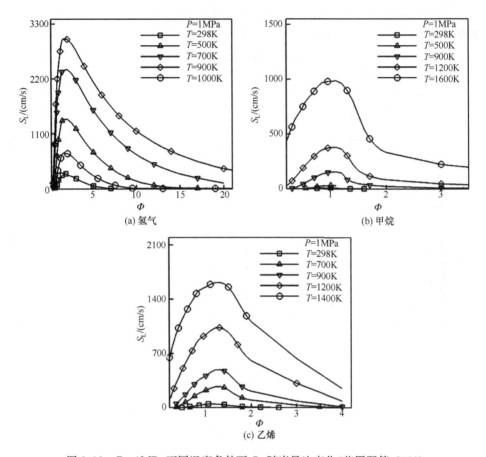

图 2.12　$P=1$MPa 不同温度条件下 S_L 随当量比变化（范周琴等，2011）

（2）对于不同燃料，同一压力下，随着温度升高甲烷的 S_L 值增加最快。

Bai（2008）给出了火焰传播速度与初始压力和燃烧温度的变化关系式：

$$S_L \sim \left[T_b^{n+1.75} \exp\left(-\frac{E_a}{R_u T_b}\right) \right]^{\frac{1}{2}} P^{\frac{\nu-2}{\nu}} \qquad (2.53)$$

式中，S_L 为火焰传播速度；T_b 为燃烧温度；P 为预混气压力；ν 为化学反应级数。

对式（2.53）进行分析可以发现：

（1）随着燃烧温度 T_b 升高，层流火焰传播速度 S_L 增大。此处，预混气初始温度 T_u 升高可以大大促进化学反应速度，燃烧温度 T_b 增加，从而使得 S_L 增大。

（2）当反应级数 $\nu < 2$ 时，层流火焰传播速度 S_L 随预混气初始压力 P 增大而减小。一般地，在高压下小分子碳氢燃料在空气中总燃烧反应级数约为 1，因此 S_L 随预混气初始压力 P 增大而减小。

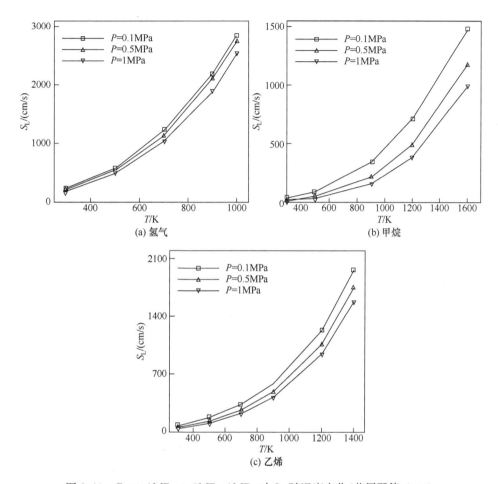

图 2.13　$P=0.1\text{MPa}$、0.5MPa、1MPa 时 S_L 随温度变化（范周琴等，2011）

对于高温条件下湍流火焰传播速度，此处采用式（2.47）、式（2.48）两个经验公式作定性分析。图 2.14、图 2.15 分别为根据式（2.47）和式（2.48）计算得到的 S_T 分布，其中 S_L 取 $P=0.1\text{MPa}$、$\Phi=1$ 时高温下的计算结果。

由图 2.14 可以看出：

（1）S_T 随着 u' 和 S_L 的增大而增大。

（2）相对于层流火焰传播速度 S_L，S_T 要大得多，可以达到百米/秒量级。

由图 2.15 可以看出：

（1）当湍流脉动速度较小时，S_T 随脉动速度 u' 和层流火焰传播速度 S_L 的增大而增大。

（2）当脉动速度 u' 约大于 20m/s 时，S_T 几乎与 S_L 无关，仅随 u' 呈线性增长，这与"强湍流中 u' 对 S_T 起着较重要影响"的结论（童正明等，2008）一致。

　　图 2.14 和图 2.15 计算结果的差异主要来源于所用的经验公式的差别,说明各经验公式仍有适用范围,不具有通用性。

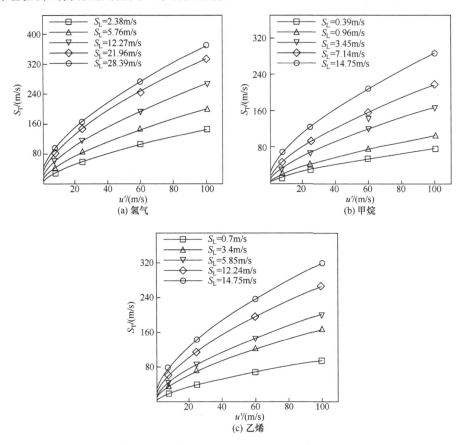

图 2.14　利用式(2.47)计算的不同 S_L 下 S_T 随脉动速度变化(范周琴等,2011)

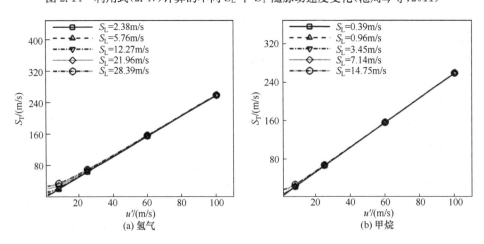

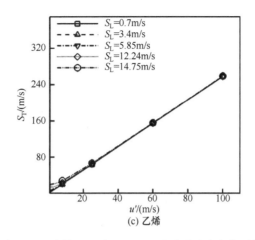

(c) 乙烯

图 2.15　利用式(2.48)计算的不同 S_L 下 S_T 随脉动速度变化(范周琴等,2011)

2.4　湍流预混燃烧的火焰面模型

由于火焰面模型将湍流流动与化学反应解耦,而化学反应是通过一系列火焰面进行描述的,因此火焰面模型并不需要求解组分输运方程,因而也就避免了平均化学反应速率的计算问题。在预混燃烧的火焰面模型中,为了追踪火焰面的位置,需要求解 Level Set 方法中的 G 或反应进度变量 C 的输运方程。另外,火焰面模型将湍流燃烧火焰看成一系列层流火焰面的系综,因此湍流流场中的平均化学热力学参数可由层流火焰面系综作统计平均得到。

2.4.1　G 方程预混火焰面模型

1. 控制方程

预混火焰表面的位置由某个特定的无反应标量的等值面描述,可以建立这个标量对应的场方程。Wirth 和 Peters(1992)最早建议采用一个 G 标量描述火焰面的位置,G 标量是从 Level Set 方法(Sethian,1999)中引进的。Level Set 方法又叫等值面或者水平集函数法,是一种常见的运动界面追踪方法。它把随时间运动的物质界面看作某个函数的零等值面,并满足一定的方程。在每个时刻 t,只要求出该函数的全场值,就可以知道其零等值面的位置,也就是运动界面的位置,然后可以求解整个区域中各介质的相关物理量。

由于火焰面很薄,可以近似为一维,只需考虑垂直于火焰表面方向的反应标量分布即可获得火焰面的内部结构,这些标量结构附着于火焰面随之输运。

为了描述预混燃烧的火焰面,引入距离函数 $G(\boldsymbol{x},t)$

$$G(x,y,z,t)=0 \tag{2.54}$$

定义为瞬态预混火焰前锋面的位置(记为 G_0),它将整个流场划分为两个区域,其中 $G>0$ 代表已燃区域,$G<0$ 代表未燃区域(图 2.16)。

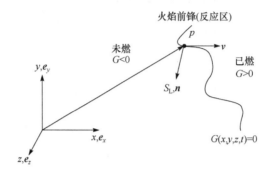

图 2.16 流场中层流火焰前锋通过 $G=0$ 定义

火焰面运动方程可写为

$$\frac{\partial G}{\partial t}+\nabla G \cdot (\boldsymbol{u}+S_{\mathrm{L}}\boldsymbol{n})=0 \tag{2.55}$$

垂直于火焰前锋的单位矢量 $\boldsymbol{n}$ 由以下方程来决定

$$\boldsymbol{n}=\frac{\nabla G}{|\nabla G|} \tag{2.56}$$

运动方程可以改写为

$$\frac{\partial G}{\partial t}+\boldsymbol{u} \cdot \nabla G=S_{\mathrm{L}}|\nabla G| \tag{2.57}$$

这个方程就是预混燃烧常见的 G 方程,该方程适用于层流及褶皱火焰面区,整个火焰结构包含在褶皱的层流流场中,而层流火焰速度保持不变。方程(2.57)等号左边包含了输运项,右边有一个包含燃烧速度 S_{L} 的传播项,但是不存在扩散项。G 标量仅定义了火焰表面,周围的 G 流场不是唯一确定的。然而为了建模和计算方便,通常定义周围流场中 G 为对应当地点到火焰面的符号距离,即

$$G(\boldsymbol{x},t)=\begin{cases} d(\boldsymbol{x},t), & \boldsymbol{x}\in\Omega_1(t)=\{(x,y,z):G(x,y,z,t)>0\} \\ 0, & \boldsymbol{x}\in\Gamma(t)=\{(x,y,z):G(x,y,z,t)=0\} \\ -d(\boldsymbol{x},t), & \boldsymbol{x}\in\Omega_1(t)=\{(x,y,z):G(x,y,z,t)<0\} \end{cases} \tag{2.58}$$

其中,$d(\boldsymbol{x},t)$ 表示点 $\boldsymbol{x}$ 到 $\Gamma(t)$ 的空间距离。

对于波纹板式的火焰面区,预混火焰燃烧速度 S_{L} 可以通过修正来考虑火焰面拉伸的影响。Pelce 和 Clavin(1982)与 Matalon 和 Matkowsky(1982)进行渐近分析得到了小曲率和应变的一阶修正项。对于修正燃烧速度 S_{L} 的表达变为

$$S_{\mathrm{L}}=s_{\mathrm{L}}^0-s_{\mathrm{L}}^0 L\kappa-LS \tag{2.59}$$

式中，s_L^0 为未拉伸火焰的燃烧速度；κ 为曲率；S 为应变率；L 为 Markstein 长度。火焰曲率 κ 用 G 场的形式定义如下：

$$\kappa = \nabla \cdot \boldsymbol{n} = \nabla \cdot \left(-\frac{\nabla G}{|\nabla G|} \right) = -\frac{\nabla^2 G - \boldsymbol{n} \cdot \nabla(\boldsymbol{n} \cdot \nabla G)}{|\nabla G|} \quad (2.60)$$

这里用到了 $\nabla|\nabla G| = -\nabla(\boldsymbol{n} \cdot \nabla G)$。火焰面的应变率用速度梯度定义如下：

$$S = -\boldsymbol{n} \cdot \nabla \boldsymbol{u} \cdot \boldsymbol{n} \quad (2.61)$$

引入上述方程，G 方程就可以写为

$$\frac{\partial G}{\partial t} + \boldsymbol{u} \cdot \nabla G = s_L^0 |\nabla G| - D_L \kappa |\nabla G| - LS |\nabla G| \quad (2.62)$$

此处

$$D_L = s_L^0 L \quad (2.63)$$

定义为 Markstein 扩散率。

方程(2.62)中的拉伸项 LS 相比而言是一小量，因为 L 与火焰面厚度为同一量级，在此忽略。为了与其他湍流模型方程一致，将此方程中所有项乘以 ρ 得

$$\rho \frac{\partial G}{\partial t} + \rho \boldsymbol{u} \cdot \nabla G = (\rho s_L^0) |\nabla G| - (\rho D_L) \kappa |\nabla G| \quad (2.64)$$

波纹板火焰面模型方程(2.64)不适用于薄层反应区模式，此时流动最小涡团能影响到火焰的预热区，但不能影响到内层的化学反应，把火焰内的内层等温面 $T(x, t) = T_0$ 作为 $G = G_0$，内层层流燃烧速度即为扩散与化学反应同时引起的位移速度，可以定义为

$$s_d = \left[\frac{\nabla \cdot (\rho D \nabla T) + \omega_T}{\rho |\nabla T|} \right]_{T = T_0} \quad (2.65)$$

得其输运方程：

$$\frac{\partial G}{\partial t} + \boldsymbol{u} \cdot \nabla G = s_d |\nabla G| \quad (2.66)$$

定义 $\boldsymbol{n} = -\dfrac{\nabla T}{|\nabla T|}\bigg|_{T = T_0}$，则有

$$\nabla \cdot (\rho D \nabla T) = -\rho D |\nabla T| \nabla \cdot \boldsymbol{n} + \boldsymbol{n} \cdot \nabla(\rho D \boldsymbol{n} \cdot \nabla T)$$

可以将方程写为如下形式：

$$\rho \frac{\partial G}{\partial t} + \rho \boldsymbol{u} \cdot \nabla G = \rho s_{L,s} |\nabla G| - \rho D \kappa |\nabla G| \quad (2.67)$$

式中，$s_{L,s}$ 表示 $G = G_0$ 的位移速度，

$$s_{L,s} = s_n + s_r \quad (2.68)$$

s_n、s_r 分别表示由于法向的扩散引起的位移速度和由化学反应引起的位移速度。

$$s_n = \frac{\boldsymbol{n} \cdot \nabla(\rho D \boldsymbol{n} \cdot \nabla T)}{\rho |\nabla T|} \quad (2.69)$$

$$s_r = \frac{\omega_T}{\rho \, |\nabla T|} \tag{2.70}$$

式(2.64)与式(2.67)十分相似。按照 Peters(2000)的讨论,对于波纹板火焰面模式,由 s_L^0 引起的传播项比带扩散系数 D_L 的曲率项要大,此时 s_L^0 的传播项占主导;对于薄反应区模式,$s_{L,s}$ 传播项比考虑扩散系数 D 的曲率项要小,此时曲率项占主导。Peters(2000)取折中的方法,采用波纹板火焰面模式中的 s_L^0 以及薄反应区模式中的扩散系数 D 给出了同时适用于波纹板火焰面模式和薄反应区模式的 G 方程:

$$\rho \frac{\partial G}{\partial t} + \rho \boldsymbol{u} \cdot \nabla G = (\rho s_L^0)\sigma - (\rho D)\kappa\sigma \tag{2.71}$$

式中,$\sigma = |\nabla G|$。

2. Favre 平均形式

将 G 标量和流场速度分解为 Favre 平均和脉动:

$$G = \tilde{G} + G'', \quad u = \bar{u} + u'' \tag{2.72}$$

式中,$\tilde{G}$ 和 $\bar{u}$ 为无条件平均。定义 $\widetilde{G(x,t)} = G_0$ 代表平均火焰锋面的位置,在湍流火焰中 G'' 解释为瞬时与平均火焰锋面的标量距离,从 $G(x,t) = G_0$ 出发,$\tilde{G} = \overline{\rho G}/\bar{\rho}$ 代表了距离的 Favre 平均。

将式(2.72)引入式(2.71)得出如下对于 G 的 Favre 平均方程(Peters,1999)

$$\bar{\rho} \frac{\partial \tilde{G}}{\partial t} + \bar{\rho} \bar{u} \cdot \nabla \tilde{G} + \nabla \cdot (\overline{\bar{\rho} u'' G''}) = \overline{(\rho s_L^0)\sigma} - \overline{(\rho D)\kappa\sigma} \tag{2.73}$$

方差 $\widetilde{G''^2}$ 代表了湍流火焰面的厚度,可以得到方程:

$$\bar{\rho} \frac{\partial \widetilde{G''^2}}{\partial t} + \bar{\rho} \bar{u} \cdot \nabla \widetilde{G''^2} + \nabla \cdot (\overline{\bar{\rho} u'' G''^2}) = -2\bar{\rho}\widetilde{u'' G''} \cdot \nabla \tilde{G} - \bar{\rho}\tilde{\omega} - \bar{\rho}\tilde{\chi} - \overline{(\rho D)\kappa\sigma} \tag{2.74}$$

首先考虑方程(2.74)右侧的耗散项。平均湍动能耗散项 $\tilde{\omega}$ 定义为

$$\tilde{\omega} = -\frac{2(\rho s_L^0)\overline{G''\sigma}}{\bar{\rho}} \tag{2.75}$$

平均标量耗散率 $\tilde{\chi}$ 定义为

$$\tilde{\chi} = \frac{2(\rho D)(\widetilde{\nabla G'})^2}{\bar{\rho}} \tag{2.76}$$

最后一项 $\overline{(\rho D)\kappa\sigma}$ 表示的是曲率项,由于该项与分子扩散率成比例,在大雷诺数条件下相对于方程其他项很小,可以忽略。Peters(1999)对 $\tilde{\omega}$ 和 $\tilde{\chi}$ 的和进行建模

$$\tilde{\omega}+\tilde{\chi}=c_s\frac{\tilde{\varepsilon}}{\tilde{k}}\widetilde{G''^2} \tag{2.77}$$

其中，c_s 是模型常数，一般取 $c_s=2.0$。

下面考虑在式(2.73)和式(2.74)中出现的关联项 $\widetilde{u''G''}$ 的建模，$\nabla\cdot(\bar{\rho}\,\widetilde{u''G''})$ 是湍流输运项。传统的梯度输运近似不能用于该项，否则将导致 $\tilde{G}$ 方程为椭圆性质的方程，这与 $\tilde{G}$ 方程原有数学性质不协调。可以将湍流输运项分成法向的扩散项和曲率项：

$$-\nabla\cdot(\bar{\rho}\,\widetilde{u''G''})=\nabla\cdot(\bar{\rho}D_t\,\nabla\tilde{G})=\bar{n}\cdot\nabla(\bar{\rho}D_t\bar{n}\cdot\nabla\tilde{G})-\bar{\rho}D_t\tilde{\kappa}|\nabla G\tilde{G}| \tag{2.78}$$

其中，D_t 为湍流耗散率。由于火焰面的法向湍流耗散作用已经体现在了湍流火焰传播项中，因此去掉上面方程中的法向耗散项后得到：

$$-\nabla\cdot(\bar{\rho}\,\widetilde{u''G''})=-\bar{\rho}D_t\tilde{\kappa}|\nabla\tilde{G}| \tag{2.79}$$

对于式(2.74)中的湍流生成项，由于不涉及二阶导数项，所以采用传统的梯度输运模型是合适的：

$$-\widetilde{u''G''}\cdot\nabla\tilde{G}=D_t\,(\nabla\tilde{G})^2 \tag{2.80}$$

与上述分析类似，式(2.74)中的湍流输运项只在切线方向采用梯度输运近似建模：

$$-\nabla(\bar{\rho}\,\widetilde{u''G''^2})=\nabla_{\parallel}\cdot(\bar{\rho}D_t\,\nabla_{\parallel}\widetilde{G''^2}) \tag{2.81}$$

式(2.73)中的 $\overline{(\rho s_L^0)\sigma}$ 可以通过引入湍流火焰速度 s_T^0 来建模：

$$(\bar{\rho}\,s_T^0)|\nabla\tilde{G}|=\overline{(\rho s_L^0)\sigma} \tag{2.82}$$

综上所述，方程(2.73)、式(2.74)可以写为

$$\frac{\partial\bar{\rho}\tilde{G}}{\partial t}+\bar{\rho}\bar{u}\cdot\nabla(\tilde{G})=(\bar{\rho}s_T^0)|\nabla\tilde{G}|-\bar{\rho}D_t\tilde{\kappa}|\nabla\tilde{G}| \tag{2.83}$$

$$\bar{\rho}\frac{\partial\widetilde{G''^2}}{\partial t}+\bar{\rho}\bar{u}\cdot\nabla\widetilde{G''^2}=\nabla_{\parallel}\cdot(\bar{\rho}D_t\,\nabla_{\parallel}\widetilde{G''^2})+2\bar{\rho}D_t\,(\nabla\tilde{G})^2-\bar{\rho}c_s\frac{\tilde{\varepsilon}}{\tilde{k}}\widetilde{G''^2} \tag{2.84}$$

3. 大涡模拟过滤形式

将 G 方程(2.71)进行过滤，可以得到大涡模拟的方程形式。过滤后的 G 方程可以写作

$$\bar{\rho}\frac{\partial\tilde{G}}{\partial t}+\bar{\rho}\bar{u}\cdot\nabla\tilde{G}=-S^{\text{sgs}}-G^{\text{sgs}} \tag{2.85}$$

此处 S^{sgs}、G^{sgs} 分别是过滤后的反应源项和亚格子湍流输运项。其中

$$S^{\text{sgs}}=-\overline{\rho S_L|\nabla\tilde{G}|}\approx-\bar{\rho}\,S_T\,\nabla\tilde{G} \tag{2.86}$$

S_T 是当地的湍流火焰速度。

早期有些研究者忽略掉火焰面曲率的影响,假设亚格子脉动相似于可解尺度上的标量梯度方向上的扩散过程而得到 $G^{sgs} \approx \nabla \cdot (\bar{\rho} D_t^{\widetilde{G}} \nabla \widetilde{G})$,此处 $D_t^{\widetilde{G}}$ 是湍流扩散系数。但 Peters(2000)指出,G^{sgs} 梯度扩散封闭的假设是与 Level Set 的定义相悖的(只在 $G = G_0$ 上的速度定义有意义),因此将 G^{sgs} 分为火焰法向扩散和火焰曲率生成项,$G^{sgs} = -\boldsymbol{n} \cdot \nabla(\bar{\rho} D_t^{\widetilde{G}} \boldsymbol{n} \cdot \nabla \widetilde{G}) + \bar{\rho} D_t^{\widetilde{G}} \kappa_c |\nabla \widetilde{G}|$,$\boldsymbol{n}$ 是火焰法向矢量(指向未燃反应物),κ_c 是过滤后的火焰曲率,定义为 $\kappa_c = \nabla \cdot \boldsymbol{n} = \nabla \cdot (-\nabla \widetilde{G}/|\nabla \widetilde{G}|)$。而法向扩散已经被包含在了火焰传播速率中,可以忽略。这样基于火焰曲率的 G^{sgs} 就可以写作

$$G^{sgs} \approx \bar{\rho} D_t^{\widetilde{G}} \kappa_c |\nabla \widetilde{G}| \tag{2.87}$$

综上所述,方程(2.85)可以写为

$$\bar{\rho} \frac{\partial \widetilde{G}}{\partial t} + \bar{\rho} \bar{\boldsymbol{u}} \cdot \nabla \widetilde{G} = \bar{\rho} S_T \nabla \widetilde{G} + \bar{\rho} D_t^{\widetilde{G}} G \kappa_c |\nabla \widetilde{G}| \tag{2.88}$$

4. Level Set 重构

为了求解方便,需要保持 $G(\boldsymbol{x}, t)$ 始终是 $\boldsymbol{x}$ 点到界面的符号距离,这个关系可以用如下方程简单表示:

$$|\nabla G| = 1 \tag{2.89}$$

火焰面会随时间运动,根据对 $G(\boldsymbol{x}, t)$ 初值的设定,初值是满足符号距离定义的。但是一般来讲,由于数值格式的截断误差,即使只进行了几个时间步求解,$G(\boldsymbol{x}, t)$ 也将不再满足符号距离的定义。

为了保持符号距离的性质,一般采用重新初始化(re-initialization)手段,也称为重构,即改造 $G(\boldsymbol{x}, t)$ 使其重新成为 $\boldsymbol{x}$ 到界面的符号距离。设在 t 时刻已经求解得到了 Level Set 函数,需重新构造函数 $G(\boldsymbol{x}, t)$ 使其满足两个条件:

(1) $G(\boldsymbol{x}, t)$ 满足符号距离函数。

(2) $G(\boldsymbol{x}, t)$ 与原函数具有相同的零等值面。

要满足这两个条件,Sussman 等(1994)将式(2.89)改为求解如下初值问题:

$$\begin{cases} G_\tau = \text{sign}(G)(1 - |\nabla G|) \\ G(\boldsymbol{x}, 0) = G^0 \end{cases} \tag{2.90}$$

其中 $\text{sign}(G)$ 是符号函数,当上述方程迭代得到稳定解时,即可以认为得到了新的符号距离分布。

虽然式(2.89)、式(2.90)中的重构方程从理论上讲可以得到精确的稳态解,但是因为数值耗散误差积累,该方法往往会导致特征信息的丢失(对于两相流表现为另一相介质的质量损失)(Sussman et al.,1998;Sussman and Fatemi,1999)。

为了提高 Level Set 函数求解的精度,多种重构方法被相继提出。这之中最早由 Russo 等(2000)发展的 sub cell fix 方法因为精度保持好、操作简单而受到重视,并且在火焰传播计算(Hartmann et al.,2008)中得到广泛应用。该 sub cell fix

方法是在零 Level set 附近构建模板,从中取值重构零 Level Set 界面,并保持原始的零界面位置不发生偏移。之后多种改进的 sub cell fix 方法被相继提出。2003年,Nilsson 和 Bai 采用跨零界面的迎风 sub cell fix 方法得到稳定解。同年,Dupont 和 Liu 对于采用"窄带"方法求解 Level Set 的过程引入了不处理零 Level Set 达到保证零界面的冻结 sub cell fix 方法。2007 年,Min 和 Gibou 发展了基于自适应网格的二阶多项式拟合的 sub cell fix 方法。为了确保全局零界面扰动最小,Hartmann 等(2008)发展了基于最小二乘解的 sub cell fix 构造方法,其表现优于已有的其他各种 sub cell fix 方法。

Hartmann 等(2008)的方法依赖于当地的曲率计算。在采用"窄带"方法的计算中,如果当地曲率存在计算误差,Hartmann 等的方法引入零界面的扰动,这种扰动在非均匀网格的 Level Set 传播问题上会变得非常严重,这一点本节计算会揭示。鉴于此,孙明波等提出了一种不依赖于当地曲率计算的 sub cell fix 计算方法,可以有效保持零界面的重构精度,并通过对几个经典的算例测试验证了其性能(Sun et al.,2010a,2010b)。

1) sub cell fix 格式

由于 Level Set 方程只关心零界面的运动,因此可以在零界面附近设置由若干点扩展成的窄带(narrow band),只需要时时计算窄带中的网格点运动就可以准确重构运动界面。记窄带区为 Ω,其中包含的网格点为 $C_{i,j,k}$,下标代表计算网格中离散点位置。这样与零界面毗邻的点集可以记作 $\Gamma = \{C_{i,j,k}: (\prod_{i',j,k}^{i,j,k} G \leqslant 0) \cup (\prod_{i,j',k}^{i,j,k} G \leqslant 0) \cup (\prod_{i,j,k'}^{i,j,k} G \leqslant 0)\}$。其中,$\prod_{i',j,k}^{i,j,k} G = G_{i,j,k} G_{i',j,k}$,$i' \in \{i+1, i-1\}$,$j' \in \{j+1, j-1\}$,$k' \in \{k+1, k-1\}$。

Russo 等(2000)给出了针对重构过程(2.90)的离散形式,

$$G_{i,j,k}^{\nu+1} = \begin{cases} G_{i,j,k}^{\nu} - \dfrac{\Delta \tau}{\Delta_x}(\mathrm{sgn}(\widetilde{G}_{i,j,k}) | G_{i,j,k}^{\nu}| - d_{i,j,k}), & C_{i,j,k} \in \Gamma \\ G_{i,j,k}^{\nu} - \Delta \tau \mathrm{sgn}(\widetilde{G}_{i,j,k}) |\nabla G_{i,j,k}^{\nu}| - 1, & 其他 \end{cases} \quad (2.91)$$

此处 $\widetilde{G}_{i,j,k}$ 代表的是重构前的符号距离函数,$\widetilde{G} = G^{\nu=0}$。此处

$$d_{i,j,k} = \frac{\widetilde{G}_{i,j,k}}{([\partial_x \widetilde{G}_{i,j,k}]^2 + [\partial_y \widetilde{G}_{i,j,k}]^2 + [\partial_z \widetilde{G}_{i,j,k}]^2)^{1/2}} \quad (2.92)$$

Russo 和 Smereka(2000)指出,对于 Γ 中的点也可以直接采用 $G_{i,j,k} = d_{i,j,k}$($\forall C_{i,j,k} \in \Gamma$)进行更新。至于对 $[\partial_\xi \widetilde{G}_{i,j,k}]$($\xi = \{x, y, z\}$)的计算,目前有多种形式。如 Russo 等(2000)提出了中心差分的计算形式。Hartmann 等(2008)的数值实验表明这种方法会导致重构界面不稳定。Hartmann 等(2008)提出的 $[\partial_\xi \widetilde{G}_{i,j,k}]$ 的离散形式为(以 x 方向为例)

$$[\partial_x \widetilde{G}_{i,j,k}] = \frac{\widetilde{G}_{i,j,k}^+ - \widetilde{G}_{i,j,k}^-}{\max(x_{i,j,k}^+ - x_{i,j,k}^-, \varepsilon_x)}$$

此处 $\varepsilon_x = 0.001\Delta_x$，并且对于 $\xi = \{\widetilde{G}, x\}$，

$$\xi_{i,j,k}^{\pm} = \begin{cases} \xi_{i,j,k}, & C_{i\pm1,j,k} \notin \Gamma \\ \xi_{i\pm1,j,k}, & \text{其他} \end{cases}$$

这是对 Russo 等方法的修正。

与 Γ 中 $C_{i,j,k}$ 相邻且隔 G_0 面相对的点集记作 $S_{i,j,k} = \{C_{(i,j,k)_\alpha} : G_{i,j,k} G_{(i,j,k)_\alpha} < 0\}$，记 $S_{i,j,k}$ 中点的个数为 $M_{i,j,k}$，有 $\alpha = \{1,\cdots,M_{i,j,k}\}$。显然，可以用 $S_{i,j,k}$ 中的点的 $d_{(i,j,k)_\alpha}$ 对 $d_{i,j,k}$ 进行估计。Hartmann 等(2008)利用最小二乘法给出了采用 $S_{i,j,k}$ 中所有点对 $G_{i,j,k}$ 的组合修正 $(\tilde{d}_{i,j,k})_H = \dfrac{1}{M_{i,j,k}} \displaystyle\sum_{\alpha=1}^{M_{i,j,k}} \left(\dfrac{\widetilde{G}_{i,j,k}}{\widetilde{G}_{(i,j,k)_\alpha}} d_{(i,j,k)_\alpha} \right)$，并指出在计算得到 $d_{i,j,k} \forall C_{i,j,k} \in \Gamma$ 后，对 $P = \{C_{i,j,k} \in \Gamma : \kappa_{i,j,k} \widetilde{G}_{i,j,k} < 0 \bigcup (\kappa_{i,j,k} = 0 \bigcap \widetilde{G}_{i,j,k} < 0)\}$ 内的点，令 $d_{i,j,k} = (\tilde{d}_{i,j,k})_H$，此处 $\kappa_{i,j,k}$ 是当地的曲率(区分正负)，采用下式计算：

$$\kappa = \frac{-\widetilde{G}_{xx}(\widetilde{G}_y^2 + \widetilde{G}_z^2) - \widetilde{G}_{yy}(\widetilde{G}_x^2 + \widetilde{G}_z^2) - \widetilde{G}_{zz}(\widetilde{G}_x^2 + \widetilde{G}_y^2)}{(\widetilde{G}_x^2 + \widetilde{G}_y^2 + \widetilde{G}_z^2)^{\frac{3}{2}}}$$
$$+ \frac{2(\widetilde{G}_x \widetilde{G}_y \widetilde{G}_{xy} + \widetilde{G}_x \widetilde{G}_z \widetilde{G}_{xz} + \widetilde{G}_z \widetilde{G}_y \widetilde{G}_{yz})}{(\widetilde{G}_x^2 + \widetilde{G}_y^2 + \widetilde{G}_z^2)^{\frac{3}{2}}}$$

然后令 $G_{i,j,k} = d_{i,j,k} \forall C_{i,j,k} \in \Gamma$。将该方法简记为 HMS(代表 Hartmann、Meinke 和 Schroder 三位作者)。对于 P 的取法 Hartmann 等没有给出解释，只是宣称是对数值测试的总结。

2) 改进的 sub cell fix 方法

求解 $\kappa_{i,j,k}$ 涉及诸如 $G_x, G_{xx}, G_{xy}, G_{zz}$ 的离散问题，例如，对于 G_{xy}，其离散形式为 $[G_{xy}]$，

$$[G_{xy}] = \frac{(G_{i+1,j+1,k} - G_{i-1,j+1,k} - G_{i+1,j-1,k} + G_{i-1,j-1,k})}{(x_{i+1,j,k} - x_{i-1,j,k})(y_{i,j+1,k} - y_{i,j-1,k})} \tag{2.93}$$

该离散涉及四个网格点，由于在窄带中距离零界面远的网格点处 Level Set 计算误差要大于与零界面毗邻的点，这样有可能会因为 $\kappa_{i,j,k}$ 求解的精度而影响到 P 的判决，这一点在非均匀网格求解界面传播问题时尤为明显。现在舍弃 P 判决条件，设法仅采用 Γ 内的点对 $G_{i,j,k}$ 进行修正，从而在提高精度的同时能够不因为离散误差导致界面移动。下面给出一种不依赖于当地曲率计算的 sub cell fix 方法(Sun et al., 2010)。

用 $S_{i,j,k}$ 中点的 $d_{(i,j,k)_\alpha}$ 对 $d_{i,j,k}$ 进行估计，得到 $(\tilde{d}_{i,j,k})_\alpha = (\widetilde{G}_{i,j,k} / \widetilde{G}_{(i,j,k)_\alpha}) d_{(i,j,k)_\alpha}$，这样得到 $M_{i,j,k}$ 个估计值。因为 $d_{(i,j,k)_\alpha}$ 求解精度不同，修正得到的 $(\tilde{d}_{i,j,k})_\alpha$ 精度就会不同。采用式(2.92)可以直接求解 $(d_{i,j,k})_0$。对于 $\forall C_{i,j,k} \in \Gamma$，采用 $(\tilde{d}_{i,j,k})_\alpha$ 和 $(d_{i,j,k})_0$ 的组合，也就是 $d_{i,j,k} = \min((\tilde{d}_{i,j,k})_\alpha, (d_{i,j,k})_0)$ 来重构，此处 $\alpha = \{1,\cdots, M_{i,j,k}\}$。采用这种处理方式能够提高保持精度，其原因可以采用图 2.17 简要说明。

定义 $[G_x]_{i,j}$ 是 $C_{i,j}$ 与 $C_{i+1,j}$ 之间的 x 方向差分，定义 $[G_y]_{i,j}$ 是 $C_{i,j}$ 与 $C_{i,j+1}$ 之间

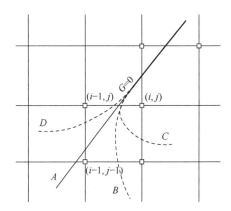

图 2.17　sub cell fix 方法中出现的不同类型零等值曲线(Sun et al.,2010)

的 y 方向差分,那么符号距离可采用式(2.92)计算

$$(d_{i,j})_0 = \frac{G_{i,j}}{\sqrt{[G_x]_{i-1,j}^2 + [G_y]_{i,j}^2}}$$

$$d_{i-1,j} = \frac{G_{i-1,j}}{\sqrt{[G_x]_{i-1,j}^2 + [G_y]_{i-1,j-1}^2}}$$

采用 $d_{i-1,j}$ 估计 $C_{i,j}$ 的符号距离,则有

$$(\widetilde{d}_{i,j})_{i-1,j} = \frac{G_{i,j}}{G_{i-1,j}} d_{i-1,j} = \frac{G_{i,j}}{\sqrt{[G_x]_{i-1,j}^2 + [G_y]_{i-1,j-1}^2}}$$

可以发现 $(d_{i,j})_0$、$(\widetilde{d}_{i,j})_{i-1,j}$ 表达式不同之处仅在于 $[G_y]_{i-1,j-1}$、$[G_y]_{i,j}$。

(1) 对于 G_0 分布如直线 A,有 $[G_y]_{i-1,j-1} = [G_y]_{i,j}$,此时 $(\widetilde{d}_{i,j})_{i-1,j} = (d_{i,j})_0$。

(2) 对于 G_0 分布如曲线 B,此时 $G_{i-1,j} \approx G_{i-1,j-1}$ 或 $|G_{i-1,j} - G_{i-1,j-1}| \ll |G_{i,j} - G_{i-1,j}|$,那么 $[G_y]_{i-1,j-1} \approx 0$ 或 $[G_y]_{i-1,j-1} \ll [G_x]_{i-1,j}$。$(\widetilde{d}_{i,j})_{i-1,j}$ 的计算只利用了单方向的有效信息。此时 $(\widetilde{d}_{i,j})_{i-1,j} > (d_{i,j})_0$。因此 $(d_{i,j})_0$ 是 $\widetilde{d}_{i,j}$ 的精度保持近似解,此时应该有 $\widetilde{d}_{i,j} = \min((d_{i,j})_0, (\widetilde{d}_{i,j})_{i-1,j})$。

(3) 对于 G_0 分布如曲线 C,这种情况类似于(2)。此时 $C_{i-1,j-1} \notin \Gamma$,如果强行采用 $C_{i-1,j-1}$ 计算 $d_{i-1,j}$ 会引入更多误差。

(4) 对于 G_0 分布如曲线 D,$[G_y]_{i-1,j-1} > [G_y]_{i,j}$,此时认为 $d_{i-1,j}$ 精度更高,因为 $C_{i-1,j}$ 更接近于零 Level Set 界面,其精度在 Level Set 方程传播过程中能够得到更有效的保持。此时 $(\widetilde{d}_{i,j})_{i-1,j}$ 可以作为 $\widetilde{d}_{i,j}$ 的精度保持估计。因为 $(\widetilde{d}_{i,j})_{i-1,j} < d_{i,j}$,仍可以得到 $\widetilde{d}_{i,j} = \min((d_{i,j})_0, (\widetilde{d}_{i,j})_{i-1,j})$。

综合起来可以看出,$\widetilde{d}_{i,j} = \min((d_{i,j})_0, (\widetilde{d}_{i,j})_{i-1,j})$ 是 $C_{i,j}$ 符号距离的精度保持估计。这种方法显然不依赖于当地曲率计算,在此处定义为 MSCF(modified sub cell fix)。显然,MSCF 避免了 P 因为 $\kappa_{i,j,k}$ 离散引入的误差,并且将修正限制于 Γ 内,这样有利于零界面计算精度的保持。

5. 算例检验

1) 振荡圆环

考虑 Level Set 面二维传播的振荡圆环算例,考查 sub cell fix 方法对曲率度高的传播问题的处理能力,取区域 $\Omega = [-5,5] \times [-5,5]$,采用 256^2 的均匀网格离散,取圆心位于区域中心,半径 $r=3$ 的圆界面,界面传播速度 $s_{\mathrm{L}} = \cos 8\Theta \sin\omega$,其中 $\Theta = \arctan \left| \dfrac{y}{x} \right|$,$\omega = \dfrac{2\pi t}{t_e}$,$t_e = 5$。计算如下传播方程:

$$\frac{\partial G}{\partial t} = s_{\mathrm{L}} |\nabla G| \tag{2.94}$$

该方程在 $\omega = 2\pi$ 时的精确解与 $\omega = 0$ 时刻相同。取 $\Delta t = \dfrac{\Delta x}{4}$ 时定义该问题的 CFL$=0.25$,并且利用式(2.80)进行重构。方程(2.94)采用空间五阶 WENO 格式时间方向三阶 Runge-Kutta 显式积分。重构过程在零等值面附近的窄带(由每个方向的 12 个网格点构成)内求解。紧贴零等值界面的网格点采用 HMS 直接进行更新,靠近零等值面的两个点采用三阶 WENO 格式迭代求解,其他点采用一阶迎风差分迭代更新。对于非均匀网格系统在 $(x,y) = (-2,-2)$ 处以 $\Delta x = \Delta y = 0.009765625$ 进行指数加密。

图 2.18 给出了均匀网格系统下采用不同 sub cell fix 方法得到的零等值界面位置,图 2.19 给出了非均匀网格下的结果。两图中点线对应 $t=0$,实线 $t=T/2$,点划线 $t=T$。从图 2.18 中可以看出,在均匀网格系统中采用 HMS 方法可以取得较好的结果,但在非均匀网格系统(图 2.19)中 HMS 的求解会导致界面不稳定并在 $t=T$ 时严重偏离精确解,这是 P 中 $\kappa_{i,j,k}$ 求解的离散误差造成的。MSCF 方法无论在均匀网格还是非均匀网格中都能取得很好的结果,这说明在考虑界面的法

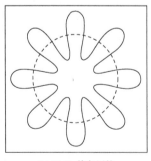
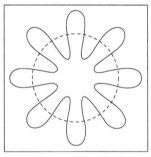

(a) HMS, 均匀网络　　　　　　　　(b) MSCF, 均匀网络

图 2.18　均匀网格系统下在不同时刻 Level Set 零等值面位置(Sun et al.,2010)

向传播时 MSCF 可以不依赖于当地曲率计算,并且界面重构精度得到很好地保持。

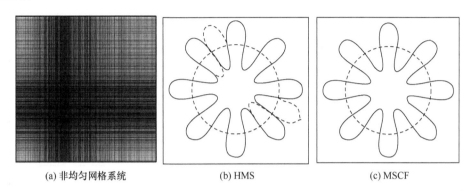

(a) 非均匀网格系统　　　　　　　　　(b) HMS　　　　　　　　　(c) MSCF

图 2.19　非均匀网格系统下振荡圆环在不同时刻 G 零等值面位置(Sun et al.,2010)

2) 球碰合与分离

考虑 G 方程在三维空间中球面传播的碰合与分离问题。该问题考查多界面干扰时 MSCF 方法的处理能力。

取区域 $\Omega=[-5,5]\times[-5,5]\times[-5,5]$,采用 128^3 的网格离散,定义 Level Set 函数分布为 $G(\boldsymbol{x})=\min(r-\sqrt{(x-a)^2+y^2+z^2},r-\sqrt{(x+a)^2+y^2+z^2})$ 且 $r=1.5$ 和 $a=1.75$。零 Level Set 界面是球心位于 $(x,y,z)=(-1.75,0,0)$ 与 $(1.75,0,0)$、半径为 1.5 的两个球面。界面传播速度 $\boldsymbol{f}=[1-2H(t-1)]\boldsymbol{n}$,此处 H 是阶跃函数,$H(t)=\begin{cases}1,&t>0\\0,&t<0\end{cases}$。时间步长取 $\Delta t=0.005$。非均匀网格取 $(-2,-2,-2)$ 处为最小网格,在 $(x,y)=(-2,-2)$ 处以 $\Delta x=\Delta y=0.0390625$ 进行指数加密。

图 2.20 给出了不同 sub cell fix 方法在从 $t=0.5$ 到 $t=2.8$ 的球碰合以及分离过程。从图中可以看出,在均匀网格上 HMS 方法得到了较好的结果,但在非均匀网格上球界面以及交界面上产生了大的扰动并且结果严重偏离精确解。MSCF 方法在均匀网格以及非均匀网格上都表现良好,说明该方法对于复杂界面的干扰问题也能够很好处理。

3) 缺口圆盘旋转

考虑一个位于区域 $\Omega=[0,100]\times[0,100]$ 内的缺口圆盘,初始圆盘圆心位于 $(x,y)=(50,75)$,半径 $r=15$,缺口长 25、宽 5,速度场由 $u=\pi(50-y)/314$,$v=\pi(x-50)/314$ 给出。这样一个完整的旋转对应时刻 $t=628$,取此时 CFL$=0.64$,对应的时间步长 $\Delta t=0.5$。流场采用 256^2 的网格离散,并且将网格在 $(x,y)=(30,30)$ 处以 $\Delta x=\Delta y=0.09765625$ 进行加密,加密后的网格分布与图 2.19(a) 相同。不考虑界面传播速度的 G 输运方程 $G_t+\boldsymbol{u}\cdot\nabla G=0$。数值求

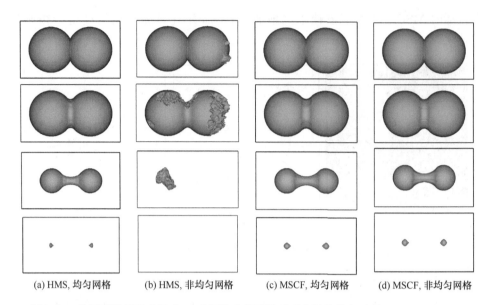

(a) HMS，均匀网格　　(b) HMS，非均匀网格　　(c) MSCF，均匀网格　　(d) MSCF，非均匀网格

图 2.20　采用不同 SCF 方法在 128^3 网格上得到的球碰合以及分离过程(Sun et al.，2010)

（从上至下时间对应 $t=0.5,t=1.5,t=2.4,t=2.8$）

解方法同方程（2.94）。

　　图 2.21 给出了不同方法经过 $t=628$ 的圆盘结果。图 2.21(a)中的白色线框包含区域是图 2.21(b)、(c)中显示的区域。图中细实线代表初值，实线代表均匀网格结果，点线代表非均匀网格结果。从图中可以看出，对于均匀、非均匀网格，HMS 及 MSCF 都能够较好地处理缺口圆盘旋转，这说明针对不包含界面传播的 Level Set 输运问题 MSCF 能够取得与 HMS 方法相近的精度。

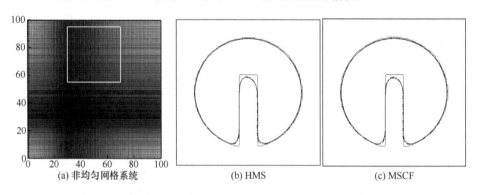

(a) 非均匀网格系统　　　　　　(b) HMS　　　　　　(c) MSCF

图 2.21　缺口圆盘在不同方法下经过 $t=628$ 后的结果(Sun et al.，2010)

　　综合以上算例可以看出，Level Set 重构过程改进方法 MSCF 能够不依赖于当地曲率计算，保持了非均匀网格下的重构精度，并较好地保持了运动界面，对于

Level Set 界面传播以及输运问题都能够较好处理。

2.4.2 预混火焰面数据库的生成

预混火焰面模型需要建立以到火焰面距离 G 为参变量的数据库。

1. 层流火焰面数据库

在湍流预混燃烧过程中,采用解耦的思想,认为火焰作为化学反应扩散层嵌入非反应的湍流流动区域,允许把化学反应从流场中分离出来进行计算。瞬时预混火焰的内部结构从湍流中分离出来,可以采用详细化学反应机理来进行计算。湍流流动对化学反应的影响主要通过流动对火焰面的拉伸和扭曲来考虑,化学反应对流动的影响主要是由于气体的膨胀引起。

对于褶皱火焰面模式,Kolmogrov 涡的尺度大于火焰面厚度,即 $\eta > l_F$,整个瞬时火焰嵌入最小涡内,火焰内部可以看成准层流。化学反应标量方程可写为

$$(\rho s_L^0)\sigma \frac{\partial Y_i}{\partial G} = \frac{\partial}{\partial G}\left(\rho D_t \sigma^2 \frac{\partial Y_i}{\partial G}\right) + \omega_i \tag{2.95}$$

其中,$\sigma = |\nabla G|$,考虑火焰面外部湍流流动对火焰面内部的影响。把 G 转化为垂直于瞬时火焰面的法向方向 x_n,即任意一点到瞬时火焰面的距离:

$$x_n = \frac{G - G_0}{\sigma} \tag{2.96}$$

把式(2.96)代入式(2.95)得

$$(\rho s_L^0)\frac{\partial Y_i}{\partial x_n} = \frac{\partial}{\partial x_n}\left(\rho D_t \frac{\partial Y_i}{\partial x_n}\right) + \omega_i \tag{2.97}$$

该方程没有考虑拉伸和扭曲的作用。

对于薄反应区模式,火焰的内层仍可以看为准层流。方程(2.97)不能直接应用于薄反应区,而需把预热区与化学反应区分开考虑。Peters(2000)给出了同时适用于火焰面与薄反应区模式的带有时间项的火焰面方程:

$$\rho \frac{\partial Y_i}{\partial t} + \rho S_L \sigma \frac{\partial Y_i}{\partial G} = \frac{\partial}{\partial G}\left(\rho D_t \sigma^2 \frac{\partial Y_i}{\partial G}\right) + \omega_i \tag{2.98}$$

其中,对于薄反应区模式,S_L 包含了火焰外层的扰动。为了求解方程(2.98),必须给定边界条件。在火焰面模式区,可以给 $G = \pm\infty$ 时的边界条件;而在薄反应区,需要在预热区与内层反应区的交界处和内层反应区与氧化区的交界处提供边界条件,通过求解即可以给出层流预混的火焰面数据库。

上述的过程可以由 CHEMKIN 软件包的预混火焰子程序 PREMIX 实现或者 FlameMaster 软件实现,这些软件可以对系统质量守恒、能量守恒以及组分守恒方

程联立求解,给出层流预混火焰参数和组分浓度的分布。

2. 火焰面的概率密度分布函数

采用基于 Level Set 的层流火焰面模型,不需要求解组分方程,避开了求解化学反应源项的困难。火焰面模型假设火焰内部为层流结构,将湍流预混火焰看成是层流预混火焰的系综,不同的层流火焰在平均火焰位置周围脉动。如果把每一瞬时的火焰面位置都记录下来,通过系综平均便可求得火焰面的平均位置和火焰面的厚度。

为了描述预混火焰中的化学反应标量系综平均,采用概率密度函数方法进行统计。概率密度函数有直接模拟和简化处理两种方式。由于直接模拟求解量比较大,可以采用简化的设定型概率密度函数形式。依据位置 x 和时间 t 的 $\tilde{G}$、$\widetilde{G''^2}$ 值,可以构建 Favre 平均的高斯型概率密度函数:

$$P(G;x,t) = \frac{1}{(2\pi \widetilde{G''^2})^{1/2}} \exp\left[-\frac{(G-\widetilde{G(x,t)})}{2\widetilde{G''^2}} \right] \qquad (2.99)$$

3. 湍流中化学反应标量的时均值

为了计算湍流流场中化学反应标量的分布,需要求解出嵌在涡内的瞬时层流燃烧细节。在前面已经得到描述瞬时层流燃烧的化学反应标量方程,采用一维层流燃烧模型来求解,可得到垂直于火焰面切向的化学反应标量分布。前面讨论了求解瞬时火焰面在空间 x 和时间 t 的概率密度分布,假定其概率密度分布为高斯分布,采用统计方法可以得到化学反应标量的时均分布,即

$$\tilde{Y}_i(x,t) = \int_{-\infty}^{+\infty} Y_i(G,t) P(G,x,t) \mathrm{d}G \qquad (2.100)$$

火焰面模型在求解火焰内部结构时能够考虑有限化学反应速率,第一步:通过求解方程(2.98)得到瞬时火焰面内化学反应标量分布;第二步:假设火焰面的概率密度函数服从高斯概率密度函数分布(2.99),通过积分得到湍流火焰内部的平均反应标量分布,流场中非反应区的标量分布由对流和扩散决定,实际上这两个过程代替了对于能量方程和组分方程的求解。可以将该过程列为如下步骤:

(1) N-S 方程与 G 方程耦合,求出其平均值 $\tilde{G}$(平均火焰面位置)和脉动值 $\widetilde{G''^2}$,并计算火焰面的概率密度函数 $P(G;X,t)$。

(2) 利用预先生成的火焰面数据库插值得到反应标量沿火焰面垂直方向的分布 $Y_i(G,t)$。

(3) 化学反应标量的时均值由其瞬时值和其概率密度函数积分求得 $\tilde{Y}_i(x,t)$。

2.4.3　C 方程预混火焰面模型

预混燃烧过程中,定义反应进度变量 $C(x,t)$ 定量描述反应物向产物的转化程度也是一种常用的方法。$C(x,t)$ 是一个非守恒量,在新鲜气体中 $C=0$;在燃烧产物中 $C=1$;在火焰面即反应区中 $0<C<1$。通过求解 C 方程就可以确定火焰面的位置。对于进度变量 C 已经提出了不同的表达式,它与某种组分或温度相关,从预混火焰锋面上游位置的冻结状态($C=0$)逐渐变化到下游的当地平衡状态($C=1$)。用温度形式对进度变量的定义为 $\dfrac{T-T_0}{T_\infty-T_0}$。

用燃料质量分数的形式对于进度变量的定义如下:

$$C(x,t)=\frac{Y_{F,0}-Y_F(x,t)}{Y_{F,0}-Y_F^{EQ}(x,t)} \tag{2.101}$$

式中,$Y_F^{EQ}(x,t)$ 代表平衡状态下燃料质量分数;$Y_{F,0}$ 是新鲜气体的燃料质量分数。

燃料的组分输运方程为

$$\frac{\partial \rho Y_F}{\partial t}+\nabla \cdot (\rho \boldsymbol{u} Y_F)=\nabla \cdot (\nabla \rho D Y_F)+\dot{\omega}_F \tag{2.102}$$

$\dot{\omega}_F$ 代表燃料消耗速率,且所有扩散系数假设相等。

由进度变量定义,结合燃料输运方程,C 方程推导为

$$\frac{\partial \rho C}{\partial t}+\nabla \cdot (\rho \boldsymbol{u} C)=\nabla \cdot (\rho D \nabla C)+\dot{\omega}_C \tag{2.103}$$

采用 Favre 平均的反应进度变量 RANS 方程为

$$\frac{\partial}{\partial t}\bar{\rho}\,\widetilde{C}+\frac{\partial}{\partial x_k}\bar{\rho}\bar{u}_k\widetilde{C}=\dot{\overline{\omega}}_C+\frac{\partial}{\partial x_k}\left(\overline{\rho D_c}\frac{\partial \overline{C}}{\partial x_k}\right)-\frac{\partial}{\partial x_k}\overline{\rho u_k'' C''} \tag{2.104}$$

式中,分子混合项已经被忽略。这个方程需要对湍流输运项 $\overline{\rho u_k'' C''}$ 和平均反应项 $\dot{\overline{\omega}}_C$ 进行建模。通常可以认为

$$\overline{\rho u_k'' C''}=-\bar{\rho}\,D_T\frac{\partial \widetilde{C}}{\partial x_k}$$

Libby 和 Bray(2001)的研究表明,梯度输运假设并不完全适用于 $\overline{\rho u_k'' C''}$。这是因为火焰表面上的气体膨胀效应将引起逆向梯度扩散。

湍流预混火焰的平均反应速率通过与火焰表面密度(flame surface density,FSD)的关联来建模。如图 2.22 所示,在平均火焰系综中包含了大量褶皱的火焰面。考虑

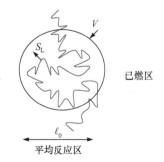

图 2.22　大涡尺度控制体内的褶皱火焰面

一个平均火焰厚度尺寸的控制体，$V \sim \ell_0^3$，如图 2.22 所示。在控制体中火焰面的总面积为 A_L。

当地火焰面的混合物消耗率为 $\rho_u S_L A_L$。整个控制体内平均的燃料消耗为

$$\overline{\omega}_F \sim \frac{\rho_u A_L S_L Y_{F,u}}{V} = \rho_u S_L Y_{F,u} \left(\frac{A_L}{V} \right) = \rho_u S_L Y_{F,u} \Sigma \tag{2.105}$$

式中，下标 u 代表未燃状态；S_L 是层流火焰速度；Σ 代表平均 FSD，即单位体积内火焰面的总面积。

预混火焰的 Favre 平均 C 方程为

$$\frac{\partial \overline{\rho} \widetilde{C}}{\partial t} + \frac{\partial \overline{\rho} \overline{u}_i \widetilde{C}}{\partial x_i} = \frac{\partial}{\partial x_i} \left(\frac{\mu_t}{Sc_t} \frac{\partial \widetilde{C}}{\partial x_i} \right) + \overline{\rho}_u S_L \Sigma \tag{2.106}$$

式中，μ_t 是湍流黏性系数；Sc_t 是湍流施密特数；$\overline{\rho}_u$ 是平均未燃烧气体密度；S_L 是层流火焰速度。

现在的关键是对于平均火焰表面密度 Σ 进行建模，按照文献可以将已有的模型归为两类。

1. 火焰表面密度的代数模型

Bray 和 Libby 等（1984，1986）指出，火焰表面密度可以由一个代数模型表示：

$$\Sigma \simeq \frac{g \widetilde{C}(1 - \widetilde{C})}{\hat{L}_y} \tag{2.107}$$

式中，$\hat{L}_y$ 是最大的火焰褶皱的最大尺度；g 是模型常数。显然，在未燃烧混合物（$\widetilde{Y}_F = Y_{F,u}$）和完全燃烧混合物（$\widetilde{Y}_F = 0$）中，$\Sigma$ 为零。式（2.107）也就是著名的 BML（Bray-Moss-Libby）模型。

对于式（2.107），其中隐含了 FSD 对 $\widetilde{C}$ 的分布是对称而且其分布函数峰值在 $\widetilde{C} = 0.5$ 的情况，然而采用 DNS 的大量数值计算发现，在某些情况下，该 FSD 并不适用，需要在 $\widetilde{C}$ 和 $(1 - \widetilde{C})$ 的项上添加指数予以调整。

Muppala 等（2005）提出的 RANS 平均后的火焰表面密度公式如下：

$$\Sigma(x) = \frac{A_T}{\overline{A}} \frac{1}{L} P(x) \tag{2.108}$$

式中，A_T 为湍流火焰表面积；$\overline{A}$ 为平均火焰表面积；L 为湍流火焰的厚度；$P(x)$ 为在位置 x 上火焰锋面的概率密度函数，作为近似，可以将 $P(x)/L$ 用进度变量的梯度 $|\nabla \overline{C}|$ 代替（Veynante and Vervisch，2002）。那么可以得到

$$\Sigma = \frac{A_T}{\overline{A}} |\nabla \overline{C}| \tag{2.109}$$

对于火焰褶皱比例 $A_T / \overline{A}$，Muppala 等（2005）通过考察环境压力 0.1～1.0MPa 下甲烷/空气、乙烯/空气、丙烷/空气的湍流火焰传播速度测量数据，拟合

出如下的通用计算公式：

$$\frac{A_T}{A}=1+\frac{0.46}{Le}Re_t^{0.25}\left(\frac{u'}{S_L}\right)^{0.3}\left(\frac{p}{p_0}\right)^{0.2} \quad (2.110)$$

式中，$Re_t=u'l_x/\nu$ 为湍流雷诺数（u' 为湍流脉动速度，l_x 为积分尺度）；Le 为燃料的 Lewis 数（对于丙烷 $Le\approx1.62$，乙烯 $Le\approx1.2$）；p 为环境压力；p_0 为标准压力。如果把该模型与增厚火焰模型（thickened flame model，TFM）（Colin et al.，2000）进行对比，可以发现这一类模型与 TFM 具有很大的相似性，都属于简化模型。

将方程（2.103）进行大涡模拟过滤，得到的方程形式类似于式（2.106）。Vaynante 等（1994，2000）提出的大涡模拟过滤火焰表面密度如下：

$$\Sigma=4\varXi\sqrt{\frac{6}{\pi}\frac{\widetilde{C}(1-\widetilde{C})}{\Delta_C}} \quad (2.111)$$

式中，$\varXi$ 代表亚网格火焰锋面褶皱因子（不考虑亚网格火焰面褶皱时 $\varXi=1$）。在方程中需要 $\varXi$ 的封闭，其定义为亚网格尺度火焰锋面在传播方向上的投影，这可以看做滤波尺度 Δ_C 上的湍流火焰速度 $S_{T\Delta}$ 和层流火焰速度 $S_{L\Delta}$ 的比值。$\varXi$ 与 Σ 相关且 $\Sigma\simeq\varXi|\nabla\widetilde{C}|$。Domingo 等（2002）假设褶皱因子 $\varXi=1.1$，这对于低强度湍流来说是合适的。

按照 Peters（2000）的讨论，火焰表面密度的代数模型不能考虑流场应变率、曲率的影响，因此这一类模型只能适用于褶皱、波纹板火焰面模式。对于薄反应区模式，火焰曲率作用占主导，此时需要结合火焰表面密度的输运方程进行建模。

2. 火焰表面密度的输运方程模型

Candel 等（1990）提出了如下的火焰表面密度输运方程进行求解，

$$\frac{\partial\Sigma}{\partial t}+\nabla\cdot(\boldsymbol{u}\Sigma)=-(\boldsymbol{nn}:\nabla\boldsymbol{u}-\nabla\cdot\boldsymbol{u})\Sigma-\boldsymbol{n}\cdot\nabla(S_L\Sigma) \quad (2.112)$$

式中，$\boldsymbol{n}$ 是垂直于火焰面指向未然气体的单位向量，$\boldsymbol{n}=-\dfrac{\nabla C}{|\nabla C|}$；$\boldsymbol{u}$ 是流动速度向量。从左到右的四项表达式分别代表火焰表面密度随着时间的变化、火焰表面密度对流项、火焰拉伸作用和火焰传播作用。方程（2.112）最早由 Marble 与 Broadwell（1977）在研究扩散火焰时提出，在当时因为包含经验系数过多难以推广使用，之后结合 DNS 被成功应用于预混燃烧计算。该模型也被称为拟序火焰模型（coherent flame model，CFM）。

Hawkes 等（2001）将方程（2.112）化简成如下形式：

$$\frac{\partial\Sigma}{\partial t}+\frac{\partial}{\partial x_k}\langle u_k\rangle_s\Sigma=\langle a_T\rangle_s\Sigma-\frac{\partial}{\partial x_k}\langle S_d n_k\rangle_s\Sigma+\left\langle S_d\frac{\partial n_k}{\partial x_k}\right\rangle_s\Sigma \quad (2.113)$$

式中，a_T 是流场当地应变率；S_d 是垂直于火焰表面法向的当地混合物的位移速度。

将上述方程进行 RANS 平均,可以得到如下方程:

$$\frac{\partial \Sigma}{\partial t}+\frac{\partial}{\partial x_k}\tilde{u}_k\Sigma=-\frac{\partial}{\partial x_k}\langle u''_k\rangle_s\Sigma+\langle \overline{a}_T\rangle_s\Sigma+\langle a''_T\rangle_s\Sigma-\frac{\partial}{\partial x_k}\langle S_d n_k\rangle_s\Sigma+\left\langle S_d\frac{\partial n_k}{\partial x_k}\right\rangle_s\Sigma$$

(2. 114)

结合上文的分析,设 Sc_Σ 为湍流的 Schmidt 数,可以将该方程中的未封闭项建模如下:

$$\langle u''_k\rangle_s\Sigma=-\frac{\mu_T}{Sc_\Sigma}\frac{\partial \Sigma}{\partial x_k}$$

(2. 115)

$$\langle \overline{a}_T\rangle_s=(\delta_{ij}-n_{ij})\frac{\partial \overline{u}_i}{\partial x_j}$$

(2. 116)

$$n_{ij}=M_iM_j+\frac{1}{3}\delta_{ij}(1-M_kM_k)$$

(2. 117)

其中,M_i 是面积平均的法向向量 $\boldsymbol{M}$ 的分量,$\boldsymbol{M}$ 由下式定义:

$$\boldsymbol{M}=\langle \boldsymbol{n}\rangle_s=-\frac{\nabla \overline{C}^*}{\Sigma}$$

(2. 118)

其中,$\overline{C}^*$ 由下式进行定义:

$$\overline{C}^*=\frac{(1+\tau)\overline{C}}{1+\tau \overline{C}}$$

(2. 119)

式中,τ 是释热参数。另外,设 η 为 Kolmogrov 尺度,C_A 为模型系数,Cant 等(1990)给出的 $\langle a''_T\rangle_s$ 模型为

$$\langle a''_T\rangle_s=C_A\left(\frac{1-M_kM_k}{\eta}\right)$$

(2. 120)

Duclos 等(1993)给出的替代模型为

$$\langle a''_T\rangle_s=C_A\frac{\tilde{\varepsilon}}{\tilde{k}}$$

(2. 121)

与火焰传播的相关项可以进行封闭(Cant et al.,1990)

$$\left\langle S_d\frac{\partial n_k}{\partial x_k}\right\rangle_s\Sigma=-C_H\langle S_d\rangle_s\frac{\Sigma}{1-\overline{C}}$$

(2. 122)

其中,C_H 为模型系数。

对于 $\langle S_d\rangle_s=\frac{\langle \rho S_d\rangle_s}{\langle \rho\rangle_s}$,采用如下的方程计算 $\overline{\rho S_d}$(Peters,2000),其中 S_r、S_n、S_t 分别是化学反应引起的位移速度、法向及切向扩散引起的位移速度。

$$\overline{\rho S_d}=\overline{\rho S_r}+\overline{\rho S_n}+\overline{\rho S_t}$$

(2. 123)

$$\overline{\rho S_r}=\frac{\overline{\dot{\omega}_C}}{|\nabla C|}$$

(2. 124)

$$\overline{\rho S_n}=\frac{\overline{\boldsymbol{n}\cdot\nabla(\rho D_C\boldsymbol{n}\cdot\nabla C)}}{|\nabla C|}$$

(2. 125)

$$\overline{\rho S_t} = -\overline{\rho D_C \nabla \cdot \boldsymbol{n}} \tag{2.126}$$

综上所述,方程(2.114)可以写为

$$\frac{\partial \Sigma}{\partial t} + \frac{\partial}{\partial x_k} \tilde{u}_k \Sigma = \frac{\mu_T}{Sc_\Sigma} \frac{\partial}{\partial x_k} \frac{\partial \Sigma}{\partial x_k} + \langle \overline{a}_T \rangle_s \Sigma + C_A \frac{\tilde{\varepsilon}}{\tilde{k}} \Sigma - \frac{\partial}{\partial x_k} \langle S_d N_k \rangle_s \Sigma - C_H \langle S_d \rangle_s \frac{\Sigma}{1-\overline{C}} \tag{2.127}$$

考虑方程(2.113)的大涡模拟过滤形式,可以得到

$$\frac{\partial \Sigma_{sg}}{\partial t} + \frac{\partial}{\partial x_i}(\tilde{u}_i \Sigma_{sg}) = -\frac{\partial}{\partial x_i}(\overline{(u_i)''_s}\Sigma_{sg}) + (S_{mean} + S_{hr} + S_{sg})\Sigma_{sg} + P_{mean} + P_{sg} \tag{2.128}$$

式中,$\overline{(u_i)''_s}$是火焰表面速度脉动;S_{mean}是大尺度的应变源项;S_{hr}是热释放相关的应变源项;S_{sg}是亚网格尺度上的应变源项;P_{mean}、P_{sg}分别是滤波尺度、亚网格尺度上的火焰传播作用源项。

对方程(2.128)中的相关项进行模拟,令

$$\overline{(u_i)''_s} = -(K-\tilde{C})\tau S_L M_i - \frac{1}{\Sigma_{sg}} \frac{\overline{\rho}\mu_T}{Sc_\Sigma} \frac{\partial \Sigma_{sg}/\overline{\rho}}{\partial x_i}$$

$$S_{mean} = (\delta_{ij} - n_{ij}) \frac{\partial \tilde{u}_i}{\partial x_j}$$

$$S_{hr} = -S_L \tau (K-\tilde{C}) \frac{\partial M_i}{\partial x_i}$$

$$S_{sg} = \Gamma_K \left(\frac{\sqrt{2k/3}}{S_L}, \frac{\delta_L}{\Delta} \right) \frac{\sqrt{k}}{\Delta}$$

$$P_{mean} = \frac{\partial}{\partial x_i}(S_L(1-\tau K)M_i \Sigma_{sg}) + S_L(1+\tau K)\frac{\partial M_i}{\partial x_i}\Sigma_{sg}$$

$$P_{sg} = -(1-M_k M_k)\beta S_L \frac{\Sigma_{sg}^2}{1-\tilde{C}}$$

式中,M_i是面积平均的法向向量 $\boldsymbol{M}$ 的分量,定义见式(2.118);K 是模型常数,代表火焰表面锋对应的进度标量位置,经测试其取值对计算结果影响不大;模型参数 β 是模型常数,并且需满足 $\beta \geqslant 1$;δ_L 是层流火焰厚度;Γ_K 是典型的 Γ 函数形式(Duclos et al.,1993)。

2.4.4　G 方程和 C 方程比较

火焰面概念已经广泛应用于预混火焰的模拟中,能够大大减少其计算量。本节主要介绍两类方法:G 方程方法和 C 方程方法。总体来说,两种方法思路简单,应用方便,但是在复杂湍流燃烧模拟中,还存在着不同的问题需要解决。

G 方程基于一个标量 G,选取 G 的一个等值面代表火焰面的位置,根据流场和火焰传播速度来计算火焰面的移动,物理表达直观。本质上 G 方法本身不能解决

火焰面内的化学反应等问题,与火焰面数据库相结合,使其能够模拟火焰传播问题。标量 G 的控制方程式(2.57)的形式比较简单,仅存在时间变化项和对流项,不存在源项和扩散项。但是其中的火焰速度 S_L 在复杂燃烧中建模比较困难,因此 Pelce 和 Clavin(1982)、Matalon 和 Matkowsky(1982)和 Sivashinsky(1977)等考虑了火焰面拉伸、曲率变化等现象引起的火焰速度变化,增加了该方法的复杂性。另外,求解 G 方程的迭代步中,为了始终保持标量场 $|\nabla G|=1$ 的性质,需要进行重构。虽然目前已发展多种重构方法,但由于数值误差,G 方程零等值面重构在界面曲率大以及网格分辨率不足的情况下可能偏离精确解,甚至完全失败。

对于反应进度变量 C,物理意义明确,其值从未燃混合物中的 $C=0$ 单调增长到完全燃烧产物中的 $C=1$,是一个非守恒量,根据其值大小判断火焰反应区位置,还能够提供火焰厚度的信息。反应进度变量 C 有很多种定义方法,最为常用的是组分质量分数或温度的组合形式[式(2.101)]。当用温度定义进度变量时,某些情况下温度受火焰以外的因素影响(如热量损失或者扩散)严重,此时 C 的定义就变得没有意义。根据组分方程推导得到 C 的控制方程如式(2.103),其中生成项 $\dot{\omega}_c$ 代表火焰面内的化学反应。此项结合火焰表面密度 Σ 建模的形式,无论是代数模型还是输运方程,需要给定的从 DNS 计算、实验测量拟合的模型参数较多,适用性弱,在复杂湍流燃烧中也存在有较大误差。

2.5　湍流预混燃烧算例验证

2.5.1　均匀各向同性湍流中的火焰核增长

利用密闭容器内的风扇搅动可以产生容器内的均匀各向同性湍流,如果密闭容器内充满可燃预混气体,点火后产生的火焰核会因为火焰传播而向外增长。这个例子的实验最早由 Bradley 等于 1996 年完成,因为对应计算的初始条件、边界条件、网格都比较简单,近年来被经常引用用于模型对比和验证(Fureby,2005)。Bradley 等(1996)在带有四个风扇的不锈钢球形容器内开展实验,容器直径为 0.38m,容器上开有三面对称的出光窗口,窗口边长为 0.15m。容器内的湍流场近似为平均速度为 0 的各向同性湍流。Bradley 针对丙烷/空气的预混气在不同初始压力和湍流强度的条件下利用高速纹影成像观察了火焰增长过程。本节对于 0.16m 的立方区域采用 96^3 均匀网格进行离散,边界条件均为周期性边界条件。初始湍流场采用均匀各向同性湍流快速生成方法产生(孙明波,2008)。基于多重网格压力修正的不可压湍流求解器采用 Yu(2008)的方法,其中对流项采用 5 阶 WENO 格式,时间步进采用 3 阶 Runge-Kutta 积分。完全的点火过程的模拟比较麻烦,采用如下方法避过点火过程:在区域中心 $R<0.002m$ 范围的网格内认为初始燃料耗尽,这样也就是定义了 $G^0=0$ 等值面。在火焰核发展的初始阶段,容器内的压强变化很小,可以忽略不计,此时近似认为火焰核的增长仅是由湍流火焰传播引起的。

　　图 2.23(a)给出均匀各向同性湍流场 $u=0$ 的等值面图,图 2.23(b)给出了截面图,湍流强度 $u'=2.36\text{m/s}$ 并且积分尺度 $L_{11}=0.02\text{m}$。进行连续性以及各向同性检查发现该流场是符合各向同性均匀条件的。丙烷/空气预混气的实验初始条件为室温室压,配比为化学恰当当量比,利用 FlameMaster 软件(Pitsch,2008)以及 San Diego 化学反应机理计算得到丙烷/空气的层流火焰传播速度以及预混火焰面数据库。

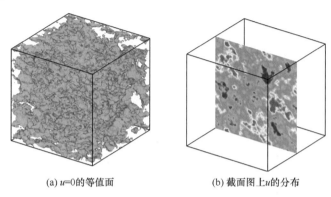

(a) $u=0$ 的等值面　　　　　　　　　(b) 截面图上 u 的分布

图 2.23　计算生成的均匀各向同性湍流初场(孙明波,2008)

　　在定义初始的 $G^0=0$ 面后利用预混火焰的传播方程(2.57)进行计算,图 2.24 给出了以 $G=0$ 面标记的火焰核的增长过程,从中可以看出湍流造成火焰面的弯曲和皱褶,但是火焰面仍然是连续的,因为是周期性边界条件,可以看出当 $G=0$ 等值面从边界溢出后又从另一边界进入。利用 $G=0$ 代表火焰面位置,计算其包括的区域体积可以求解出火焰核半径。

　　图 2.25 中给出了计算得到的平均火焰核半径随时间的变化过程及与实验结果的对比。实验测得的火焰核半径是对纹影图像的火焰边界进行分析得到的。从图 2.25 中可以看出计算结果和实验结果基本符合,说明所采用的 G 方程预混火焰面模型是合适的(孙明波,2008)。

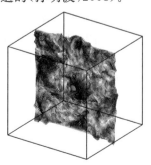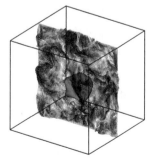

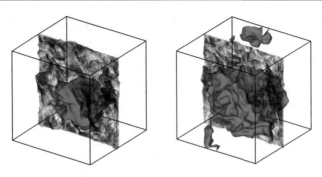

图 2.24　均匀各向同性湍流场内的火焰核演化过程(时间间隔 $\Delta t = 0.0025\text{s}$)(孙明波,2008)

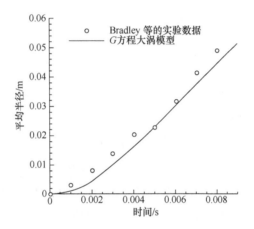

图 2.25　火焰核平均半径随时间的变化以及与实验结果的对比(孙明波,2008)

2.5.2　三角棱柱火焰稳定器的燃烧模拟

　　三角棱柱稳定器是一种在工业上广泛应用的利用回流区稳焰的火焰稳定器,其计算问题本身很简单,非常容易定义边界和初始条件。本算例中模拟对象为丙烷/空气湍流贫燃预混火焰的实验参数(Sjunnesson et al.,1991)。

　　采用低马赫数近似的空间过滤 N-S 方程,时间步进采用二阶隐式格式,对流项的离散是采用三阶迎风格式,其他空间导数项采用四阶中心差分格式。该数值方法已经在恒温湍流(Nilsson and Bai,2002,2003;Wang and Bai,2004)和预混湍流(Wang and Bai,2005)中得以验证。本算例中大涡模拟采用 Level Set G 方程和稳态组分火焰面数据库。

　　对于 $G = 0$ 等值面的大涡模拟控制方程是

$$\frac{\partial G}{\partial t} + \boldsymbol{u} \cdot \nabla G = S_{\text{LES}} | \nabla G |\qquad(2.129)$$

　　该方程是 2.4 节中方程(2.88)的简化形式,当地火焰拉伸对于火焰传播的影

响通过 S_{LES} 描述。火焰面拉伸增加了燃烧面积,因而增加了火焰面的传播速度

$$S_{\text{LES}} = S_{\text{L}} + u'_{\Delta} \tag{2.130}$$

式中,u'_{Δ} 是一个典型的亚网格脉动速度;S_{L} 是层流火焰传播速度。

　　燃烧室是一个简单的矩形通道,通道高度为 0.12m,宽度为 0.24m。丙烷/空气混合气的混合比为 0.6,入口温度为 600K。层流火焰速度是 $S_{\text{L}}=0.76\text{m/s}$。三角棱柱火焰稳定器高度为 $H=0.04\text{m}$。来流速度为 36m/s,根据来流条件和燃烧室的高度,其雷诺数大概是 85000。

　　Sjunnesson 等(1991)的实验中测量了速度、温度和组分浓度,基于测量数据和层流火焰的计算估计火焰处于褶皱火焰面模式,其 Karlovitz 数在 0.1～0.7。

　　为了缩小数值误差(截断误差和亚网格模型误差),在当前的数值模拟中测试了几个不同分辨率的网格。通过比较平均温度和流动速度,发现当流向、径向和横向分别为 300、120 和 120 个网格点时满足网格无关性条件。在模拟中时间步长为 $3.75\times10^{-6}\text{s}$,CFL 数为 0.1。在大涡模拟中执行了 20000 时间步(4～5 个通流时间)后,就可以从初始流场得到一个充分发展的瞬时湍流预混火焰。从这一充分发展的湍流火焰时刻开始,统计 30000 时间步便计算得到一个时间平均的流动速度和组分质量分数。时间平均量随着统计时间步数的进一步增加,不再有明显变化。

　　图 2.26 给出了典型瞬时流向旋涡等值面和相应的褶皱火焰面。在火焰稳定器前部,旋涡的强度是相对较低的($\omega_x < 500\text{s}^{-1}$)。如图 2.26(a)和(b)所示,湍流旋涡在火焰稳定器后的剪切层中生成,在火焰前锋存在很高的速度梯度和大尺度流向旋涡。这些涡由不同的丝状涡构成,火焰锋面上的空洞是火焰碰到了燃烧室内壁熄灭造成的。

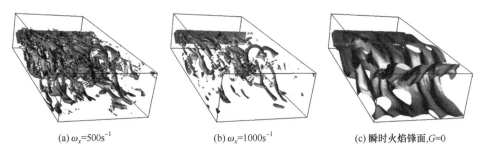

(a) $\omega_x=500\text{s}^{-1}$　　(b) $\omega_x=1000\text{s}^{-1}$　　(c) 瞬时火焰锋面,$G=0$

图 2.26　流向旋涡的两个瞬时等值面(Wang and Bai,2005)

　　雷诺平均模拟中一个重要的问题是对时间平均火焰厚度的建模,它受到湍流和火焰相互作用的影响,被认为是湍流引起的火焰面加厚。火焰面的时间平均厚度可以用 $l_{\text{F},t} \sim \overline{(G'^2)}^{1/2}|_{\bar{G}=0}$ 估计。图 2.27 显示了平均火焰厚度沿着流向的发展。$x=0$ 是在火焰稳定器的后缘位置。如图所示,在靠近火焰稳定器的下游,平均火焰厚度随着流向而线性增加,其斜率大概是 0.11。对于较远的下游位置,平均火焰厚度的增加正比于 $x^{1/2}$。这种趋势与泰勒各向同性湍流的湍流扩散理论符合很

好,如文献(Lipatnikov and Chomiak,2002)所讨论的。

假设时间平均的流动速度($\overline{U}$)、湍流特征长度和时间(l_0 和 t_0)在火焰稳定器后是常数,根据方程(2.74)可以导出平均火焰面厚度的估计

$$l_{F,t}=al_0\left[1-\exp\left(-\frac{bx}{\overline{U}t_0}\right)\right]^{1/2} \tag{2.131}$$

由实验数据可知,$\overline{U}=50\text{m/s}$,$l_0=40\text{mm}$,$t_0=4\text{ms}$。应用模型常量 $a=0.3$ 和 $b=2$,得出的拟合线见图 2.27。可见该预估公式与大涡模拟计算得到的火焰加宽在区域(80mm$<x<$400mm,即 $2<x/H<10$)符合较好。然而,基于雷诺平均的模型不能够在下游描述平均火焰厚度的增加。

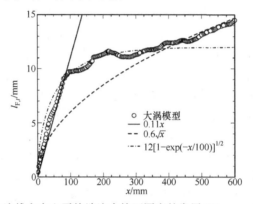

图 2.27　在流线方向上平均湍流火焰面厚度的发展(Wang and Bai,2005)

图 2.28 给出了时间平均 CO_2 和 O_2 的摩尔分数在三个流动截面上的横向分布剖面以及平均流向速度剖面,并与实验测量的数据相对比,结果比较符合。

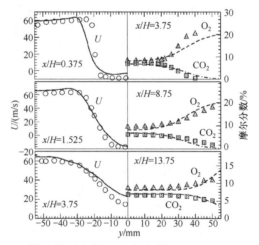

图 2.28　平均流向速度剖面及时间平均 CO_2 和 O_2 的摩尔分数
在三个流动截面上的横向分布剖面

平均速度和主要组分与火焰面位置相关,因此受到 S_{LES} 的影响。图 2.29 给出了在 $x/H=3.75$ 未燃烧一侧湍流火焰速度与层流火焰速度比值 $\sigma=S_{LES}/S_L$ 的概率密度分布。如图所示,$\sigma=S_{LES}/S_L$ 的最大概率在 3 左右并且在 $1\sim20$ 变化,σ 在空间上的平均值是 5.5。S_{LES} 在时间上的大范围的变化导致火焰面的不稳定运动和平均火焰的加厚。

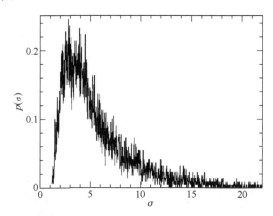

图 2.29　湍流与层流火焰速度比值 $\sigma=S_{LES}/S_L$ 在 $x/H=3.75$ 未燃侧的概率密度分布
(Wang and Bai,2005)

2.5.3　低旋流燃烧器的火焰稳定

旋流燃烧器因其稳定、低污染、易调节等优点在工业上有着非常广泛的应用,如航空发动机燃烧室、燃气轮机燃烧室、煤粉旋流燃烧器等。低旋预混燃烧器是工业旋流燃烧器的一种,因具有较好的燃烧特性受到了研究者的关注,近年来人们对其进行了大量的实验研究和数值模拟,尝试去了解其内在的燃烧动力学行为。

Nogenmyr 等(2007,2009)利用激光诊断技术对甲烷/空气预混低旋燃烧器进行了实验研究,低速旋流火焰燃烧器的直径为 50mm,由低速混合腔、带有回旋叶片的长管部分和喷管出口组成。在到达低速旋流燃烧器之前,预混的甲烷空气混合气($\phi=0.62$)通过有孔的平板使上游产生的大涡结构破碎。流动接着进入具有第二个有孔平板、后面是环形器的中心管道内。燃烧器被轴向速度 0.3m/s 的空气包围,产生大的环形同轴流。实验在室温和环境大气压下进行,速度场采用 LDV(laser doppler velocimetry)测量,温度场采用 Rayleigh 散射测量,组分场采用 PLIF(planar laser induced fluorescence)测量。实验中观察到了近喷口区域火焰的基本特征,发现高度褶皱的碗形火焰稳定在燃烧器出口上方约 0.5 倍喷口直径处火焰由两部分组成,一部分稳定在靠近轴线附近的低速区,另外一部分分布在剪切层区域。

　　本节所采用的数值方法与火焰面模型介绍同 2.5.2 节。计算区域是位于燃烧器出口上方的 $400×400×400mm^3$ 的立方体,轴向网格间距为 1.7mm,在其余两个方向网格间距为 2.0mm。计算入口设在燃烧器出口上方 1mm 处,将实验所测到的速度分布施加在该入口边界上。大涡模拟的时间步长为 $1.8×10^{-5}s$。

　　图 2.30 给出了旋流火焰的实验与计算结果,可见火焰基底呈碗状稳定在燃烧器上方约 $0.63D(D$ 为燃烧器出口直径)的位置处,计算得到的 $G=0$ 三维瞬时火焰面在湍流作用下出现高度褶皱。火焰基底的混合分数比较均匀,说明火焰基底是一个褶皱预混火焰。实验和计算观察到,火焰基底在一个平衡位置附近来回传播,其在燃烧器上方的抬举高度可由此来定义。

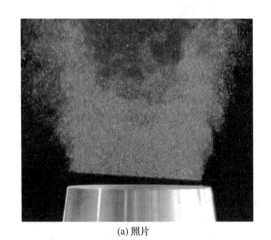

(a) 照片

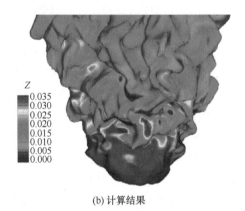

(b) 计算结果

图 2.30　燃烧器出口上方的颗粒激光散射与火焰化学发光照片和大涡模拟计算的由混合分数标记的瞬时火焰面 $G=0$(Nogenmyr et al. ,2007)

由于协流空气的稀释作用,在 $G=0$ 上方的混合分数分布不均,局部还出现了贫燃熄火区。图 2.31 给出的 OH 基 PLIF 图像显示出火焰内部有局部 OH 基低浓度区,大涡模拟结果也发现类似现象,这可能是由火焰表面熄火造成的"火焰空洞"流出的冷空气的稀释作用导致的。

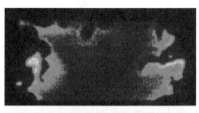
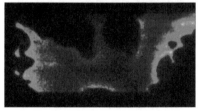
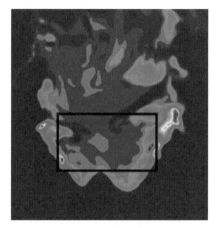

(a) 图(b)中标示区域的火焰OH基Plif图像   (b) 大涡模拟得到的OH基瞬时分布

图 2.31   大涡模拟得到的 OH 基瞬时分布和 OH 基 Plif 图像(Nogenmyr et al. ,2007)

图 2.32 和图 2.33 给出了轴向和径向平均速度及其均方根在燃烧器上方不同高度处沿径向(R 为燃烧器半径)的分布,大涡模拟结果和实验数据能够较好的吻合。轴向平均速度大约比径向高 2～3 倍,然而由于湍流涡的作用,两个速度的均方根值在一个数量级上。平均速度和均方根的峰值均出现在剪切层内($r/R=$ 0.8～1.2),大涡模拟结果在剪切层内出现了一定的偏差,过高地估计了径向均方根速度。

图 2.34 给出了沿燃烧器轴向平均温度分布的实验和计算结果,温度的测量主要集中在火焰底部,可看出两者符合较好。

图 2.35 给出了相同来流雷诺数下不同当量比的火焰抬举高度。大涡模拟的抬举高度由 $G=0$ 等值面的平均位置确定,且取决于湍流火焰速度模型。大涡模拟的火焰抬升高度与实验结果高度一致。当量比为 0.60 时,火焰抬举高度计算比实验值低 20%;当量比为 0.66 时,计算值与实验值几乎完全吻合。另外,由图 2.31 还可知,计算得到的火焰基底呈 W 形,抬举高度的确定同时考虑了火焰基底两个低谷处的平均,这可能导致了计算结果比实验结果普遍偏低。

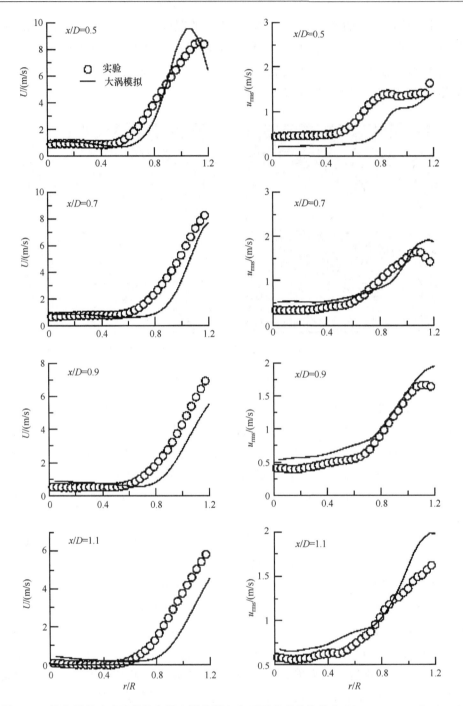

图 2.32　轴向平均速度及其均方根在燃烧器上方不同高度处的分布(Nogenmyr et al.,2007)

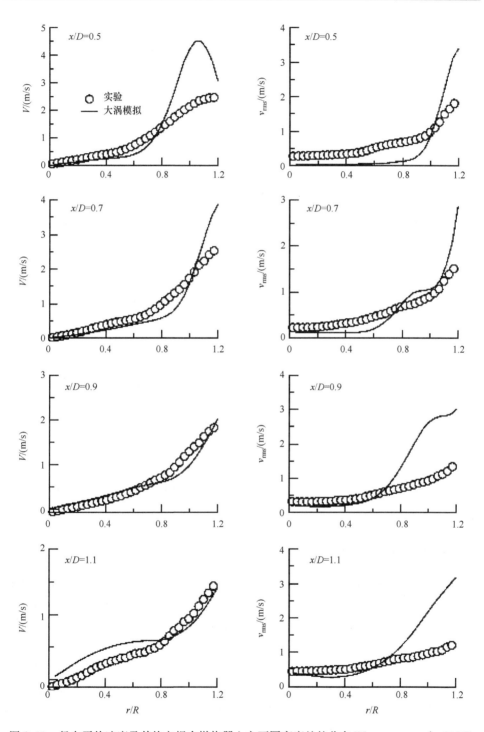

图 2.33 径向平均速度及其均方根在燃烧器上方不同高度处的分布(Nogenmyr et al.,2007)

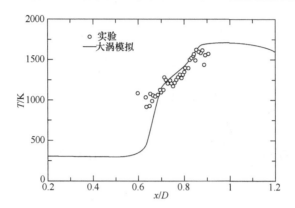

图 2.34　实验测量和大涡模拟计算得到的沿燃烧器轴向的平均温度分布
(Nogenmyr et al. ,2007)

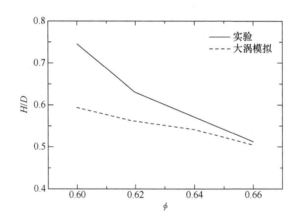

图 2.35　相同雷诺数、不同当量比下实验与大涡模拟得到的平均抬举高度
(Nogenmyr et al. ,2007)

2.5.4　本生灯的火焰形状

本生灯是一种简单的生成预混火焰的燃烧器,可以改变入口压力及其他入口参数获得相应的流场参数,可以为数值模型验证提供丰富的试验数据。Kobayashi 的研究小组给出了不同压力和出口条件下本生灯(直径 20mm)的实验数据(Kobayashi et al. ,1996,1997,1998)。

采用 2.4 节中介绍的 Favre 平均 C 方程(2.106),计算不同工况下的本生灯火焰参数及火焰形状,与已有实验相对比,以验证 C 方程火焰面模型的可行性。火焰表面密度方程采用 Veynante 定义的代数方程(2.109),即 $\Sigma = A_T/\overline{A}|\nabla\overline{C}|$,以及 Muppala 等(2005)定义的 $A_T/\overline{A}$[式(2.110)]进行计算。

　　计算区域取为：从喷嘴中心向左右延伸 30mm，向上延伸 80mm。由对称条件计算一半区域。取 25 个/厘米的均匀网格离散，网格量为 15000。所得本生灯火焰的数值计算结果如图 2.36 所示。

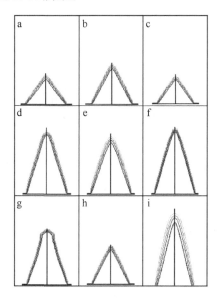

图 2.36　数值模拟得到的火焰形状（雷诺平均的进度变量等值线，$\bar{c}=0.1$、0.3、0.5、0.7、0.9）
(Muppala et al.,2005)

　　相应的火焰参数如表 2.1 所示。

表 2.1　湍流火焰实验参数及测量结果

情况	燃料	ϕ	P /MPa	u' /(m/s)	l_x /mm	U /(m/s)	ρ /(kg/m³)	ν /($\times 10^6$m²/s)	S_L /(m/s)	实验 S_T/S_L	计算 S_T/S_L
a	CH_4	0.9	0.1	0.46	1.25	2.36	1.13	17.9	0.341	3.55	3.87
b	CH_4	0.9	0.5	0.61	1.15	3.28	5.56	3.21	0.152	9.54	9.34
c	CH_4	0.9	1.0	0.85	1.20	3.57	11.32	1.61	0.108	16.85	17.77
d	C_2H_4	0.7	0.5	0.62	1.20	6.52	5.86	3.11	0.243	7.72	8.25
e	C_2H_4	0.7	0.5	1.18	1.20	7.45	5.86	3.11	0.243	11.21	10.46
f	C_2H_4	0.7	1.0	0.49	1.10	6.91	11.72	1.56	0.203	11.36	9.65
g	C_3H_8	0.9	0.5	0.20	0.96	2.76	5.89	3.05	0.26	3.50	3.28
h	C_3H_8	0.9	0.5	0.49	1.10	2.62	5.89	3.05	0.26	4.15	4.26
i	C_3H_8	0.9	0.5	1.4	1.25	8.14	5.89	3.05	0.26	7.31	6.51

图 2.36 给出了不同工况下的火焰形状(C 的等值线)。图 2.37 给出了乙烯/空气混合物在入口平均速度 $U＝5\text{m/s}$,当量比 $\phi＝0.7$,湍流脉动速度 $u'＝1.0\text{m/s}$,湍流积分长度 $l_x＝1\text{mm}$ 的情况下,压力由 0.1MPa 到 1MPa 的火焰形状。可以看出,随着压力的增大,火焰高度缓慢降低。

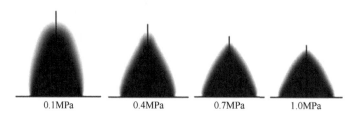

图 2.37　不同压力下相同入口速度和湍流度的火焰形状(反应进度变量的平均)
(Muppala et al.,2005)

图 2.38 给出了乙烯/空气火焰在 1.0MPa 压强下的火焰形状,入口速度与湍流参数与前述相同。当量比 ϕ 从 0.5 变化到 0.9 时,火焰高度迅速下降,ϕ 越小则火焰的高度越高,这与预测相一致。

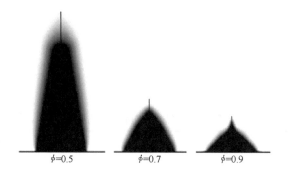

图 2.38　不同当量比、相同入口速度和湍流度下的火焰形状(1.0MPa)
(Muppala et al.,2005)

2.6　带自点火特性的预混火焰传播模型

预混燃烧中火焰传播(由输运控制)和自点火(由化学反应机理控制)现象是两种最为基本的燃烧机制,在实际发动机内共同存在并且相互作用。

图 2.39 给出了高速相机所拍摄的汽油内燃机燃烧室内燃烧过程图片,该过程中有明显的自点火问题(Kawahara et al.,2007)。初始时刻预混火焰从右下角向左上角传播[图 2.39(a)]。而在左上角,由于高温高压出现了自点火核心[图 2.39

(b)]。随着时间推移,此核迅速增大[图 2.39(c)],并与预混火焰面相碰[图 2.39(d)]。之后自点火产生的火焰推动预混火焰面,向右下角移动[图 2.39(e)]。这样的自点火过程带来燃烧室内压力的突然增高,形成所谓的"敲缸"(knocking),对发动机结构极易造成损害。

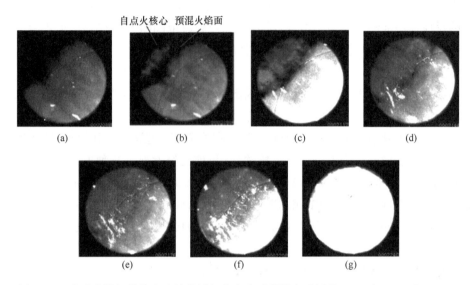

图 2.39 汽油内燃机燃烧室火焰传播与自点火过程的实验图片(Kawahara et al.,2007)

研究发现可燃预混气体在自点火前需要经历一段低温的慢反应过程(Kong et al.,1995),描述该过程的自点火模型能够得到自点火延迟时间和反应速率,从而计算得到混合物的局部温度。当该温度高于 1000K 时,即可采用描述预混火焰传播的 C 方程来追踪火焰面的发展,由此实现自点火模型与火焰面模型之间的耦合(Tan and Reitz,2004)。另外,在预混气体中,还需要考虑同一时间多个位置发生自点火的情况。但是该方法本身还不够完善,而且实际应用中自点火模型与火焰面模型切换还存在很多问题需要解决。

本节重点介绍一种基于反应进度变量对自点火和火焰传播进行耦合的方法(Knop et al.,2011),同时给出实际发动机的算例,验证模型的适用性。该方法对火焰传播过程采用全局反应进度变量 C 进行描述,控制方程如式(2.103)所示,其中源项 $\dot{\omega}_C$ 中包含两项:

$$\dot{\omega}_C = \dot{\omega}_{C,\text{ECFM}} + \dot{\omega}_{C,\text{TKI}} \tag{2.132}$$

(1) 因火焰传播产生的 $\dot{\omega}_{C,\text{ECFM}}$ 由火焰面传播速度和火焰表面密度乘积进行模化($\dot{\omega}_{C,\text{ECFM}} = \rho S_L \Sigma$),火焰面积密度方程如式(2.128)所示。

(2) 因自点火产生的 $\dot{\omega}_{C,\text{TKI}}$,由下面介绍的查表方法进行计算。

2.6.1　预混火焰自点火耦合模型

　　实际的燃烧过程中,自点火可以看作燃料与空气混合物的自发氧化过程。对其建模的挑战就在于自点火发生时间和位置的预测。目前对复杂自点火现象预测最为准确的方法是应用包含数百种中间组分与反应的详细化学反应模型。这些详细的反应模型能够描述整个温度、压力和混合分数范围内的所有自点火现象。然而现有的 CPU 计算能力下,工业应用中直接求解这些化学反应和中间组分的输运是不可能达到的。

　　化学反应的查表方法解决了这一困难。查表方法用专门的程序来求解复杂的化学反应并在计算机上存储其结果,在流场求解中无需重新计算化学反应,只要按照一定方式对其结果进行查表即可。这样做既减少了运算量,同时也保证了所用化学反应的精确度。为了查表尽可能简单,目前已经发展了几种方法:FPI(flame prolongation of ILDM)模型(Gicquel et al. ,2000)、FGM(flamelet-generated mani-fold)模型(Oijen et al. ,2001)和 TKI(tabulated kinetics of ignition)模型(Colin et al. ,2005)。前两种方法是基于对层流预混火焰的建表,下文将重点介绍 TKI 模型来处理燃烧的自点火过程。

　　化学反应建表依据于常压下燃料和氧化剂均匀混合物的反应机理,而流场和查表之间的联系即是反应进度变量 C。一旦在流场中得到了 C 和当地的状态,其自点火过程便可根据查表得到。自点火的早期反应过程主要是燃料的分解,并无热量的释放,燃料/氧化剂的混合与热量释放之间存在着一个时间延迟,模型中必须考虑。为了解决这一问题,自点火延迟也存储在计算得到的表格中,这样避免了化学反应中过早的热量释放问题。

　　初始条件根据两个热力学条件(压力 P 和初始温度 T_u)和两个混合物参数(燃料/空气当量比 Φ 和稀释率 Y_{dil})确定。对于每一个初始条件,即所有(P、T_u、Φ 和 Y_{dil})的组合,采用 Chemkin 中的详细化学反应求解模块,计算得到两个量:①自点火延迟时间 τ_d;②反应进度变量生成率 $\dot{\omega}_{C,TKI}$。其中,自点火延迟时间定义了 C 计算中实际热量释放的起始时间,而反应速率 $\dot{\omega}_{C,TKI}$ 定义了燃料消耗的速率。

　　在 TKI 模型中自点火延迟有两种定义方式:第一种定义为起始时刻到热量释放速率峰值的时间,第二种定义为起始时刻到热量净释放开始时刻的时间,这两种定义方式对应的 TKI 模型分别记为 version1 和 version2。计算比较后发现 TKI version2 明显提高了火焰温度的预测精度,如图 2.40 所示。这主要是因为化学反应和热量释放在热量释放速率峰值达到前就已经发生,version1 会在化学反应和查表计算之间产生明显误差。

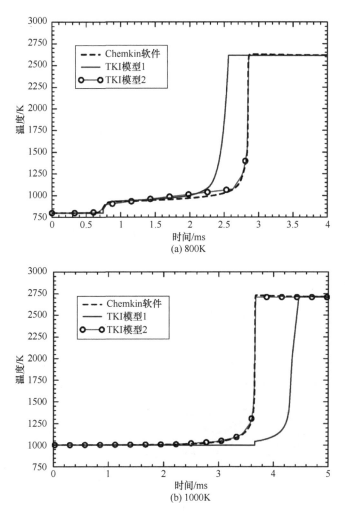

图 2.40　正庚烷和空气的化学恰当比混合物在压力 20bar,初始温度 800K 和 1000K 下反应的温度随时间变化(Knop et al.,2011)

$\dot{\omega}_{C,TKI}$ 为查表得到的反应进度变量生成率,即 $\dot{\omega}_{C,TKI}=\dfrac{\mathrm{d}c}{\mathrm{d}t}$。但是对于火焰传播和自点火采用同一反应进度变量,会在计算中导致数值不连续。因此必须对火焰传播和自点火的反应进度变量加以区别,分开计算。这样处理不仅是因为数值上处理的要求,同时也具有物理背景。为了避免火焰传播和自点火过程的相互干扰,需要引入一个特定的反应进度变量 C_{AI} 来单独描述其自点火进度,其定义为自点火消耗的燃料分数

$$C_{AI} = \frac{Y_F^{AI}}{Y_{TF}^{AI}} \qquad\qquad (2.133)$$

式中，Y_F^{AI} 为自点火过程消耗的燃料质量分数；Y_{TF}^{AI} 为自点火过程可消耗的燃料质量分数。自点火反应进度变量有如下性质：

（1）在当地发生自点火之前，C_{AI} 始终保持为 0。

（2）如果当地燃烧完全，C_{AI} 为 1。

（3）C_{AI} 依赖于燃料的剩余量和被自点火消耗的燃料量。

C_{AI} 对应的控制方程与全局反应进度变量公式（2.103）类似，只是其生成率仅为自点火引起的部分，且处理中采用自点火进度变量查表得到：

$$\dot{\omega}_{C_{AI},TKI} = \dot{\omega}_{C,TKI}(C_{AI}, T_u, P, \phi, Y_{dil}) \qquad\qquad (2.134)$$

在此，对自点火采用独立反应进度变量进行处理的建模方法称为耦合方法，传统的单一进度变量建模方法称为非耦合方法。

2.6.2　算例验证

为了验证上述方法对于火焰传播和自点火的适用性，给出以下算例验证。

算例 1

考虑在一个圆柱形体积（代表内燃机燃烧室）内充满均匀的空气和正庚烷混合物，计算火焰传播和自点火过程，得到的结果如图 2.41、图 2.42 所示。

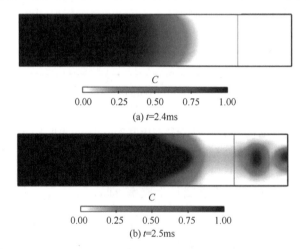

图 2.41　自点火发生前后全局进度变量 C 分布图（Knop et al.，2011）

在 2.4ms，自点火发生前预混火焰从左向右传播［图 2.41（a）］。在 2.5ms，产生了自点火引起的热量释放［图 2.43（b）］。预混气体内自点火位置由自点火进度变量给出（图 2.42b），而火焰传播引起的反应不在此区域内，这就表明火焰传播和自点火两个燃烧模式已经解耦。自点火区域的不均匀是由火焰面压缩波的传播，导致未燃预混气内压力、温度的波动引起的。这种现象与前文汽油发动机燃烧过程实验的光学观测结果相一致。

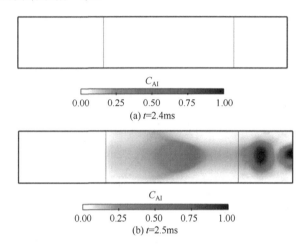

图 2.42 自点火发生前后自点火进度变量 C_{AI} 分布图(Knop et al.,2011)

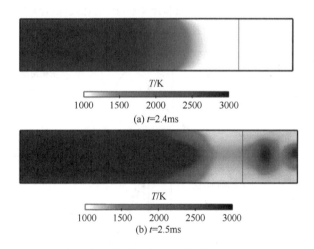

图 2.43 自点火发生前后温度场 T 分布图(Knop et al.,2011)

算例 2

考虑实际的机械增压的内燃机燃烧室模型(Zaccardi et al.,2009)，燃料/空气当量比为 1。图 2.44 给出了测量和计算得到的平均压力。对于该工作循环，在燃烧前期火焰传播机制为主导，采用耦合和非耦合方法数值计算结果均与实验符合较好。当自点火发生时(723CAD)，两种数值计算得到的结果开始出现差异。非耦合方法计算得到的由自点火引起的压力升高更明显,热量释放速率远超过火焰传播的释热速率,在瞬时就消耗了大部分燃料,导致火焰面几乎熄灭(图 2.45),这种现象与实验观察明显不符。加入描述自点火过程的进度变量明显提高了对压力变化的预测能力(图 2.44),耦合方法计算得到的自点火热量释放变小,与火焰传播放热相当。

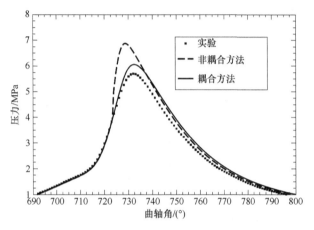

图 2.44　不同工作状态下实验测量和计算平均压力比较(耦合和非耦合方法)

(Knop et al.,2011)

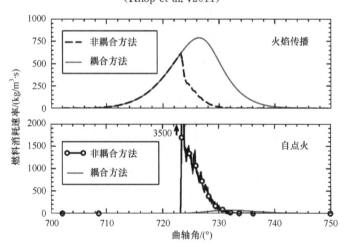

图 2.45　火焰传播和自点火引起的不同工作状态下燃料消耗速率

(耦合和非耦合方法)(Knop et al.,2011)

综上所述,本节介绍了由 Knop 等引入的考虑了自点火的进度变量、将火焰面传播模型与自点火模型相结合的方法,该方法可以成功地预测火焰面传播与自点火共同存在的混合燃烧模式。

参 考 文 献

范周琴. 2011. 超声速湍流燃烧火焰面模型判别建模及应用研究[博士学位论文]. 长沙: 国防科
　　学技术大学.

范周琴, 刘卫东, 孙明波. 2011. 高温预混气体火焰传播速度研究. 弹箭与制导学报,(3):
　　105-107.

孙明波. 2008. 超声速来流稳焰凹腔的流动及火焰稳定机制研究[博士学位论文]. 长沙: 国防科
　　学技术大学.

童正明, 张松寿, 周文铸. 2008. 工程燃烧学. 北京: 中国计量出版社.

徐旭常, 周力行. 2008. 燃烧技术手册. 北京: 化学工业出版社.

Bai X S. 2008. Turbulent Combustion. Lecture notes. Lund: Lund University.

Bradley D. 1992. How fast can we burn? Proceedings of the Combustion Institute, 24(1):
　　247-262.

Bradley D H R A, Lawes M. 1996. Study of turbulence and combustion interaction: Measurement
　　and prediction of the rate of turbulent burning. Periodical Report, 30: 94.

Bray K N C. 1980. Turbulent Flows with Premixed Reactants. Berlin: Springer-Verlag.

Bray K N C, Libby P A. 1986. Passage times and flamelet crossing frequencies in premixed turbu-
　　lent combustion. Combustion Science and Technology, 47: 253-274.

Bray K N C, Libby P A, Moss J B. 1984. Flamelet crossing frequencies and mean reaction rates in
　　premixed turbulent combustion. Combustion Science and Technology, 41: 143-172.

Borghi R. 1988. Turbulent combustion modeling. Progress in Energy and Combustion Science, 14:
　　245-292.

Buschmann A, Dinkelacker F, Schäfer T, et al. 1996. Measurement of the instantaneous detailed flame
　　structure in turbulent premixed combustion. The Twenty-Sixth Symposium(International) on Com-
　　bustion, Pittsburgh.

Candel S, Veynante D, Lacas F, et al. 1991. Current progress and future trends in turbulent com-
　　bustion. Combustion Science and Technology, 98: 245-264.

Cant R S, Pope S B, Bray K N C. 1990. Modelling of the flamelet surface-to-volume ratio in tur-
　　bulent premixed combustion. Proceedings of the Combustion Institute, 23: 809-815.

Colin O, Ducros F, Veynante D, et al. 2000. A thickened flame model for large eddy simulations of
　　turbulent combustion. Physics of Fluids, 12: 1843-1863.

Colin O, Piresda C, Cruz A, et al. 2005. Detailed chemistry-based auto-ignition model including
　　low temperature phenomena applied to 3-D engine calculations. Proceedings of the Combustion
　　Institute, 30: 2649-2656.

Damköhler G. 1940. Der Einfluß der Turbulenz auf die Flammengeschwindigkeit in Gasgemischen. Z
　　Elektrochem, 46: 601-652.

Domingo P, Vervisch L, Bray K. 2002. Partially premixed flamelets in LES of nonpremixed turbulent combustion. Combustion Theory Modelling,6:529-551.

Duclos J M,Veynante D,Poinsot T. 1993. A comparison of flamelet models for premixed turbulent combustion. Combustion and Flame,95:101-117.

Dupont T F,Liu Y. 2003. Back and forth error compensation and correction methods for removing errors induced by uneven gradients of the level set function. Journal of Computational Physics, 190(1):311-324.

Fureby C. 2005. A fractal flame-wrinkling large eddy simulation model for premixed turbulent combustion. Proceedings of the Combustion Institute,30:593-601.

Gülderö L. 1990. Turbulent premixed flame propagation models for different combustion regimes. The Twenty-Third Symposium(International) on Combustion,Pittsburgh.

Gicquel O, Darabiha N, Thévenin D. 2000. Laminar premixed hydrogen/air counterflow flame simulations using flame prolongation of ILDM with differential diffusion. Proceedings of the Combustion Institute,28:1901-1908.

Glassman I. 1996. Combustion. 3rd edition. London,Boston:Academic Press.

Hartmann D,Meinke M,Schröder W. 2008. Differential equation based constrained reinitialization for level set methods. Journal of Computational Physics,227(14):6821-6846.

Hawkes E R,Cant R S. 2001. Physical and numerical realizability requirements for flame surface density approaches to large eddy and Reynolds averaged simulation of premixed turbulent combustion. Combustion Theory Modelling,5,699-720.

Helbig K P. 1997. Numerische Simulation und Modellbildung Turbulenter Vormischflammen. Lehrstuhl für Technische Thermodynamik:Universität Erlangen.

Kawahara N,Tomita E,Sakata Y. 2007. Auto-ignited kernels during knocking combustion in a spark-ignition engine. Proceedings of the Combustion Institute,31:2999-3006.

Kiefer J,Li Z S,Zetterberg J,et al. 2008. Investigation of local flame structures and statistics inpartially premixed turbulent jet flames using simultaneous single-shot CH and OH planar laser-induced fluorescence imaging. Combustion and Flame,154:802-818.

Knop V,Miche J-B,Colin O. 2011. On the use of a tabulation approach to model auto-ignition during flame propagation in SI engines. Applied Energy,88:4968-4979.

Knop V,Thirouard B,Chérel J. 2008. Influence of the local mixture characteristics on the combustion process in a CAI™ engine. SAE Paper,1(1):1133-1149.

Kobayashi H,Nakashima T,Tamura T,et al. 1997. Turbulent measurements and observations of turbulent premixed flames at elevated pressures up to 3.0 MPa. Combustion and Flame,108:104-117.

Kobayashi H,Tamura T,Maruta K,et al. 1998. Experiment study on general correlation of turbulent buring velocity at high pressure. The Twenty-Sixth Symposium(International) on Combustion,Sendai,Miyagi.

Kong S,Han Z,Reitz R. 1995. The development and application of diesel ignition and combustion model for multidimensional engine simulation. SAE Paper 950278.

Libby P A, Bray K N C. 2001. Counter gradient diffusion in premixed turbulent flames. AIAA Journal, 19: 205-213.

Linan A, Williams F A. 1993. Fundamental Aspects of Combustion. Oxford: Oxford University Press.

Lipatnikov A N, Chomiak J. 2002. Turbulent flame speed and thickness: Phenomenology, evaluation, and application in multi-dimensional simulations. Energy Combustion Science, 28: 1-74.

Liu Y, Ziegler M, Lenze B. 1993. Burning velocity of premixed flames as a function of turbulence and physico-chemical fuel properties. Joint Meeting of the British-German Sections of the Combustion Institute, Cambridge(UK).

Marble F E, Broadwell J E. 1977. The coherent flame model for turbulent chemical reactions. Project Squid Technical Report TRW-9-PV, Purdue University.

Matalon M, Matkowsky B J. 1982. Flames as gasdynamic discontinuities. Journal of Fluid Mechanism, 124: 239-259.

Min C, Gibou F. 2007. A second order accurate level set method on non-graded adaptive cartesian grids. Journal of Computational Physics, 225: 300-321.

Muppala S P R, Aluri N K, Dinkelacker F, et al. 2005. Development of an algebraic reaction rate closure for the numerical calculation of turbulent premixed methane, ethylene, and propane/air flames for pressures up to 1. 0 MPa. Combustion and Flame, 140: 257-266.

Nogenmyr K J, Fureby C, Bai X S, et al. 2009. Large eddy simulation and laser diagnostics studies on a low swirl stratified premixed flame. Combustion and Flame, 156: 25-36.

Nogenmyr K J, Petersson P, Bai X S, et al. 2007. Large eddy simulation and experiments of stratified lean premixed methane/air turbulent flames. Proceedings of the Combustion Institute, 31: 1467-1475.

Nilsson P, Bai X S. 2002. Effects of flame stretch and wrinkling on co formation in turbulent premixed combustion. Proceedings of the Combustion Institute, 29: 1873-1879.

Nilsson P, Bai X S. 2003. PDF of distance function for level-set flamelet library modelling. International Journal for Numerical Methods in Fluids, 41: 653-573.

Oijen J A V, Lammers F A, HdeGoey L P. 2001. Modelling of complex premixed burner systems by using flamelet-generated manifolds. Combustion and Flame, 127: 2124-2134.

Pelce P, Clavin P. 1982. Influence of hydrodynamics and diffusion upon the stability limits of laminar premixed flames. Journal of Fluid Mechanism, 124: 219-237.

Peters N. 1986. Laminar flamelet concepts in turbulent combustion. The Twenty-First Symposium(International) on Combustion, Pittsburgh.

Peters N. 1999. The turbulent burning velocity for large-scale and small-scale turbulence. Journal of Fluid Mechanism, 384: 107-132.

Peters N. 2000. Turbulent Combustion. Cambridge: Cambridge University Press.

Pitsch H. 2008. http://www. stanford. edu/group/pitsch/FlameMaster. htm.

Pocheau A. 1992. Front propagation in a turbulent medium. Europhysics Letters,20:401-406.

Russo G,Smereka P. 2000. A remark on computing distance functions. Journal of Computational Physics,163:51-67.

San Diego. 2008. http://www. mae. ucsd. edu/～combustion/cermech.

Sethian J A. 1999. Level Set Methods and Fast Marching Methods:Evolving Interfaces in Computational Geometry. Cambridge:Cambridge University Press.

Sivashinsky G I. 1977. Nonlinear analysis of hydrodynamic instability in laminar flames. Acta Astronautica,4:1177-1206.

Sjunnesson A,Olovsson S,Sjoblom B. 1991. Internal Report VFA 9370-308. Volvo Flygmoto.

Sun M B,Bai X S,Liu W D,et al. 2010. A modified sub-cell-fix method for re-initialization of level-set distance function and its dependence tests on grid stretching. Modern Physics Letters B, (24):1615-1629.

Sussman M,Fatemi E. 1999. An efficient interface-preserving level set redistancing algorithm and its application to interfacial incompressible fluid flow. SIAM Journal of Scientific Computing, 20:1165-1191.

Sussman M,Fatemi E,Smereka P,et al. 1998. An improved level set method for incompressible two-phase flows. Computers and Fluids,27:663-680.

Sussman M,Smereka P,Osher S. 1994. A level set approach for computing solutions to incompressible two-phase flow. Journal of Computational Physics,114:146-159.

Tan Z,Reitz R D. 2004. Development of a universal turbulent combustion model for premixed and direct injection spark/compression ignition engines. SAE Paper 2004-01-0102.

Veynante D,Duclos J M,Piana J. 1994. Experimental analysis of flamelet models for premixed turbulent combustion. The Twenty-Fifth Symposium (International) on Combustion, Pittsburgh.

Veynante D,Vervisch L. 2002. Turbulent combustion modeling. Progress in Energy Combustion Science,28:193-266.

Wang P,Bai X S. 2004. Large eddy simulation and experimental studies of a confined turbulent swirling flow. Physics of Fluids,16(9):3306-3323.

Wang P,Bai X S. 2005. Large eddy simulation of turbulent premixed flames using level-set G-equation. Proceedings of the Combustion Institute,30:583-591.

Williams F A. 1985. Turbulent Combustion. Philadelphia:SIAM.

Williams F A. 2000. Progress in knowledge of flamelet structure and extinction. Progress in Energy and Combustion Science,(26):657-682.

Wirth M,Peters N. 1992. Turbulent premixed combustion:A flamelet formulation and spectral analysis in theoryand ic-engine experiments. The Twenty-fourth symposium(international) on combustion,Pittsburgh.

Yu R X. 2008. Large Eddy Simulation of Turbulent Flow and Combustion in HCCI Engines. [PhD Thesis]. LTH:Lund University.

Zaccardi J M,Pagot A,Vangraefschepe F,et al. 2009. Optimal design for a highly downsized gasoline engine. SAE Paper 2009-01-1794.

Zeldovich Y B,Barenblatt G I,Librovich V B,et al. 1980. The Mathematical Theory of Combustion and Explosion. New York:Consultants Bureau,A Division of Plenum Publishing Corporation.

Zeldovich Y B,Frank-Kamenetskii D A. 1938. Thermal theory of flame propagation. Zhurnal Fizicheskoi Khimii,12(1):100-105.

第 3 章　扩 散 燃 烧

多数情况下,燃料与氧化剂分别供入燃烧室中,二者边混合边燃烧,这类燃烧过程被称为非预混燃烧。由于非预混燃烧主要由燃料的扩散、混合过程决定,因此,非预混燃烧又被称为扩散燃烧或扩散火焰形式的燃烧。

本章分为以下几个部分:3.1 节从层流与湍流两个层面介绍了扩散燃烧火焰结构;3.2 节首先介绍混合分数的不同定义方式,再分别阐述 Burke-Schumann 解与化学平衡解,详细分析化学反应机理对扩散火焰的影响与火焰结构的渐近解,最后介绍湍流扩散燃烧的分区方式;3.3 节先引入扩散火焰面模型方程,并对其合理性进行验证,再说明在湍流扩散燃烧中如何计算平均热力学参数,最后给出了湍流燃烧火焰面数据库的生成方法;3.4 节简要地介绍了交互式稳态和非稳态火焰面模型的理论,为克服经典火焰面模型的不足,3.5 节引入火焰面/进度变量模型,并列举算例对比了火焰面模型与火焰面/进度变量模型的差异;3.6 节从火焰面参数分布的合理性出发,对改进的稳态和非稳态火焰面/进度变量模型作了介绍。

3.1　扩散燃烧的结构

图 3.1 给出了典型扩散燃烧火焰结构示意图。从图中可以看出流场具有以下几个典型特征:①流场包含三个区域:富燃区、富氧区及反应区,其中反应区位于燃料与氧化剂的交界面上,在其内部进行着剧烈的化学反应,并聚集大量燃烧产物,温度相对较高;②由于反应区与其周围流场之间存在着浓度梯度,由此导致反应区内部的燃烧产物会不断地向其周围扩散,同时为维持稳定的燃烧,燃料与氧化剂也会不断地从火焰周围向反应区扩散。

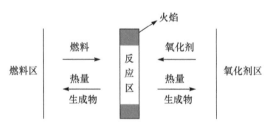

图 3.1　典型扩散燃烧火焰结构

　　由于湍流混合(对流、扩散)所需时间一般远大于燃烧反应所需时间,可假定化学反应无限快,即局部处于化学平衡状态。该假定避免了与有限速率化学动力学相关的所有参数分析,因此,将明显简化燃烧过程建模。

　　Burke 和 Schumann(1928)最先采用快速反应假定来预测扩散燃烧火焰的全局特性,如射流扩散火焰的火焰长度,其实质是通过引入一个与化学反应无关的守恒标量,来使得流场中的所有标量如温度、组分浓度、密度等仅与其相关,这个守恒标量被称为"混合分数"。关于守恒标量方法的论述也可参考 Bilger(1980)的研究。

　　然而,若局部湍流扩散时间尺度与化学反应时间尺度相比并不是非常大时,则快速化学反应假定将不再成立,必须考虑化学非平衡效应的影响。若湍流扩散时间尺度与化学反应时间尺度处于同一量级,则可能会发生局部熄火现象。若湍流扩散时间尺度进一步减小,即湍流扩散时间尺度小于化学反应时间尺度,则会导致火焰发生抬举甚至整个火焰熄火。但是,只要反应区能够维持稳定的燃烧,即使在化学反应速率为有限值的情况下,火焰的主要特征仍然可以用薄火焰面的概念进行描述。

3.1.1　层流扩散火焰结构

　　在层流扩散燃烧火焰中,最典型、最常用的是对撞扩散火焰,这是由于其可近似看成一维火焰结构,且广泛存在于各种类型的扩散燃烧过程中。图 3.2 给出了平面层流对撞扩散火焰的基本结构示意图,对于多数碳氢燃料而言,燃料燃烧所需的空气质量远大于燃料的质量,因而,火焰的滞止平面通常位于氧化剂侧。气体燃料和空气分别从相对的两个喷孔喷出,扩散火焰位于两个喷孔之间的某一平面上,且在对称轴上,火焰可近似看成一维。

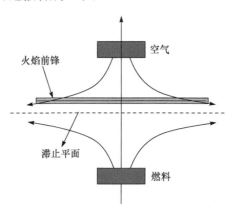

图 3.2　平面层流对撞扩散火焰

　　图 3.3 给出了采用详细化学反应动力学机理计算得到的 CH_4/空气层流对撞扩散火焰的典型结构(Bai, 2008)，$x=0$ 位于速度滞止点。从自由基分布可以看出,化学反应区基本位于 $[0.5mm, 5.5mm]$，在此区域中,温度较高,峰值可达 2000K 左右。此区域的左侧为贫燃区,右侧为富燃区,二者均存在燃料和生成物。另外,温度峰值处的燃料和空气的浓度为 0,即此处燃料和空气反应完全。

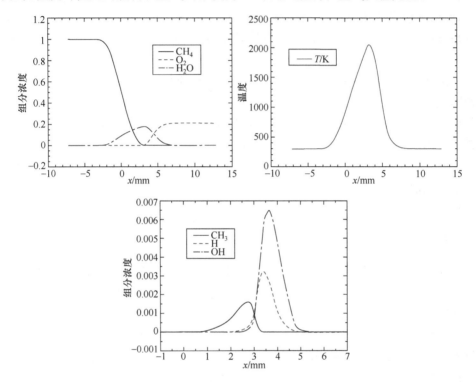

图 3.3　低标量耗散率下的组分浓度和温度分布

　　观察图 3.3 得到的结论如下:

　　(1) 在当前低耗散率的情况下,燃料和氧气不会共存。在反应区的富燃侧,燃料分解为 CH_3 基团并进一步分解为 CH_2O、CO,最终成为 CO_2。富氧侧消耗的是氧气,OH 的浓度在反应区富氧侧达到峰值。OH、O 和 H 扩散到了富燃区并同燃料和其他燃烧中间产物如 CH_2O 进行反应。

　　(2) 反应区内,燃烧产物与氧气、燃料流相互扩散,当扩散至反应区域,燃料和氧气将会被消耗。这个过程依赖于燃料和空气对反应的耗散率;多数情况下受化学反应速率的影响较小,这就是为什么非预混火焰常被叫做扩散火焰的原因。

　　(3) 在温度达到峰值处,燃料和空气浓度达到最低值,燃烧产物的浓度达到最高点,该点的燃料/空气当量比大约为 1,可为寻找扩散火焰面提供依据。

3.1.2 湍流扩散火焰结构

湍流扩散火焰是指流速足够高使流动呈现为湍流的扩散火焰,它与层流扩散火焰有明显的区别。由于湍流可增强混合,湍流扩散火焰通常较层流扩散火焰的长度要短,且强湍流易引起火焰局部熄灭,从而增加未燃物的排放。

图 3.4 给出在不同测量条件下的湍流扩散火焰,可以看出湍流火焰瞬时反应区主要在一个薄层内,尤其是在上游靠近喷口处,这是由于喷口处火焰的流动类似于层流火焰结构。然而,在下游位置,由于受到随机湍流涡的影响,瞬态反应区极度皱褶,且在火焰顶端位置,由于积累作用,瞬态反应区出现在比较宽的区域里。

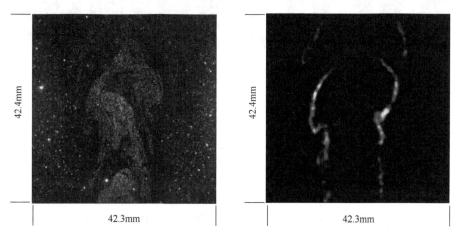

(a) 乙烯射流火焰(Han,2001) (左)PIV粒子散射图 (右)CH基PLIF图

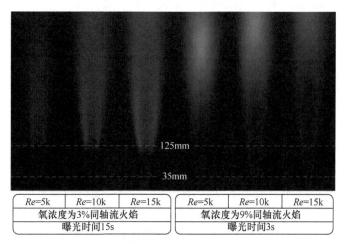

(b) 甲醛射流火焰LIF图像(Medwell,2007)

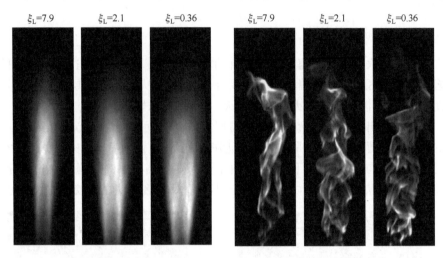

(c) 丙烷射流火焰亮度图(Idicheria et al.,2004)(左为时均图，右为瞬时图，ξ_L为无量纲浮力参数，表征整个火焰中浮升力占总动量之比)

图 3.4　不同测量条件下的湍流扩散火焰

3.2　扩散火焰的数学描述

3.2.1　混合分数

描述扩散燃烧的一个重要参数是混合分数 Z(有时也记为 f 或 ξ)，它在扩散燃烧中所起的作用与第 2 章有关预混燃烧中描述火焰面的标量 G 类似。因此，在介绍扩散燃烧模型之前，首先给出混合分数的不同定义方式。

考虑没有扩散的均匀系统，碳氢燃料 $C_m H_n$ 完全燃烧的总包反应为

$$v_F' C_m H_n + v_{O_2}'' O_2 \longrightarrow v_{CO_2}'' CO_2 + v_{H_2O}'' H_2O \tag{3.1}$$

其中，v_F'、v_{O_2}'' 分别为燃料和氧化剂的化学当量系数，且 $v_{O_2}' = (m+n/4)v_F'$。化学反应方程式(3.1)给出了氧化剂和燃料的质量分数变化关系，即

$$\frac{dY_{O_2}}{v_{O_2}' W_{O_2}} = \frac{dY_F}{v_F' W_F} \tag{3.2}$$

上式中，W_i 为组分 i 的分子量。对于均匀系统，对式(3.2)进行积分，得

$$v Y_F - Y_{O_2} = v Y_{F,u} - Y_{O_2,u} \tag{3.3}$$

其中，$v = v_{O_2}' W_{O_2} / v_F' W_F$ 是化学当量条件下氧化剂与燃料的质量比，下标 u 代表未燃混合物的初始条件。质量分数 Y_F、Y_{O_2} 对应于未燃和燃烧之间的任一状态。若燃料与氧化剂的扩散系数相等，则对于考虑扩散的空间非均匀系统，式(3.3)仍然成立。

若燃料与氧化剂之比使得燃料与氧化剂充分燃烧，即全部转化为生成物 CO_2

和 H_2O,则称此时燃料与氧化剂处于化学恰当当量混合状态。化学当量混合状态要求未燃混合物中氧化剂与燃料的浓度比 $[X_i]=\rho Y_i/W_i$ 与化学当量系数之比相等:

$$\frac{[X_{O_2}]_u}{[X_F]_u}\bigg|_{st}=\frac{v'_{O_2}}{v'_F} \tag{3.4}$$

若以质量分数表达,则

$$\frac{Y_{O_2,u}}{Y_{F,u}}\bigg|_{st}=\frac{v'_{O_2}W_{O_2}}{v'_F W_F}=v \tag{3.5}$$

在两股气流组成的系统中,记下标 1、2 分别代表质量流量为 $\dot{m}_1$、$\dot{m}_2$ 的燃料流和氧化剂流,则系统中任一位置的混合分数 Z 定义为来自燃料流的质量流与总质量流之比:

$$Z=\frac{\dot{m}_1}{\dot{m}_1+\dot{m}_2} \tag{3.6}$$

对于非均匀系统,燃料流和氧化剂流中均有可能包含一些惰性成分,如氮气。假定均匀或不均匀系统中燃料、氧化剂及惰性物质的扩散系数相等,则未燃混合物中局部燃料的质量分数 $Y_{F,u}$ 与混合分数 Z 的关系为

$$Y_{F,u}=Y_{F,1}Z \tag{3.7}$$

式中,$Y_{F,1}$ 代表燃料流中燃料的质量分数。类似地,由于 $1-Z$ 代表未燃混合物中氧化剂的质量分数,因此局部氧气质量分数为

$$Y_{O_2,u}=Y_{O_2,2}(1-Z) \tag{3.8}$$

式中,$Y_{O_2,2}$ 代表氧化剂流中氧气的质量分数(如空气中 $Y_{O_2,2}=0.232$)。将式(3.7)和式(3.8)代入式(3.3)中,并在未燃和已燃之间的任一状态间进行积分,可以得到燃料、氧气质量分数与混合分数的关系为

$$Z=\frac{vY_F-Y_{O_2}+Y_{O_2,2}}{vY_{F,1}+Y_{O_2,2}} \tag{3.9}$$

在恰当当量混合状态中,由于燃料和氧气完全转化为生成物,即它们的质量分数为 0,因此式(3.3)右端为 0,可以得到

$$vY_F-Y_{O_2}=0 \tag{3.10}$$

此时,恰当当量状态下的混合分数为

$$Z_{st}=\left[1+\frac{vY_{F,1}}{Y_{O_2,2}}\right]^{-1} \tag{3.11}$$

对于纯燃料($Y_{F,1}=1$)与空气混合的情况,H_2、CH_4、C_2H_4、C_3H_8、C_2H_2 对应的当量混合分数分别为 0.0284、0.055、0.0635、0.0601 和 0.072。需要注意的是,上述燃料的当量混合分数值都远远小于 1,即为了能使燃料完全反应,需消耗大量的氧化剂。

此外,混合分数还可与所用的当量比 ϕ 联系起来。当量比 ϕ 定义为未燃混合物中燃料和空气的质量比与当量混合物中燃料和空气的质量比之间的比值:

$$\phi=\frac{Y_{F,u}/Y_{O_2,u}}{(Y_{F,u}/Y_{O_2,u})_{st}}=\frac{vY_{F,u}}{Y_{O_2,u}} \tag{3.12}$$

将式(3.7)和式(3.8)代入式(3.12)中,并结合式(3.11)有

$$\phi=\frac{Z}{1-Z}\frac{(1-Z_{st})}{Z_{st}} \tag{3.13}$$

式(3.13)表明混合分数可以用当量比表征。

此外,还有一种更具有普遍意义的混合分数定义法,称为化学元素计量法。在化学反应中,虽然各个组分的质量随化学反应发生变化,但系统中元素的质量却不变。记 a_{ij} 为第 i 个组分中 j 原子的个数,W_j 为 j 原子的分子量,则系统中所有 j 原子的质量为

$$m_j=\sum_{i=1}^{n}\frac{a_{ij}W_j}{W_i}m_i \tag{3.14}$$

j 元素的质量分数为

$$Z_j=\frac{m_j}{m}=\sum_{i=1}^{n}\frac{a_{ij}W_j}{W_i}Y_i \tag{3.15}$$

这里 $j=1,2,\cdots,n_e$,且 n_e 为系统中总的元素个数。由式(3.15)和 N-S 方程中的组分质量分数方程(1.4),可以得到

$$\rho\frac{\partial Z_j}{\partial t}+\rho\boldsymbol{u}\cdot\nabla Z_j=-\nabla\cdot\left(\sum_{i=1}^{n}\frac{a_{ij}W_j}{W_j}J_i\right) \tag{3.16}$$

其中,J_i 为组分 i 的扩散质量通量,可由 Fick 定律给出

$$J_i=-\rho D\nabla Y_i \tag{3.17}$$

方程(3.16)中没有化学反应源项,这是由于对任一基元反应 k 中的 j 原子而言,

$$\sum_{i=1}^{n}a_{ij}W_iv_{ik}=0 \tag{3.18}$$

这说明燃烧过程中元素的质量分数守恒。考虑二元扩散系统,并假定所有组分扩散系数相等,即 $D_i=D$,则元素质量分数的输运方程变为

$$\rho\frac{\partial Z_j}{\partial t}+\rho\boldsymbol{u}\cdot\nabla Z_j=\nabla\cdot(\rho D\nabla Z_j) \tag{3.19}$$

记 Z_C、Z_H、Z_O 分别为 C 元素、H 元素、O 元素的质量分数,W_C、W_H、W_O 分别为它们相应的分子量。为简便起见,令总包反应(3.1)中的化学计量系数 v_F' 为 1,则可得到各元素的质量分数满足:

$$\frac{Z_C}{mW_C}=\frac{Z_H}{nW_H}=\frac{Y_{F,u}}{W_F},\quad Z_O=Y_{O_2,u} \tag{3.20}$$

由式(3.5)可得组合参数

$$\beta = \frac{Z_C}{mW_C} + \frac{Z_H}{nW_H} - \frac{2Z_O}{v'_{O_2}W_{O_2}} \tag{3.21}$$

在恰当当量混合条件下,式(3.21)为 0,这正好与 Burke 和 Schumann(1928)最初定义的守恒标量一致:

$$Z = \frac{\beta - \beta_2}{\beta_1 - \beta_2} \tag{3.22}$$

将式(3.21)代入式(3.22)可得 Bilger(1988)定义的混合分数:

$$Z = \frac{Z_C/(mW_C) + Z_H/(nW_H) + 2(Y_{O_2,2} - Z_O)/(v'_{O_2}W_{O_2})}{Z_{C,1}/(mW_C) + Z_{H,1}/(nW_H) + 2Y_{O_2,2}/(v'_{O_2}W_{O_2})} \tag{3.23}$$

式(3.23)常用于实验或数值计算中质量分数已知的情况。然而,在实验中质量分数较小的组分难于测量,而数值计算中各种组分的扩散系数也不尽相同,因此式(3.23)定义的混合分数隐含了一些不确定因素的影响。若 C、H、O 元素满足恰当当量混合,则式(3.23)可以简化为式(3.11)。

3.2.2 Burke-Schumann 解和化学平衡解

由 3.2.1 节分析可知,混合分数是归一化的守恒标量,且可以表征流场局部的化学组分质量分数。为弄清流场中各组分与燃烧过程的关系,首先推导 Burke-Schumann 解,然后讨论化学平衡解与混合分数的关系。假定化学反应为类似于式(3.1)的单步不可逆反应,且化学反应速率无限快,则绝热反应区域附近存在一个无限薄的非平衡化学反应层。在反应层的外侧,根据混合分数同恰当当量状态下混合分数的关系,燃料和氧气的质量分数可表示为

$$Y_F = Y_{F,1}\frac{Z - Z_{st}}{1 - Z_{st}}, \quad Y_{O_2} = 0, \quad \text{当 } Z \geqslant Z_{st}$$
$$Y_{O_2} = Y_{O_2,2}\left(1 - \frac{Z}{Z_{st}}\right), \quad Y_F = 0, \quad \text{当 } Z \leqslant Z_{st} \tag{3.24}$$

类似地,也可给出生成物组分质量分数的表达式。假设各组分的 Lewis 数(指热扩散系数与组分扩散系数之比)为 1,根据温度方程和给出的组分质量分数,可知温度亦是混合分数的分段线性函数:

$$T(Z) = T_u(Z) + \frac{QY_{F,1}}{c_P v'_F W_F}Z, \quad Z \leqslant Z_{st} \tag{3.25}$$

$$T(Z) = T_u(Z) + \frac{QY_{O,2}}{c_P v'_{O_2} W_{O_2}}(1 - Z), \quad Z \geqslant Z_{st} \tag{3.26}$$

其中,Q 是燃烧反应热。图 3.5 给出了 Burke-Schumann 解随混合分数的变化,表征了整个燃烧过程中燃料质量分数 $Y_F(Z)$、氧气质量分数 $Y_{O_2}(Z)$ 和温度 $T(Z)$ 的

分布。对于未燃的扩散状态,温度与混合分数之间为线性关系:

$$T_u(Z) = T_2 + Z(T_1 - T_2) \tag{3.27}$$

这也可以从图 3.5 中看出。

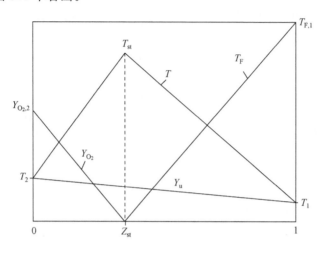

图 3.5　Burke-Schumann 解与混合分数的关系

　　在燃烧之前,若假定燃料、氧气和惰性物质的扩散系数相等,则燃料、氧气的质量分数和温度均可由混合分数唯一给出,它们间的具体关系可参见式(3.7)、式(3.8)、式(3.27)。燃烧发生后,燃料质量分数、氧气质量分数及温度与混合分数的关系将随着燃烧反应的进行而发生变化。对于单步不可逆且反应速率无限快的化学反应来说,它们之间的关系由式(3.24)、式(3.25)、式(3.26)给出,且如图 3.5 所示。如果化学反应速率无限快,但化学反应是可逆的,则系统中所有组分都处于化学平衡状态。若焓方程与混合分数方程(3.69)形式相同,则焓是混合分数的线性函数,此时计算得到的化学平衡温度是绝热火焰温度。图 3.6 给出甲烷燃烧的平衡解,该平衡解与 Burke-Schumann 解不同,尤其是对于 $Z > Z_{st}$ 的情形,但它仍仅是混合分数的函数。

　　由于混合分数和燃料/空气当量比为单一对应的关系,可以通过当量比来表征扩散火焰结构。Sivathanu 和 Faeth(1990)实验给出了不同碳氢燃料/空气稳态层流扩散火焰的主要组分质量分数和温度随局部当量比的变化。研究发现,对于给定的燃料,贫燃条件下所有主要组分随当量比的变化几乎相同,而接近化学恰当当量条件或富燃条件下差别较大,这说明真实火焰中组分浓度分布并不完全满足化学平衡条件,因此需增加额外的非平衡参数对火焰结构进行描述。

3.2.3　详细化学反应机理对层流扩散火焰的影响

　　Burke-Schumann 火焰面模型是扩散火焰的极限情形,因为它假设扩散火焰

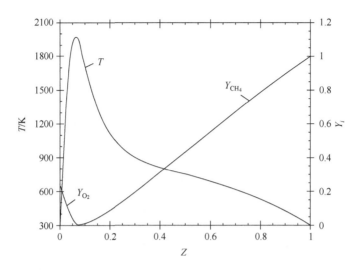

图 3.6　甲烷空气燃烧的平衡解与混合分数的关系(Peters,2000)

是一步、绝热且无限快的。它与扩散火焰可能会熄灭和燃料未燃烧完全的事实是矛盾的。为解释熄火和不完全燃烧现象,必须使用有限速率的详细化学反应过程。

　　为了简化,假设 Lewis 数为 1,非单位 Lewis 数的火焰面解可参考 Cuenot 等的文献(1996)。但是,化学反应并不是无限快的。将组分输运方程写成

$$L(Y_i) = \omega_i \tag{3.28}$$

其中微分算符可以写成

$$L(Y_i) = \rho \frac{\partial Y_i}{\partial t} + \rho \boldsymbol{u} \cdot \nabla Y_i - \nabla \cdot (\rho D \, \nabla Y_i) \tag{3.29}$$

　　混合分数输运方程为式(3.69),在这里可改写为

$$L(Z) = 0 \tag{3.30}$$

现在引入火焰面假设后,火焰面各变量可表示为

$$
\begin{aligned}
Y_i(x,y,z,t) &= Y_i(Z(x,y,z,t)) \\
\rho(x,y,z,t) &= \rho(Z(x,y,z,t)) \\
T(x,y,z,t) &= T(Z(x,y,z,t))
\end{aligned}
\tag{3.31}
$$

因而有

$$\frac{\partial Y_i}{\partial t} = \frac{\mathrm{d}Y_i}{\mathrm{d}Z} \frac{\partial Z}{\partial t}$$

$$\nabla Y_i = \nabla Z \frac{\mathrm{d}Y_i}{\mathrm{d}Z}$$

$$\nabla \cdot (\rho D \, \nabla Y_i) = \nabla \cdot \left(\rho D \frac{\mathrm{d}Y_i}{\mathrm{d}Z} \nabla Z \right) \tag{3.32}$$

$$=\nabla \cdot (\rho D \,\nabla Z)\frac{\mathrm{d}Y_i}{\mathrm{d}Z}+\nabla\left(\frac{\mathrm{d}Y_i}{\mathrm{d}Z}\right)\cdot \rho D\,\nabla Z$$

$$=\nabla \cdot (\rho D\,\nabla Z)\frac{\mathrm{d}Y_i}{\mathrm{d}Z}+\frac{\mathrm{d}^2Y_i}{\mathrm{d}Z^2}\rho D(\nabla Z \cdot \nabla Z)$$

方程(3.28)变为

$$\frac{\mathrm{d}Y_i}{\mathrm{d}Z}\left[\rho\frac{\partial Z}{\partial t}+\rho\,\boldsymbol{u}\cdot\nabla Z-\nabla\cdot(\rho D\,\nabla Z)\right]-\rho D(\nabla Z\cdot\nabla Z)\frac{\mathrm{d}^2Y_i}{\mathrm{d}Z^2}=\omega_i \quad(3.33)$$

引入标量耗散率的定义

$$\chi=2D\,|\nabla Z|^2 \tag{3.34}$$

χ 的量纲为 s^{-1}，实际上表征了湍流流动对火焰结构的影响。当 $\chi\to0$ 时，$\nabla Z\to0$，说明反应区很薄，化学反应无限快，火焰处于化学平衡状态，流场中的化学热力学状态完全由混合分数 Z 决定，此时是一种非常理想化的极限情况，这在实际流场中几乎不存在。因此，流场中的 χ 实际代表了化学非平衡效应的影响。

结合式(3.30)、式(3.33)、式(3.34)得到

$$-\frac{1}{2}\rho\chi\frac{\mathrm{d}^2Y_i}{\mathrm{d}Z^2}=\omega_i \tag{3.35}$$

式(3.35)可改写为

$$\frac{\mathrm{d}^2Y_i}{\mathrm{d}Z^2}=-\frac{2\omega_i}{\rho\chi} \tag{3.36}$$

式(3.36)右边是化学反应速率与混合率之比。

若 $\dfrac{\omega_i}{\rho\chi}\to\infty$，也就是说，化学反应速率无穷大，那么，在反应区，$\dfrac{\mathrm{d}^2Y_i}{\mathrm{d}Z^2}$ 是不连续的；这样就会产生 Burke-Schumann 火焰面结构，如图 3.7(a)所示。若 $\dfrac{\omega_i}{\rho\chi}$ 为有限值，那么反应区的 $\dfrac{\mathrm{d}^2Y_i}{\mathrm{d}Z^2}$ 为有限值，即燃料和空气可以共存，如图 3.7 所示。

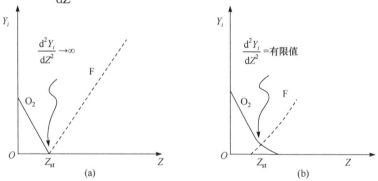

图 3.7　无限速率化学过程和有限速率化学过程的火焰结构

同能量方程,可推导出温度 T 与式(3.36)类似的方程,式(3.36)可以求出数值解。对于给定的标量耗散率,可以计算出混合分数空间的火焰结构。图 3.8 给出了混合分数空间不同标量耗散率下的氧气质量分数、燃料质量分数和温度。

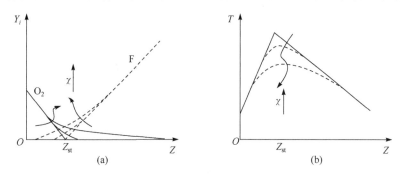

图 3.8　不同标量耗散率下混合分数坐标中温度以及燃料和氧气质量分数分布示意图

可以看出,随着标量耗散率的增加,燃料穿过火焰面向富氧侧扩散,而氧气则向富燃侧扩散,火焰温度由于燃料燃烧的不充分而降低。

3.2.4　火焰面结构的渐近解

对撞火焰结构经常被用于扩散火焰的实验研究和数值计算中,这是由于它实质上是一维扩散火焰面结构。考虑二维(平面或轴对称)稳态对撞火焰结构,则相似坐标系下存在精确解,这将导出一系列一维方程(Dixon-Lewis et al. ,1985;Peters and Kee,1987)。此处不考虑相似坐标变换,而是直接运用 y 坐标。记 y 方向的速度为 v,x 方向速度 u 的梯度为 U。引入 $u=Ux$,U 为常量,得到如下控制方程:

连续方程:

$$\frac{\mathrm{d}(\rho v)}{\mathrm{d}y}+(j+1)\rho U=0 \tag{3.37}$$

动量方程:

$$\rho v \frac{\mathrm{d}U}{\mathrm{d}y}=-\rho U^2+P+\frac{\mathrm{d}}{\mathrm{d}y}\left(\mu \frac{\mathrm{d}U}{\mathrm{d}y}\right) \tag{3.38}$$

混合分数方程:

$$\rho v \frac{\mathrm{d}Z}{\mathrm{d}y}=\frac{\mathrm{d}}{\mathrm{d}y}\left(\rho D \frac{\mathrm{d}Z}{\mathrm{d}y}\right) \tag{3.39}$$

反应标量:

$$\rho v \frac{\mathrm{d}\psi_i}{\mathrm{d}y}=\frac{\mathrm{d}}{\mathrm{d}y}\left(\rho D_i \frac{\mathrm{d}\psi_i}{\mathrm{d}y}\right)+\omega_i \tag{3.40}$$

此处,$j=0$ 对应于平面构型,$j=1$ 对应于轴对称构型。参数 P 代表轴向压力梯度,且其与应变率 a 之间满足:

$$P = \rho_\infty a^2 \tag{3.41}$$

应变率 a 的倒数是特征时间尺度。若考虑的是来自 $y=+\infty$ 和 $y=-\infty$ 的两股位势流,则应变率 a 被给定。若假定燃料流和氧化剂流的速度足够大,且远离滞止平面,则火焰位于两个位势流中间。记氧化剂流的速度梯度为 $a=-\partial v_\infty / \partial y$,且氧化剂流侧的边界条件为

$$y \to \infty: \quad v_\infty = -ay, \quad U_\infty = a \tag{3.42}$$

另外,滞止平面上各点压力相等要求氧化剂流满足如下边界条件:

$$y \to -\infty: \quad v_{-\infty} = -(\rho_\infty / \rho_{-\infty})^{1/2} ay$$
$$U_{-\infty} = a\rho_\infty / \rho_{-\infty} \tag{3.43}$$

采用分离变量法,可得到混合分数方程的积分形式。若 $Z' = \rho D dZ/dy$,式 (3.39)可变为 $d(\ln Z')/dy = v/D$。对这两个式子进行积分,得到

$$Z = c_1 I(y) + c_2 \tag{3.44}$$

其中

$$I(y) = \int_0^y \frac{1}{\rho^2 D} \exp\left(\int_0^y \frac{v}{D} dy\right) dy \tag{3.45}$$

c_1、c_2 为积分常数。应用混合分数方程的边界条件:当 $Z=0$ 时,$y \to +\infty$;当 $Z=1$ 时,$y \to -\infty$,得到

$$Z = \frac{I(\infty) - I(y)}{I(\infty) - I(-\infty)} \tag{3.46}$$

假定动量方程中密度 ρ 为常数,则可以得到一个近似解。在式(3.38)中令 $U=a$,则 $I(y)$ 变为

$$I(y) = \int_0^y \frac{1}{\rho^2 D} \exp\left[-(j+1)a \int_0^{y'} \frac{1}{\rho^2 D} y' dy'\right] dy' \tag{3.47}$$

其中,$y' = \int_0^y \rho dy$。引入 Chapman 气体近似,假定 $\rho^2 D = \rho_\infty^2 D_\infty = \text{const}$,$D$ 与 $T^{1.7}$ 成正比,而 ρ 与 T 成反比,引入无量纲坐标:

$$\eta = \left[\frac{(j+1)a}{D_\infty}\right]^{1/2} \int_0^y \frac{\rho}{\rho_\infty} dy \tag{3.48}$$

再根据式(3.46)、式(3.47)可得

$$Z = \frac{1}{2} \text{erfc}\left(\frac{\eta}{\sqrt{2}}\right) \tag{3.49}$$

其中,$\text{erfc}(x) = 1 - \text{erf}(x)$ 是补余误差函数。对式(3.49)求逆并结合式(3.34),则标量耗散率可以表示为混合分数 Z 的函数:

$$\chi(Z) = \frac{a(j+1)}{\pi} \exp[-\eta^2(z)]$$
$$= \frac{a(j+1)}{\pi} \exp\{-2[\text{erfc}^{-1}(2Z)]^2\} \tag{3.50}$$

其中,$\mathrm{erfc}^{-1}(x)$ 是 $\mathrm{erfc}(x)$ 的反函数。对应动量方程中密度不为常数的情形可参考 Kim 和 Williams 的文献(1997)。

考虑详细或简化的化学动力学机理,再加上合适的边界条件,求解方程组(3.37)~式(3.40),即可得到完整的对撞扩散火焰结构。Peters 和 Kee(1987)采用四步简化化学动力学机理计算了甲烷-空气对撞扩散火焰。图 3.9 给出了两个不同应变率下温度随混合分数的分布。可以看出,随着标量耗散率增加,温度降低,这是因为标量耗散率或应变率的增加,相当于扩散系数增加,从而提高了混合分数空间的扩散输运。如果应变率或标量耗散率进一步增大,导致化学反应产生的热量小于反应区向外耗散的热量时,火焰将发生局部熄火。

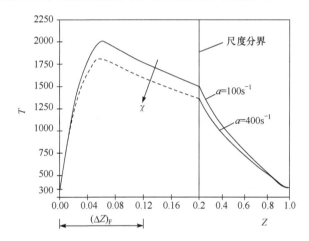

图 3.9　两个不同应变率下温度随混合分数变化(Peters and Kee,1987)

标量耗散率 $\chi(Z)$ 可以用其在恰当当量混合分数处的值 χ_{st} 进行参数化。熄火状态对应的标量耗散率为

$$\chi_q = \chi_{\mathrm{st,ext}} \tag{3.51}$$

对于对撞甲烷扩散火焰,Chelliah(1993)发现熄火时的标量耗散率和应变率分别为 $\chi_q = 18\mathrm{s}^{-1}$ 和 $a_q = 500\mathrm{s}^{-1}$。图 3.10 给出了温度峰值 T_p 随标量耗散率 χ 的变化,在标量耗散率 χ_q 时,温度陡然下降导致熄火。

由图 3.10 可以得出以下结论:

(1) 当标量耗散率很小时,火焰温度较高;标量耗散率的小幅变动对火焰温度的影响不大。该机制可以由 Burke-Schumann 火焰面模型来解释。此时,用火焰面方程式(3.35)来代表火焰结构是相当理想的。

(2) 对于适中的标量耗散率,火焰温度低于 Burke-Schumann 火焰温度。标量耗散率的增加会导致火焰温度的减小直到达到临界条件 $\chi_p = \chi_q$,在该点处火焰温

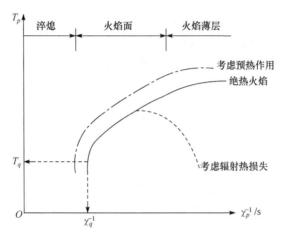

图 3.10 不同标量耗散率下的火焰温度峰值示意图(Chelliah,1993)

度变化极快 $dT/d\chi \rightarrow \infty$。当标量耗散率大于熄火标量耗散率 χ_q 时,火焰完全熄灭。

（3）在标量耗散率较低的火焰中,辐射热损失的影响比较大,可能导致火焰模型不准确;对于大标量耗散率下的火焰,辐射的效应并不是很重要,熄灭条件受辐射热传导的影响并不大。

（4）对燃料和空气进行预热将会产生非常有利的燃烧条件,并使火焰温度更高,熄火标量耗散率增加。

Seshadri 和 Peters(1988)采用四步反应给出了甲烷/空气扩散火焰的渐近分析解,如图 3.11 所示。扩散火焰的外层是 Burke-Schumann 解,由单步反应 $CH_4 + 2O_2 \longrightarrow$

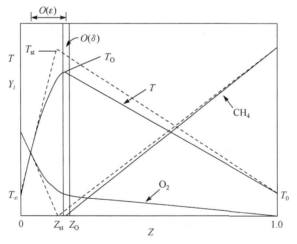

图 3.11 甲烷/空气火焰渐近分析结构(Seshadri and Peters,1988)
(实线表示四步反应结果,虚线表示一步反应计算结构)

$CO_2 + 2H_2O$ 控制。火焰面位于 $Z = Z_{st}$ 位置。非平衡结构包含厚度为 $O(\varepsilon)$ 且靠近贫燃一侧的薄氧化层和厚度为 $O(\delta)$ 且靠近富燃一侧的薄内层。在远离该层的富燃区主要包含惰性气体,这是由于自由基都被燃料消耗掉。将扩散火焰与预混火焰(见 2.1 节)的结构进行对比,可以发现扩散火焰的富燃部分的薄内层与预混火焰的预热区对应,而贫燃部分的氧化层与预混火焰的反应区对应。与基于一步反应的渐近解相比,基于四步反应的渐近解表明有少量氧气通过反应区,这与 Tsuji 和 Yamaoka(1971)的实验结果一致。

Bai 等(2000)计算了接近于零标量耗散率的甲烷/空气与氢气/空气对撞扩散层流火焰面结构,考虑燃料与水的热离解反应详细化学反应机理时(MechnismB),如 $CH_4 + M \rightarrow CH_3 + H + M$,$H_2O + M \rightarrow OH + H + M$,可能出现两种火焰结构(见图 3.12)。图 3.12 中,标量耗散率 $\chi = 7.56 \times 10^{-6}\,s^{-1}$,实线为反应机理 A,即包含 30 种组分和 82 步化学反应的 C3 机理,虚线为反应机理 B,在机理 A 的基础上还考虑了 H_2、O_2 及 H_2O 的进一步分解。一种结构是燃料与氧气消耗在化学恰当当量比混合分数 Z_{st} 附近,此时温度与主要产物达到峰值,这与所谓的 Burke-Schumann 火焰结构类似,如图 3.12(a)所示的氢气/空气扩散火焰。另一种结构则为多层结构,燃料与氧气在不同的位置消耗。氧气消耗在 Z_l(靠近 Z_{st}),燃料消耗在 $Z_r (> Z_{st})$。在 Z_l 与 Z_r 之间,一些中间活性组分具有很高的浓度,如图 3.12(b)所示的甲烷/空气扩散火焰。研究表明,在火焰面中组分分布对标量耗散率的敏感程度是不同的,对标量耗散率最敏感的组分是位于富燃侧的中间产物与基团。

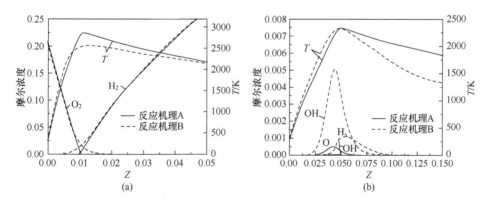

图 3.12　氢气/空气扩散火焰温度与组分摩尔分数随混合分数的变化图(Bai et al.,2000)

3.2.5　湍流扩散火焰的分区

Peters 和 Gottgens(1991)的研究表明,χ_q 与处于恰当当量混合状态的预混火

焰时间尺度 $t_F = D/S_L^2$ 有关，即

$$\chi_q = \frac{Z_{st}^2(1-Z_{st})^2}{t_F} \tag{3.52}$$

上式表明，扩散火焰熄火与预混火焰传播之间存在内在等价关系。在预混火焰中，化学反应产生的热量与由热传导进入预热区的热量平衡，此所谓爆燃波。在扩散火焰中，当发生熄火时，在火焰的两侧同样存在类似的平衡。基于此对应关系，可以认为预混火焰实际上是由热损失控制的向未燃混合物方向传播的熄火波。

在预混层流火焰中，仅有单一的时间尺度 t_F；在扩散火焰中，至少存在两个时间尺度之间的竞争：一个是流动时间尺度，以 χ_{st} 表示（对撞扩散火焰中是应变率），另一个是决定燃烧速率的化学反应时间尺度 t_c。火焰发生熄火时，上述两个时间尺度是相等的。在扩散火焰问题中，$\chi_{st}t_c$ 可以解释为 Damköhler 数的倒数。

与预混燃烧相比，扩散燃烧中没有火焰传播速度的概念，因而也就没有特征速度，进而也没有火焰厚度来表征火焰的长度尺度。但利用火焰所在位置流场的应变率 a 和扩散系数 D_{st}，可定义扩散厚度 ℓ_D，

$$\ell_D = \left(\frac{D_{st}}{a}\right)^{1/2} \tag{3.53}$$

利用混合分数的梯度 $|\nabla Z|_{st}$ 和物理空间中的扩散厚度 ℓ_D，可以定义混合分数空间的扩散厚度 $(\Delta Z)_F$：

$$(\Delta Z)_F = |\nabla Z|_{st}\ell_D \tag{3.54}$$

根据恰当当量标量耗散率 χ_{st}，得

$$(\Delta Z)_F = \left(\frac{\chi_{st}}{2a}\right)^{1/2} \tag{3.55}$$

参照 Peters 和 Gottgens(1991) 的做法，可以将式(3.50)表示为 Z 的级数展开并代入式(3.54)，可以发现 $(\Delta Z)_F$ 近似是 Z_{st} 的两倍，即

$$(\Delta Z)_F = 2Z_{st} \tag{3.56}$$

从式(3.56)中可以发现，混合分数空间的扩散厚度包含了反应区和其周围的扩散层，这正好与预混火焰中包含对流-扩散预热区的火焰厚度 ℓ_F 相对应。

在混合分数空间中，除 $(\Delta Z)_F$ 以外，还可以定义反应区厚度 $(\Delta Z)_R$。与预混火焰相比，此处定义的反应区厚度包含燃料消耗层和氧化层。由于燃料消耗层比氧化层薄得多，因此，反应区的厚度 $(\Delta Z)_R$ 主要决定于氧化层的厚度。假定反应区厚度和扩散厚度之比为 ε，即

$$(\Delta Z)_R = \varepsilon(\Delta Z)_F \tag{3.57}$$

分析表明(Seshadri and Peters,1988)，对于四步反应的甲烷/空气扩散火焰，氧化层厚度 $(\Delta Z)_\varepsilon$ 与 $\chi_{st}^{1/4}$ 成正比(对于一步反应，与 $\chi_{st}^{1/3}$ 成正比)。用熄火时的 ε_q 除

以 ε,得到

$$\frac{\varepsilon}{\varepsilon_q}=\left(\frac{\chi_{\mathrm{st}}}{\chi_q}\right)^{1/4} \tag{3.58}$$

将式(3.58)代入式(3.57),得

$$\frac{(\Delta Z)_{\mathrm{R}}}{(\Delta Z)_{\mathrm{F}}}=\varepsilon_q\left(\frac{\chi_{\mathrm{st}}}{\chi_q}\right)^{1/4} \tag{3.59}$$

Seshadri 和 Peters(1988)给出$(\Delta Z)_{\mathrm{F}}=0.11,\varepsilon_q=0.16$。

在湍流扩散火焰中,通过比较混合分数空间的特征厚度$(\Delta Z)_{\mathrm{F}}$、$(\Delta Z)_{\mathrm{R}}$ 与混合分数脉动值的相对大小,来定性分析湍流脉动与层流扩散火焰之间的相互作用,混合分数脉动值定义为混合分数方差的均方根

$$Z'=(\widetilde{Z''^2})^{1/2} \tag{3.60}$$

但混合分数为平均化学恰当当量比时的脉动值最有意义,记为

$$Z'_{\mathrm{st}}=(\widetilde{Z''^2})^{1/2}_{\mathrm{st}} \tag{3.61}$$

其中,下标 st 代表平均混合分数$\widetilde{Z}(x,t)=Z_{\mathrm{st}}$时对应的方差值。

图 3.13 在参数$Z'_{\mathrm{st}}/(\Delta Z)_{\mathrm{F}}$ 和$\chi_q/\widetilde{\chi}_{\mathrm{st}}$之间的对数-对数坐标系中,给出湍流扩散燃烧结构的示意图。其中,$\widetilde{\chi}_{\mathrm{st}}$是标量耗散率的条件平均值。当混合分数脉动值较大时,即 $Z'_{\mathrm{st}}>(\Delta Z)_{\mathrm{F}}$,混合分数的脉动可以使反应区两侧的混合物互相扩散,因此,火焰面是离散不连续的,此时的火焰模式称为离散火焰面。当混合分数脉动较小时,即 $Z'_{\mathrm{st}}<(\Delta Z)_{\mathrm{F}}$,火焰面是连续的,此时称为连续火焰面模式。因此,图 3.13 中的水平线 $Z'_{\mathrm{st}}/(\Delta Z)_{\mathrm{F}}=1$ 可认为是上述两种燃烧机制的分界线。若混合分数脉动大于$(\Delta Z)_{\mathrm{F}}$ 时,则火焰面是离散的,反之是连续的。

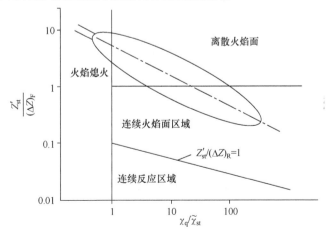

图 3.13　扩散燃烧模式图(Peters,2000)

图 3.13 中还给出了直线 $Z'_{st}/(\Delta Z)_R=1$，该直线上混合分数脉动等于反应区厚度 $(\Delta Z)_R$。为简单起见，令 χ_{st} 等于 $\tilde{\chi}_{st}$，则根据式(3.59)可以得出这条直线的斜率为 $-1/4$。在这条线以下，混合分数的脉动值小于反应区的厚度，能保证反应区是连续的，此时称为连续反应区模式。

表征湍流与扩散火焰之间相互作用的另一个参数是熄火时的标量耗散率 χ_q：

$$\tilde{\chi}_{st}=\chi_q \tag{3.62}$$

在图 3.13 中，$\tilde{\chi}_{st}=\chi_q$ 是一条垂直线，它把熄火状态和上述的其他三种燃烧机制分开。

图 3.13 还给出了湍流射流扩散火焰中，平均当量混合分数包络面上不同的燃烧模式。沿着射流扩散火焰的平均当量混合等值面往喷口下游，$Z'_{st} \propto x^{-1}$，$\overline{\chi}_{st} \propto x^{-2}$（$x$ 为至喷口距离），因而图 3.13 中点划线的斜率是 $-1/2$。在喷口附近，经常有一个很小的熄火区，可能导致火焰抬举，在中部呈现出离散的火焰面模式，再往下游，混合分数脉动值减小，呈连续的反应区模式。

如湍流预混燃烧中的薄反应区模式一样，火焰面假设成立要求反应区厚度 l_R 小于湍流中 Kolmogorov 涡旋尺度 η。类比式(3.54)可知，湍流扩散火焰中反应区厚度与混合分数空间的反应区厚度和混合分数梯度有关。对于扩散火焰来说，火焰面假设成立的准则为

$$\ell_R=\frac{(\Delta Z)_R}{|\nabla Z|_{st}}<\eta \tag{3.63}$$

将式(3.34)、式(3.55)、式(3.59)代入式(3.63)得

$$\ell_R \approx \varepsilon_q \frac{(\Delta Z)_F^{1/2}}{Z_{st}^{1/2}(1-Z_{st})^{1/2}}\left(\frac{2D_{st}^2 \cdot t_F}{a}\right)^{1/4}<\eta \tag{3.64}$$

若忽略 Z_{st}，且令 $(\Delta Z)_F=2Z_{st}$ 和 $D_{st}t_F=\ell_F^2$，则

$$\varepsilon_q \ell_F\left(\frac{8}{at_F}\right)^{1/4}<\eta \tag{3.65}$$

令应变率 a 等于 Kolmogorov 涡时间尺度 t_η 的倒数，则式(3.65)简化为

$$8\varepsilon_q^4 Ka<1 \tag{3.66}$$

这里，用到

$$Ka=t_F/t_\eta=\ell_F^2/\eta^2 \tag{3.67}$$

对于甲烷/空气扩散火焰，根据 Seshadri 和 Peters(1988)的分析，$\varepsilon_q=0.16$，按照式(3.66)可知，若满足火焰面假设，则 Ka 最大可达 190，这与湍流预混燃烧中要满足薄反应区模式要求 $Ka=100$ 处于同等量级。

对扩散燃烧来说，火焰的传播主要由湍流输运和分子扩散引起的混合快慢决定，由此导致扩散燃烧中火焰传播速度和化学反应时间尺度难以直接计算。Da

表示为湍流流动时间 τ_0 与化学反应特征时间 τ_c 之比, Ka 为化学反应特征时间 τ_c 与 Kolmogrov 最小涡特征时间 τ_η 之比,且二者存在以下关系式:

$$KaDa = \tau_0/\tau_\eta \approx Re_{l_0}^{3/4} \tag{3.68}$$

图 3.14 给出在 $\varepsilon = 0.1$ 条件下直接以 Re_{l_0} 和 Da 为坐标参变量的湍流扩散燃烧模式图(Bai,2008)。从图中可以看出,当 $Ka < 1$ 且 $Da > 10$ 时,化学反应特征时间比 Kolmogorov 涡旋尺度特征时间小,表明化学反应速率很快,反应区很薄,火焰面模型假设成立;当 $Da > 10$ 且 $Ka > 1$ 时,流场属于薄反应面模式区,火焰面模型假设近似成立;当 $Da < 10$ 且 $Ka > 1$ 时,化学反应速率比较缓慢,反应区较厚,火焰面模型假设不成立。

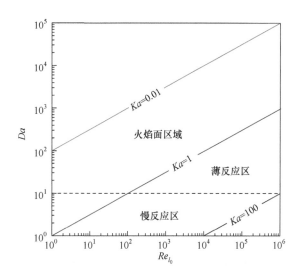

图 3.14　扩散湍流火焰的不同模式(Bai,2008)

3.3　湍流扩散燃烧火焰面模型

湍流扩散燃烧火焰面模型的基本思想是:当火焰厚度小于湍流的 Kolmogorov 尺度时,火焰极薄,其内部微元保持层流结构,这时湍流燃烧火焰可用拉伸的层流扩散火焰面的系综表示,且湍流场中的平均火焰结构由层流火焰系综作统计平均得到。本节首先对扩散火焰面结构描述的合理性进行验证,并给出火焰面方程形式,结合湍流燃烧火焰中平均热力学参数的计算方法,对湍流燃烧火焰面数据库的生成步骤进行描述,最后,对二混合分数火焰面模型进行简要的介绍。

3.3.1　扩散火焰面模型合理性验证

判断扩散火焰面模型是否合理是成功模拟湍流扩散燃烧的前提,为此,需要比较层流扩散火焰面结构与湍流流场中的平均火焰结构,以便对湍流扩散燃烧的层流火焰面描述的合理性进行评估。

以美国 Sandia 国家实验室测量的轴对称湍流射流扩散火焰(Barlow and Frank,1998)(如图 3.15 所示)为例进行计算。燃料为甲烷与空气的混合气体,体积比为 1∶3,燃料管直径 $d=7.2$mm,燃料流的容积平均速度为 49.6m/s,外径 d_p 为 18.4mm,容积平均速度为 11.4m/s;外围是空气伴流,速度为 0.9m/s。

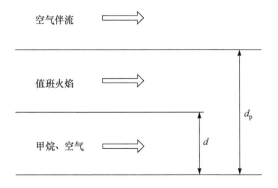

图 3.15　Sandia 火焰 D 结构(Barlow and Frank,1998)

根据上述条件,利用 FlameMaster 软件(Pitsch,2011)生成了 30 个层流火焰面数据库,应变率 a 的变化范围为 11.3~850s^{-1}。

图 3.16 给出了湍流扩散火焰下游 3 个不同轴向位置处(分别为 $x/d=7.5$、$x/d=15$ 及 $x/d=30$)实验测得的标量平均值与计算得到的层流火焰面结构相应

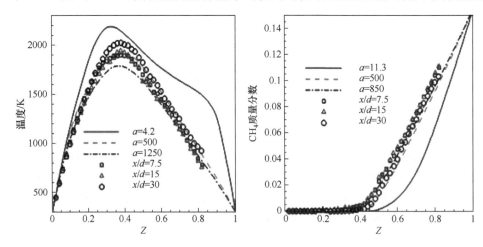

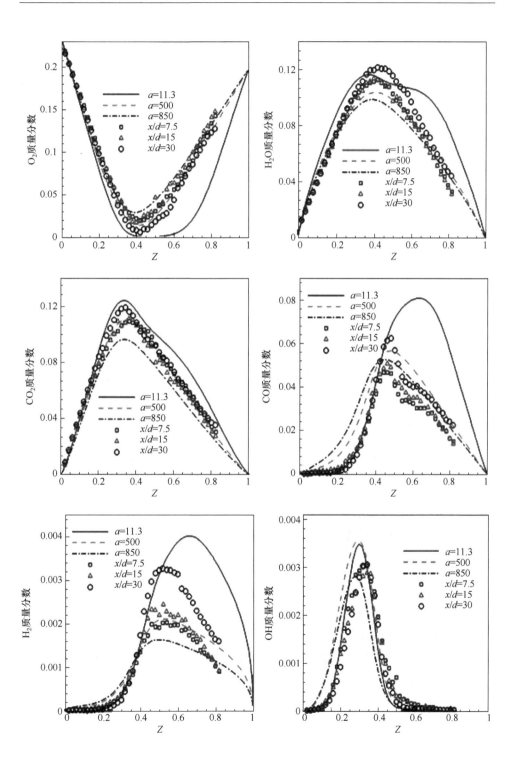

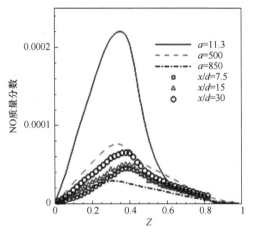

图 3.16　Sandia 火焰不同轴向位置实验测得的标量值与层
流火焰面结构的相应值比较(范周琴,2011)

值的比较,其中符号代表实验数据,曲线代表不同应变率对应的层流火焰面结构。
为显示方便,图中仅给出了 3 个应变率,分别对应于层流火焰面数据库中应变率的
最小值、中间值和最大值。从图中可以看出,层流火焰面结构和湍流平均火焰结构
非常相似,除 CO 和 OH 基之外,其他组分的层流火焰面计算值基本包含湍流火焰
中的实验值,说明湍流火焰结构可以通过一系列层流火焰面的系综进行描述,即湍
流扩散燃烧火焰面模型的思想是合理的。

3.3.2　火焰面模型方程

非交互式火焰面模型通常先假定标量耗散率的分布,再利用火焰面方程获得
组分变量与混合分数的函数关系来建立火焰面数据库,通过查询和插值数据库的
方法得到对应的变量均值,如组分浓度及温度等。以下选取典型的火焰面模型为
例,对火焰面模型方程进行物理描述。

假定燃烧系统中所有组分扩散系数相等,即 $D_i = D$,则由式(3.19)、
式(3.21)、式(3.22)可以得到混合分数 Z 的输运方程为

$$\rho \frac{\partial Z}{\partial t} + \rho \boldsymbol{u} \cdot \nabla Z = \nabla \cdot (\rho D \nabla Z) \tag{3.69}$$

其边界条件满足:燃料侧 $Z=1$,氧化剂侧 $Z=0$。在式(3.69)中,组分扩散系数 D
原则上可以任意给定,但由于系统中混合分数反应面的位置由最高温度确定,而混
合分数空间中热扩散又是比较重要的输运过程,一般可以认为,在混合分数方程
中,组分扩散系数与热扩散系数相等,即 Lewis 数等于 1。

火焰面内部的反应-扩散结构满足如下方程:

$$\rho \frac{\partial Y_i}{\partial t} + \rho u_j \frac{\partial Y_i}{\partial x_j} = \frac{\partial}{\partial x_j} \left(\rho D \frac{\partial Y_i}{\partial x_j} \right) + \dot{\omega}_j, \quad i = 1, 2 \cdots n; j = 1, 2, 3 \tag{3.70}$$

$$\rho c_p \frac{\partial T}{\partial t} + \rho c_p u_j \frac{\partial T}{\partial x_j} = \frac{\partial}{\partial x_j}\left(\rho c_p D \frac{\partial T}{\partial x_j}\right) - \sum_{i=1}^{n} h_i \dot{\omega}_i + q_R + \frac{\partial p}{\partial t} \quad (3.71)$$

式中，u_j、T、p 分别为速度、温度和压力；Y_i、$\dot{\omega}_i$、h_i 分别为组分 i 的质量分数、化学反应源项和焓；c_p 为混合气体的比定压热容；q_R 为辐射热损失。

在燃烧流场的计算中，通常需要将火焰面结构从物理空间转化到混合分数空间。瞬时火焰面中的一个面元，原点取在等值面 $Z(x_i, t) = Z_{st}$ 上的一个局部坐标系中，与火焰面面元垂直的方向定义为 $Z = Z_1 = x_1$，与火焰面相切的两个方向分别定义为 $Z_2 = x_2$，$Z_3 = x_3$。

作 Crocco 类型的坐标变换(Peters,1983)：

$$\begin{cases} \dfrac{\partial}{\partial t} = \dfrac{\partial}{\partial \tau} + \dfrac{\partial Z}{\partial t}\dfrac{\partial}{\partial Z} \\[2mm] \dfrac{\partial}{\partial x_k} = \dfrac{\partial}{\partial Z_k} + \dfrac{\partial Z}{\partial x_k}\dfrac{\partial}{\partial Z}, \quad k=2,3 \\[2mm] \dfrac{\partial}{\partial x_1} = \dfrac{\partial Z}{\partial x_1}\dfrac{\partial}{\partial Z} \end{cases} \quad (3.72)$$

并将式(3.72)代入温度的输运方程(3.71)中，得

$$\rho c_p \left(\frac{\partial T}{\partial \tau} + u_2 \frac{\partial T}{\partial Z_2} + u_3 \frac{\partial T}{\partial Z_3}\right) - \sum_{k=2}^{3} \frac{\partial(\rho c_p D)}{\partial x_k}\frac{\partial T}{\partial Z_k}$$

$$- \rho c_p D \left[(\nabla Z)^2 \frac{\partial T}{\partial Z^2} + 2\sum_{k=2}^{3} \frac{\partial Z}{\partial x_k}\frac{\partial^2 T}{\partial Z \partial x_k} + \sum_{k=2}^{3} \frac{\partial^2 T}{\partial Z_k^2} \right] \quad (3.73)$$

$$+ \left\{ \rho\frac{\partial Z}{\partial t} + \rho u_j \frac{\partial Z}{\partial Z_j} - \nabla \cdot (\rho D \nabla Z) \right\} c_p \frac{\partial T}{\partial Z} = - \sum_{i=1}^{n} h_i \dot{\omega}_i + q_R + \frac{\partial p}{\partial t}$$

假定火焰面在 Z 方向很薄，则温度在垂直于火焰面方向的梯度远远大于平行于火焰面方向的梯度，即

$$\frac{\partial}{\partial Z} \gg \frac{\partial}{\partial Z_2} \sim \frac{\partial}{\partial Z_3} \quad (3.74)$$

根据量级分析可知，与 $\partial^2/\partial Z^2$ 相比，方程(3.73)左边与 $\partial/\partial Z_2$、$\partial/\partial Z_3$ 相关的项可忽略。结合方程(3.34)与方程(3.69)，方程(3.73)可以简化为

$$\rho c_p \frac{\partial T}{\partial \tau} - \rho c_p \frac{\chi}{2}\frac{\partial^2 T}{\partial Z^2} = - \sum_{i=1}^{n} h_i \dot{\omega}_i + q_R + \frac{\partial p}{\partial t} \quad (3.75)$$

对组分方程(3.70)也进行上述类似的坐标变换，可以得到混合分数空间的组分方程为

$$\rho\frac{\partial Y_i}{\partial \tau} - \frac{\rho}{Le_i}D_T (\nabla Z)^2 \frac{\partial^2 Y_i}{\partial Z^2} = \dot{\omega}_i \quad (3.76)$$

方程(3.75)和方程(3.76)就是混合分数空间的火焰面方程，它只有一维并且

不包含对流项,形式非常简单。求解火焰面方程(3.75)和方程(3.76),即可得到火焰面方程的解,其表征了层流扩散火焰的化学热力学状态。

在层流对撞扩散火焰中,标量耗散率χ与混合分数Z的关系为(Peters,1984)

$$\chi = f(Z) = \frac{a_s}{\pi} \exp\{-2[\mathrm{erfc}^{-1}(2Z)]^2\} \tag{3.77}$$

式中,a_s代表火焰应变率;erfc^{-1}是补余误差函数的反函数。将式(3.77)代入火焰面方程(3.75)和方程(3.76)中,在给定相应的边界条件后,求解火焰面方程即可得到由时间t、混合分数Z和火焰应变率a_s表征的火焰面方程的解,即

$$\phi = \phi(t, Z, a_s) \tag{3.78}$$

其中,ϕ代表流场中的化学热力学状态,如组分、温度等。应变率a_s也可以由一个等价的特征参数χ_{st}代替,将式(3.77)应用于化学恰当当量比条件,有条件标量耗散率χ_Z的定义:

$$\chi_Z = \chi_{\mathrm{st}} \frac{f(Z)}{f(Z_{\mathrm{st}})} = \chi_{\mathrm{st}} \frac{\exp\{-2[\mathrm{erfc}^{-1}(2Z)]^2\}}{\exp\{-2[\mathrm{erfc}^{-1}(2Z_{\mathrm{st}})]^2\}} \tag{3.79}$$

根据式(3.79),式(3.78)也可以表示为

$$\phi = \phi(t, Z, \chi_{\mathrm{st}}) \tag{3.80}$$

式(3.78)和式(3.80)是基于层流拉伸对撞火焰的火焰面方程的解。通常情况下,并不直接使用火焰面方程的解,而是按照一定准则把火焰面方程的解做成统一格式的数据库,即火焰面数据库。

根据 Peters(1984)的分析,火焰面方程中的非稳态项只有在接近熄火或湍流场引起的扰动时间尺度非常短时才会比较大,其他情形可忽略,这样式(3.80)可以简化为

$$\phi = \phi^{\mathrm{steady}}(Z, \chi_{\mathrm{st}}) \tag{3.81}$$

由于式(3.80)中没有包含时间相关项,通常称其为稳态火焰面解,相应的由其生成的数据库被称为稳态火焰面数据库。稳态火焰面数据库与流场当前状态无关,仅与来流边界条件有关,因此可预先计算,且使用时只需要查询和插值,效率非常高。

3.3.3　湍流扩散火焰面方程

以上介绍了基于层流对撞火焰的火焰面方程,对于工程实际中的湍流燃烧过程,通常可采用设定型概率密度函数(PDF)方法模拟湍流扩散火焰。因此,需给出物理空间和时间所对应的混合分数的均值和均方差,以确定 PDF 的形状。将混合分数输运方程(3.69)进行 Favre 平均,由于混合分数输运方程中分子的扩散系数D远小于湍流扩散系数D_t,因而分子扩散项可忽略,且混合分数Z为非反应标量,

其梯度输运可由式(3.82)表示,得到混合分数均值的输运方程为式(3.83)。此外,给出混合分数均方差的输运方程并结合式(3.82),得到的方程如式(3.84)所示,方程中湍流通量的输运项可用式(3.85)来模化。

$$\widetilde{u''Z''} = -D_t \nabla \widetilde{Z} \tag{3.82}$$

$$\bar{\rho}\frac{\partial \widetilde{Z}}{\partial t} + \bar{\rho}\bar{\boldsymbol{u}} \cdot \nabla \widetilde{Z} = -\nabla \cdot (\bar{\rho}\widetilde{u''Z''}) \tag{3.83}$$

$$\bar{\rho}\frac{\partial \widetilde{Z''^2}}{\partial t} + \bar{\rho}\bar{\boldsymbol{u}} \cdot \nabla \widetilde{Z''^2} = -\nabla \cdot (\bar{\rho}\widetilde{u''Z''^2}) + 2\bar{\rho}D_t (\nabla \widetilde{Z})^2 - \bar{\rho}\widetilde{\chi} \tag{3.84}$$

$$\widetilde{u''Z''^2} = -D_t \nabla \widetilde{Z''^2} \tag{3.85}$$

方程(3.84)中,$\widetilde{\chi}$ 为 Favre 平均标量耗散率,其定义式为

$$\widetilde{\chi} = 2D \widetilde{|\nabla Z''|^2} \tag{3.86}$$

且可简化表示为

$$\widetilde{\chi} = c_\chi \frac{\widetilde{\varepsilon}}{\widetilde{k}} \widetilde{Z''^2} \tag{3.87}$$

式中,c_χ 表示流动时间尺度与积分时间尺度之比,通常情况下为常数,取值 2.0。$\widetilde{\varepsilon}$ 和 $\widetilde{k}$ 分别表示平均的湍动能及耗散率。根据上述方程求解得到的混合分数的均值 $\widetilde{Z}$、均方差 $\widetilde{Z''^2}$ 及标量耗散率 $\widetilde{\chi}$,并结合火焰面模型方程可建立湍流燃烧过程的火焰面数据库。

3.3.4 湍流燃烧稳态火焰面数据库的生成

根据火焰面模型的基本思想,湍流扩散火焰中的平均热力学参数可由层流火焰面系综作统计平均得到,即

$$\widetilde{\phi} = \iint \phi(Z,\chi_{st})P(Z,\chi_{st})\mathrm{d}Z\mathrm{d}\chi_{st} \tag{3.88}$$

式中,$\widetilde{\phi}$ 代表湍流火焰中的平均标量值;$P(Z,\chi_{st})$ 代表混合分数和标量耗散率的联合概率密度函数(PDF);$\phi(Z,\chi_{st})$ 是计算得到的层流火焰面数据库中对应的标量值。

在实际应用中,通常假定混合分数和标量耗散率统计上互相独立,则联合概率密度函数 $P(Z,\chi_{st})$ 可以表示为两个边缘概率密度函数的乘积:

$$P(Z,\chi_{st}) = P(Z)P(\chi_{st}) \tag{3.89}$$

通常有两种方法来得到混合分数和标量耗散率的边缘概率密度函数。一种是预先假定概率密度函数分布的方法,常采用的概率密度函数有双 δ 函数分布(Spalding,1976)、截尾高斯分布(Lockwood and Naguib,1975)和 β 函数分布

(Peters,2000)。双 δ 函数分布形式简单,待定参数易于确定,但计算量大,且有时会得到一些明显不合理的结果,如温度变化的双峰分布等。截尾高斯分布形式复杂,待定参数难以确定,且计算量大,但计算结果要比双 δ 函数分布合理一些。关于 β 函数分布的性能,前人已做过相关研究。如 Jimenez 等(1997)利用不可压、间歇湍流混合层中的实验数据证实了 β 函数分布的良好性能,Wall 等(2000)则进一步考虑了释热效应时的 β 函数分布,并指出亚格子方差的准确计算与否将直接影响 β 函数分布预测的准确性。目前,β 分布已被广泛用于大涡模拟亚格子混合分数脉动分布函数的描述中(Oevermann,2000;Berglund and Fureby,2007)。另一种方法是采用概率密度函数输运方程来求解混合分数和标量耗散率的联合概率密度函数。根据 Pope 和 Chen(1990)建立 PDF 输运方程的思路,可以建立混合分数 Z-湍流频率 ω^* 的联合 PDF——$f(Z,\omega)$ 的输运方程:

$$\langle\rho\rangle\frac{\partial\widetilde{f}}{\partial t}+\langle\rho\rangle\widetilde{u}_j\frac{\partial\widetilde{f}}{\partial x_j}=-\frac{\partial}{\partial x_j}(\langle\rho\rangle\widetilde{f}\langle u''_j\,|\,Z,\omega\rangle)+\frac{\partial}{\partial Z}\left[\langle\rho\rangle\widetilde{f}\left\langle\frac{1}{\rho}\frac{\partial J_{aj}}{\partial x_i}\,\middle|\,Z,\omega\right\rangle\right]$$

$$+\langle\rho\rangle\omega^*\frac{\partial}{\partial\omega}\left[\widetilde{f}\omega\left(S_\omega+c_\chi\left(\ln\frac{\omega}{\omega^*}-\frac{\sigma^2}{2}\right)\right)\right]+c_\chi\omega^*\sigma^2\frac{\partial^2(\widetilde{f}\omega)}{\partial\omega^2}$$

$$(3.90)$$

其中,右边第一项表示脉动速度引起的 $f(Z,\omega)$ 在物理空间的输运,一般用梯度输运模型模拟;第二项表示分子运动引起的 $f(Z,\omega)$ 在相空间的输运,一般用 Curl 随机混合模型或 IEM 模型模拟(见第 1 章);第三项是平移项,第四项对应于 Weiner 过程;〈 〉表示概率密度平均。在剪切湍流中,一般假定湍流脉动时间尺度和标量时间尺度呈线性关系,将这一假定推广至瞬时量,可以得到

$$\chi_{st}=2\omega^*Z''^2\qquad(3.91)$$

董刚等(2005)的研究发现,基于设定型 PDF 结合的火焰面模型能较好地反映流场的基本特性和火焰结构的变化。因此,此处主要介绍第一种方法,即预先假定混合分数服从 β 函数分布,标量耗散率服从对数正态分布。

混合分数 Z 满足的 β 函数分布如下:

$$P(Z)=\frac{Z^{a-1}(1-Z)^{b-1}}{\int_0^1 Z^{a-1}(1-Z)^{b-1}\mathrm{d}Z}\qquad(3.92)$$

其中,参数 a、b 满足:

$$a=\widetilde{Z}\left[\frac{\widetilde{Z}(1-\widetilde{Z})}{\widetilde{Z''^2}}-1\right]\qquad(3.93)$$

$$b=(1-\widetilde{Z})\left[\frac{\widetilde{Z}(1-\widetilde{Z})}{\widetilde{Z''^2}}-1\right]\qquad(3.94)$$

这里，$\widetilde{Z}$ 和 $\widetilde{Z''^2}$ 分别表示混合分数的均值和方差。

在不同的 a、b 值下，β 分布具有奇异点，这将会给式(3.88)的数值积分带来一定困难，因此在计算 $P(Z)$ 时需要进行特别处理。

图 3.17 给出了不同 a、b 值对应的 β-PDF 的分布。从图中可以看出，对应不同的 a、b 值，β-PDF 共包含四种不同情况：(I)$a<1$,$b<1$；(II)$a<1$,$b>1$；(III) $a>1$,$b>1$；(IV)$a>1$,$b<1$。在区域 I 中，β-PDF 存在两个奇异点，一个在 $Z\rightarrow0$ 附近，另一个在 $Z\rightarrow1$ 附近，此种情况意味着混合分数有很强的脉动，混合分数的方差很大。在区域 II 中，β-PDF 在 $Z\rightarrow0$ 附近存在一个奇异点，此种情况意味着混合分数脉动相对较大，但混合分数相对较小。在区域 III 中，β-PDF 没有奇异点，此种情况意味着脉动较弱。在区域 IV 中，β-PDF 在 $Z\rightarrow1$ 附近存在一个奇异点，此种情况意味着脉动相对较大，混合分数也相对较大。

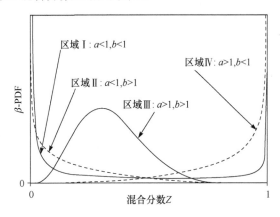

图 3.17　不同 a、b 值时 β-PDF 的分布(Chen et al. ,1994;Liu et al. ,2002)

在对 β-PDF 积分的过程中，当 $a<1$ 时，函数 $Z^{a-1}(1-Z)^{b-1}$ 在 $Z=0$ 处有一奇异点；当 $b<1$ 时，函数 $Z^{a-1}(1-Z)^{b-1}$ 在 $Z=1$ 处有一奇异点。为了能顺利积分，需要将整个积分域分成三部分：

$$
\begin{aligned}
\int_0^1 \phi(Z) Z^{a-1}(1-Z)^{b-1}\mathrm{d}Z &= \int_0^\varepsilon \phi(Z) Z^{a-1}(1-Z)^{b-1}\mathrm{d}Z \\
&+ \int_\varepsilon^{1-\varepsilon} \phi(Z) Z^{a-1}(1-Z)^{b-1}\mathrm{d}Z \\
&+ \int_{1-\varepsilon}^1 \phi(Z) Z^{a-1}(1-Z)^{b-1}\mathrm{d}Z \\
&\approx \phi_{\text{ox}}\frac{\varepsilon^a}{a} + \int_\varepsilon^{1-\varepsilon} \phi(Z) Z^{a-1}(1-Z)^{b-1}\mathrm{d}Z + \phi_{\text{fuel}}\frac{\varepsilon^b}{b}
\end{aligned}
\tag{3.95}
$$

其中，ϕ_{ox}、ϕ_{fuel} 分别代表氧化剂流、燃料流对应的标量值。式(3.95)的成立隐含了如下假定：当 $Z\rightarrow0$ 时，$(1-Z)^{b-1}\approx1$,$\phi(Z)\approx\phi_{\text{ox}}$；当 $Z\rightarrow1$ 时，$Z^{a-1}\approx1$,$\phi(Z)\approx$

ϕ_{fuel},这就要求 ε 无限小,但 ε 的取值太小又会造成区间 $[\varepsilon,1-\varepsilon]$ 上的积分困难,此处 ε 取 1.0×10^{-6}。同样,式(3.92)中的分母作类似处理:

$$\int_0^1 Z^{a-1}(1-Z)^{b-1}\mathrm{d}Z \approx \frac{\varepsilon^a}{a} + \int_\varepsilon^{1-\varepsilon} Z^{a-1}(1-Z)^{b-1}\mathrm{d}Z + \frac{\varepsilon^b}{b} \tag{3.96}$$

当 $a\leqslant1$ 或 $b\leqslant1$ 时,都可采用类似于式(3.96)进行积分。

当 a、b 均大于 1 时,函数 $Z^{a-1}(1-Z)^{b-1}$ 没有奇异点。但是,计算中发现当 a 或 b 非常大时,计算会发生溢出现象,即当 $a>30,Z\to0$ 或 $b>30,Z\to1$ 时 $Z^{a-1}(1-Z)^{b-1}\to0$,这就会造成式(3.92)出现分母为 0 的情况,由此导致 $P(Z)$ 的值明显不合理,Chen 等(1994)和 Liu 等(2002)也得到了类似的结论。为避免出现此类问题,采用 Chen 等(1994)提出的方法,对 a、b 值进行修正,记修正后的值分别为 a'、b',具体修正过程为

当 $a>30$ 时,

$$a'=30, \quad b'=\frac{a'-1-f_{\max}(a'-2)}{f_{\max}} \tag{3.97}$$

当 $b>30$ 时,

$$b'=30, \quad a'=\frac{1+f_{\max}(b'-2)}{1-f_{\max}} \tag{3.98}$$

其中,$f_{\max}=\dfrac{1}{1+(b-1)/(a-1)}$。

此外,$\tilde{\chi}_{\text{st}}$ 的求解如下式所示:

$$\tilde{\chi}_{\text{st}} = \frac{\tilde{\chi}f(Z_{\text{st}})}{\displaystyle\int_0^1 f(Z)\widetilde{P}(Z)\mathrm{d}Z} \tag{3.99}$$

标量耗散率满足的对数正态分布为

$$P(\chi_{\text{st}})=\text{LogNormal}(\chi_{\text{st}};\mu,\sigma)=\frac{1}{\chi_{\text{st}}\sigma\sqrt{2\pi}}\exp\frac{-[\ln(\chi_{\text{st}})-\mu]^2}{2\sigma^2} \tag{3.100}$$

其中,分布函数 $P(\chi_{\text{st}})$ 的均值 $\bar{\chi}_{\text{st}}$、方差 $\overline{\chi_{\text{st}}'^2}$ 与 μ、σ 有关,

$$\bar{\chi}_{\text{st}}=\mathrm{e}^{\mu+\frac{1}{2}\sigma^2}, \quad \overline{\chi_{\text{st}}'^2}=\bar{\chi}_{\text{st}}(\mathrm{e}^{\sigma^2}-1) \tag{3.101}$$

Jimenez 等(1997)研究认为,在完全发展的湍流中,对数正态分布可以准确地描述守恒标量的标量耗散率脉动。因此,选取对数正态分布作为标量耗散率的概率密度函数是合适的。但是 σ 的值究竟该如何选取,至今仍未得到解决,通常 σ 取为 1.0(Pierce and Moin,2004)。利用上述 PDF 的求解方法,可由层流火焰面数据库生成湍流燃烧火焰面数据库,具体流程见图 3.18,其步骤为:

(1) 根据燃料流、氧化剂流边界条件生成一系列以标量耗散率和混合分数为

参变量的层流火焰面数据库 $\phi(Z, \chi_{\text{st}})$。

（2）根据方程(3.92)计算混合分数的概率密度函数 $P(Z)$。

（3）根据方程(3.100)计算标量耗散率的概率密度函数 $P(\chi_{\text{st}})$。

（4）根据方程(3.89)计算联合概率密度函数 $P(Z, \chi_{\text{st}})$。

（5）根据方程(3.88)计算湍流火焰中的化学热力学状态值 $\tilde{\phi}$，并建成以 Z, Z''，χ_{st} 为参变量的三维数据表。

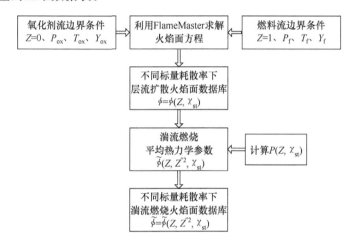

图 3.18　湍流燃烧火焰面数据库生成流程图

3.3.5　非稳态火焰面模型

稳态火焰面模型假定标量耗散率变化非常缓慢，从而忽略了时间相关项的影响，可根据预先计算出的火焰面数据库查表获得火焰面的状态，这种方法显然非常方便。然而，当标量耗散率变化较快时，火焰面方程中的非稳态项必须保留以消除由于标量耗散率剧烈变化引起的火焰分布的变化，此时考虑非稳态项作用显得尤为重要。Mell 等(1994)比较了非稳态项和化学反应项的相对大小，并给出了稳态假设成立的准则。Peters(1984)在利用渐近解析方法推导火焰面方程时，引入了快速时间尺度假设，由此保留了非稳态项。

Pitsch 等(1996)从拉格朗日的观点出发，认为火焰面在流场中随流体一起运动并承受流场变化而引起的 χ_{st} 变化，火焰面对于应变率(或等效的 χ_{st})变化的响应过程并不是瞬间的，稳态近似会引入比较大的误差，特别是对于一些慢物理化学过程，如 NO_x 的排放和火焰辐射等。他们针对射流非预混燃烧首先提出了一个非稳态的火焰面模型，在射流出口置入一个火焰面，让其随流体一起向下游发展，假定火焰面沿着当量混合分数的等值线位置运动，火焰面时间可以由当量位置的轴向

平均速度积分得到,即

$$\bar{t} = \int_0^x \left[\bar{u}(x) \mid Z = Z_{\mathrm{st}} \right]^{-1} \mathrm{d}x \tag{3.102}$$

式中,$\bar{u}$ 是轴向平均速度;x 是离射流出口的轴向距离。

Pitsch 等(1998)利用非稳态火焰面模型来分析瞬态项对稳态湍流射流扩散火焰的影响,除利用拉格朗日时间反映流动方向的快速变化外,还引入扩散时间的概念:

$$t_\chi = \frac{(\Delta Z)^2}{\widetilde{\chi}_{\mathrm{st}}} \tag{3.103}$$

式中,扩散时间用于改变混合分数空间中 ΔZ 距离内的质量和能量,ΔZ 为混合分数空间中的火焰厚度$(\Delta Z)_{\mathrm{F}}$。若扩散时间小于拉格朗日时间,则火焰面会随着标量耗散率的变化迅速作出反馈,此时可以忽略火焰面方程中非稳态项的影响,且Pitsch 和 Chen(1998)发现这在距离射流出口的 30 个直径范围内都成立。随着向下游发展,条件标量耗散率迅速减小,有可能使得扩散时间大于拉格朗日时间,这时火焰面方程中的非稳态项不能忽略,用于修正预测的慢污染物(NO$_x$)的生成,此时主反应区接近于化学平衡状态。上述扩散时间与拉格朗日时间的关系同样可由图 3.19 看出。其中,条件标量耗散率随 t_χ 的变化以实线标出。实线的左下侧对应火焰面的非稳态区,右上侧对应稳态火焰面区。由 Pitsch 等(1998)的射流扩散火焰研究可知,火焰面由从稳态区向非稳态区过渡时,条件标量耗散率减小的速率大于 t^{-1}[此处的 t 是指式(3.103)中的 t_χ]。若非稳态计算中保持标量耗散率为常数不变,从初始状态的非稳态火焰面开始计算,不久将会得到稳态火焰面解。

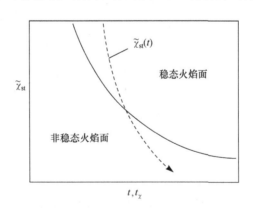

图 3.19　稳态/非稳态火焰面示意图(Peters,2000)

此外,Mauss 等(1990)首次引入非稳态火焰面来模拟稳态湍流扩散火焰的熄火和再点火问题,并将拉格朗日时间作为火焰面数据库的一个额外参数,类似于其他参数,$\bar{t}$ 同样被认为是一个具有概率密度函数的随机变量且有对应的均值和方差。假定 $\bar{t}$ 满足高斯分布,其概率密度函数可表示为

$$p(t) = \frac{1}{2}\left[1 + \mathrm{erf}\left(\frac{t-\bar{t}}{\sqrt{2}\sigma}\right)\right] \tag{3.104}$$

式中,方差 σ 为 1。

3.3.6 有焓损失的火焰面模型

有焓损失的火焰面模型最先由 Bray 和 Peters 提出,并由 Marracino 和 Lentini (1997)实现,该方法适用于非绝热燃烧系统下的火焰面数据库生成,它在求解火焰面能量方程中考虑了不同程度的焓损失,并与组分方程联立求解,从而使焓的变化与组分浓度相关。相比稳态层流火焰面模型,该模型新增了焓损失参数,它的定义为绝热火焰的焓值与实际焓值之差。在实际应用中,如火焰的辐射热损失计算时,通常引入无量纲的焓损失 X_R,其定义形式如式(3.105)所示,表征了辐射引起的局部能量与燃烧产物冷却至室温所释放的能量的比值:

$$X_R = \frac{h - h_{\mathrm{ad}}}{h_{\mathrm{u}} - h_{\mathrm{ad}}} \tag{3.105}$$

式中,h 和 h_{ad} 分别表示混合物的实际焓值及绝热条件下对应的焓值;h_{u} 为未燃状态时的焓值。此时,组分浓度为混合分数、标量耗散率及无量纲焓值的函数,即 $Y_i = Y_i(Z, \chi_{\mathrm{st}}, X_R)$。实际的求解过程中可先假定一合理的 X_R 初场,通过求解输运方程获取空间内的各点温度,并由火焰面模型方程求解组分浓度的分布,根据温度和组分浓度的分布来求解当地的焓值,从而获得新的 X_R 场,反复迭代至一定的残差,得到最终的 X_R 值,各化学热力学参数的分布可由数据库信息提取。根据上述描述可知,焓损失火焰面模型需要将火焰面数据库和流场计算的数据相互传递来获得最终解,而火焰面数据库的信息是独立于流场计算并事先储存,且数据的存储量大,对计算机的内存要求较高。

3.4 交互式火焰面模型

近年来,诸多学者对火焰面模型进行了改进,发展出交互式火焰面模型,该模型不同于 3.3 节中介绍的非交互式火焰面模型,其数据库的建立并不预先生成,而是通过与 CFD 计算实现数据交换,实时更新数据库及流场信息。交互式火焰面模型(representative interactive flamelet,RIF)的优点在于体现了湍流流动与燃烧之间的相互作用,将流场计算与燃烧计算解耦,且仍然保留火焰面模型计算量小的优点,为后续开展湍流扩散火焰的研究提供了理论基础。

3.4.1　交互式稳态火焰面模型

交互式稳态火焰面模型将不包含非稳态项的火焰面方程的求解与 CFD 计算相结合,即先由 CFD 提供参量信息,如混合分数的均值和方差及标量耗散率等,再求解火焰面方程,并将火焰面数据信息返回至 CFD 程序来修正流场参数,如密度或温度等,迭代求解直至标量耗散率达到一定的残差范围时计算收敛,其流程示意图如图 3.20 所示。Consul 等(2008)的研究表明,在层流非预混与部分预混火焰的模拟中,采用交互式稳态火焰面模型能准确地模拟稳定燃烧的层流扩散火焰,且对于低拉伸率的情况,该模型模拟部分预混火焰更优于非交互式的稳态火焰面,可说明采用火焰面模型的结果依赖于标量耗散率的变化。陆阳(2009)在总结火焰面模型的发展过程中指出,在火焰面模型计算中,提供准确的标量耗散率尤为重要。

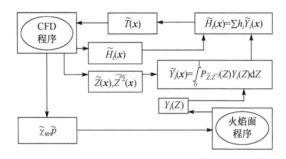

图 3.20　交互式稳态火焰面模型的流程示意图(Hasse,2005)

3.4.2　交互式非稳态火焰面模型

当给定当地精确的标量耗散率值,交互式稳态火焰面模型能较好地模拟扩散火焰。然而,对于某些特定的燃烧现象,如局部熄火、再点火及慢反应过程,燃烧过程与时间相关,而时间的变化影响着标量耗散率(图 3.19),因而要获得准确的标量耗散率存在一定的难度。交互式非稳态火焰面模型将一维非稳态火焰面方程与多维的 CFD 程序进行耦合迭代求解,方法及流程同交互式稳态火焰面模型,考虑时间项时,CFD 程序中每推进一个时间步都求解一次非稳态火焰面方程,而非稳态火焰面方程的求解步长通常要远小于 CFD 的时间步长,以实现流体动力学和化学反应计算的解耦。

Pitsch 等(1996,1998)针对燃烧过程的非稳态效应,最早提出采用交互式非稳态火焰面模型来模拟火焰的熄火等现象。刘永峰等(2005)将火焰面计算模型与流体动力学程序(KIVA-3V)相嵌套,模拟直喷式柴油机湍流燃烧后生成的碳烟和 NO_x。此外,刘戈等(2011b)通过自编程序的方法实现 RIF 模型的求解,对一单缸直喷柴油机的燃烧和污染物生成过程进行数值模拟,预测的点火延迟、缸内压力、放热率和污染物排放量与试验结果吻合,显示了 RIF 模型在计算上的准确性和经济性。

1. 拉格朗日 RIF 火焰面模型

Mauss 等(1990)根据火焰面在流场中的发展,首次在非稳态火焰面中引入拉格朗日时间,模拟了湍流射流扩散火焰的局部熄火和再点火现象。其中,拉格朗日时间的定义见上述 3.3.4 节。在火焰面演化过程中,标量耗散率 χ_{st} 随时间发生特定的变化。定义条件标量耗散率为

$$\widetilde{\chi} = \frac{\widetilde{\chi}_{st} \cdot \int_0^1 f(Z) \widetilde{P}(Z) \mathrm{d}Z}{f(Z_{st})} \tag{3.106}$$

在剪切流中,一般假定标量的时间尺度和湍流的时间尺度呈线性关系(Ihme et al.,2005),即

$$\widetilde{\chi} = c \frac{\widetilde{\varepsilon}}{\widetilde{k}} \widetilde{Z''^2} \tag{3.107}$$

$\widetilde{k}$ 和 $\widetilde{\varepsilon}$ 分别是湍动能和湍动能耗散率,c 为常数($c = 2.0$)。将式(3.107)代入式(3.106)并整理,得

$$\widetilde{\chi}_{st} = \frac{c\,\widetilde{\varepsilon}/\widetilde{k}\,\widetilde{Z''^2}}{\int_0^1 f(Z) \widetilde{P}(Z) \mathrm{d}Z} \cdot f(Z_{st}) \tag{3.108}$$

用一个特征的耗散率 $\hat{\chi}_{st}$ 来表征非稳态的火焰面结构,$\hat{\chi}_{st}$ 由 $\widetilde{\chi}_{st}$ 求区域平均得到(Sripakagorn et al.,2000),

$$\hat{\chi}_{st,j} = \frac{\int_v \chi_{st,j}^{3/2} \overline{\rho} \widetilde{P}(Z_{st}) \mathrm{d}V'}{\int_v \chi_{st,j}^{1/2} \overline{\rho} \widetilde{P}(Z_{st}) \mathrm{d}V'} \tag{3.109}$$

拉格朗日时间[式(3.102)]和标量耗散率 $\hat{\chi}_{st}$[式(3.109)]都是轴向位置的函数,利用 $\hat{\chi}_{st}$ 模拟恰当当量条件下的标量耗散率 χ_{st},耦合求解流场的方程和火焰面方程,假定标量耗散率的概率分布是 δ 函数,平均的湍流火焰热力学参数为

$$\widetilde{\phi} = \iint \phi(t, Z, \hat{\chi}_{st}) \cdot \widetilde{P}(Z) \mathrm{d}Z \tag{3.110}$$

拉格朗日火焰面模型必须将流场方程和火焰面方程耦合在一起求解,因此计算时间相对稳态模型会有所增加,且该模型只适用于抛物型流动,从而限制了它在实际复杂流场中的应用。王海峰等(2005)采用拉格朗日火焰面模型及稳态火焰面模型对湍流射流火焰进行模拟,并与实验数据进行对比。研究表明,两种模型均能

较好地模拟流场、主要标量结构(温度、反应物及主要生成物)及中间产物的生成,但拉格朗日火焰面模型更能准确地预测氮氧化物的生成。

2. 二混合分数 RIF 火焰面模型

Hasse 和 Peters(2005)在渐近分析法的基础上发展出了二混合分数系统下的火焰面模型方程,并将该火焰面方程与湍流流动过程结合,成功地模拟内燃机的湍流扩散燃烧及自点火过程。对于单种氧化剂和两种燃料组分的二混合分数系统,Hasse 和 Peters 采用三尺度渐进分析法对系统的温度、组分及火焰面方程进行转换,两种混合分数的短尺度 ζ_1、ζ_2 的定义如式(3.111)和式(3.112)所示,长尺度可表示为 ζ_a 与时间尺度 ε^{-2} 的函数。

$$\zeta_1 = \frac{1}{\varepsilon}(Z_1 - Z_{\mathrm{ref},1}) \tag{3.111}$$

$$\zeta_2 = \frac{1}{\varepsilon}(Z_2 - Z_{\mathrm{ref},2}) \tag{3.112}$$

其中,Z_{ref} 为相应的两种混合分数参考值,一般取值为当量条件下的混合分数,ε 为渐进展开系数。

对任意变量进行坐标变换后,可获得二混合分数条件下的组分输运方程,如式(3.113),类似可得到温度的输运方程:

$$\rho\frac{\partial Y_i}{\partial t} - 2\frac{\rho}{Le_i}\left(\chi_1\frac{\partial^2 Y_i}{\partial Z_1^2} + 2\chi_{12}\frac{\partial^2 Y_i}{\partial Z_1\partial Z_2} + \chi_2\frac{\partial^2 Y_i}{\partial Z_2^2}\right) - \dot{w}_i = 0 \tag{3.113}$$

其中,标量耗散率的表示形式如下:

$$\chi_{12} = 2D\left(\frac{\partial Z_1}{\partial x_\alpha}\frac{\partial Z_2}{\partial x_\alpha}\right) \tag{3.114}$$

对于准确求解组分及温度输运方程,标量耗散率在二维混合分数空间(Z_1,Z_2)内的描述显得尤为重要。对于单混合分数的火焰面方程,标量耗散率在混合分数空间的分布形式通常采用补余误差函数或者自然对数分布来表示。然而,二混合分数系统中,关于标量耗散率的描述,Hasse 等(2005)引入方程来求解,其在二维混合分数空间(Z_1,Z_2)内的方程形式如下所示:

$$\frac{\partial\chi}{\partial t} + \frac{1}{4}\left(\frac{\partial\chi}{\partial Z}\right)^2 - 2a\chi = \frac{\chi}{2}\frac{1}{\varepsilon}\frac{\partial^2\chi}{\partial Z^2} \tag{3.115}$$

上述方程的稳态解表示如式(3.116)为补余误差函数的反函数,而对数分布形式如式(3.117)可作为该方程求解的初始和边界条件,Z_R 为最大混合分数值。

$$\chi_j = \frac{a_1}{\pi}(\Delta Z_j)^2\exp\left\{-2\left[\mathrm{erfc}^{-1}\left(\frac{2Z_j}{\Delta Z_j}\right)\right]^2\right\}, \quad j=1,2 \tag{3.116}$$

$$\chi = -\frac{2Z^2}{t}\ln\frac{Z}{Z_R} \tag{3.117}$$

　　标量耗散率χ_{12}的正负性主要取决于混合分数Z_1和Z_2的梯度变化,而在强烈的标量梯度变化区域,两种混合分数对应的标量场的流动及涡量场均相同,且小尺度涡内标量场在任意方向都没有偏向,每种角度的可能性都相同,即可假定标量耗散率的净作用χ_{12}为0,从而可忽略火焰面方程中包含的标量耗散率χ_{12}项。

　　在混合分数空间(Z_1,Z_2)内火焰面方程中二混合分数的和小于1,其形式可表示为单位三角形。然而,两种混合分数的和不超过1将在求解火焰面方程时带来各种数值问题以及解的不精确性,为此,Hasse 和 Peters(2005)引入两个新的变量进行坐标变换,将计算区域转变为方形,见图 3.21。新的变量表示式如方程(3.118)与方程(3.119)所示,其中,Z为两种混合参数的和,y为混合参数,这些变量的取值范围均为(0,1)。因此,任意一组二混合分数(Z_1,Z_2)均有唯一的(Z,y)与其相对应,将变量转换至新的混合分数空间(Z,y)内,可得到新的火焰面方程形式,详细过程见文献(Hasse and Peters,2005)。

$$Z=Z_1+Z_2 \tag{3.118}$$

$$y=\frac{Z_2}{Z_1+Z_2} \tag{3.119}$$

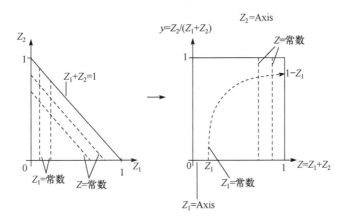

图 3.21　混合分数转换至(Z,y)空间的示意图(Hasse and Peters,2005)

　　在求解二混合分数系统的火焰面方程基础上,结合交互式火焰面模型思想,其数据的交互过程见图 3.22。由图可知,CFD 计算可提供求解火焰面的参数:$\widehat{\chi}_{st,1}$、$\widehat{\chi}_{st,2}$、$\hat{p}$,将上述变量传递至火焰面方程中求解出$Y_i(Z,y,t)$,再计算(Z,y)空间内的联合概率密度函数$P(Z,y)$,其中,概率密度函数中的变量可由平均混合分数及方差的输运方程得到,从而可获得变量的平均值,平均温度可由焓方程求解,并代入 CFD 计算中,更新流场并多次迭代直至收敛。Hasse 等(2005)采用上述方法,成功应用于直喷柴油机的点火过程模拟,并与实验结果进行了对比,验证了该方法的准确性。

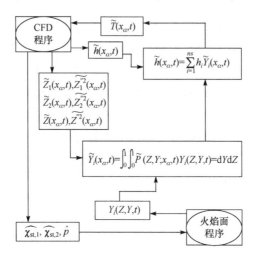

图 3.22　二混合分数空间交互式非稳态火焰面模型与 CFD 耦合求解
流程示意图（Hasse and Peters，2005）

3.5　火焰面/进度变量模型

　　经典的稳态火焰面模型由于没有考虑火焰面方程中的时间相关项,可以独立
于湍流场提前计算,大大提高了计算效率,并得到了比较广泛的应用。但稳态火焰
面模型仅采用了火焰面方程解的稳态燃烧分支,其在熄火标量耗散率附近的处理
方法会导致解的不连续。另外,由于采用的解空间有限,稳态火焰面模型还不能准
确描述稳态燃烧解与完全熄火之间的中间状态,因此也不能描述流场中的局部点
火和熄火现象。

　　近年来,Pierce 等（2001,2004）提出的火焰面/进度变量模型（flame/progress
variable model）通过求解两个标量（混合分数和进度变量）的输运方程来描述化学
反应,且生成数据库时考虑了火焰面方程解的非稳态燃烧分支,较好地解决了稳态
火焰面模型在熄火标量耗散率附近解的不连续问题。另外,Pierce（2004）的计算
结果表明,火焰面/进度变量模型还可以处理燃烧流场中的局部点火、熄火问题。
鉴于火焰面/进度变量模型所具有的上述优点,目前已得到了较多应用,本节对其
进行详细阐述。

3.5.1　火焰面/进度变量模型的理论基础

　　图 3.23 给出了计算 3.5.5 节中同轴射流火焰燃烧室算例得到的火焰面方程
解的 S 曲线（Pierce,2001）,表征了最大火焰温度随标量耗散率的变化。该曲线包
含三个分支:稳态燃烧分支、具有部分熄火状态的非稳态燃烧分支和完全熄火分

支。在稳态燃烧分支,随着标量耗散率 χ 的增加,最大火焰温度降低,这是由于标量耗散率增加,导致燃料/氧化剂间混合增强,反应物浓度增加,相应生成物浓度减少,因而火焰温度降低。当标量耗散率达到熄火临界点时,火焰温度处于局部最低值,由此导致化学反应速率相对较低,但此时反应物浓度仍在增加,只是增长速率非常缓慢;在非稳态燃烧分支,为了维持燃烧,随着温度降低,标量耗散率 χ 将减小;在完全熄火分支,最大火焰温度与标量耗散率 χ 无关。在经典的稳态火焰面模型中,生成火焰面数据库时仅采用了 S 曲线上的稳态燃烧分支,当 χ 大于临界标量耗散率时认为发生熄火(即采用 S 曲线中的完全熄火分支),如图 3.24 所示(Pierce,2001)。不难看出,稳态火焰面模型在临界标量耗散率附近的处理方法会导致解的不连续,进而可能引发流场非物理解和数值不稳定性。另外,湍流中的熄火和重点火现象可以使瞬态状态偏离稳定解状态,因而采用稳态火焰面数据库还不能准确描述稳态燃烧解与完全熄火之间的中间状态。

在经典的稳态火焰面模型中,由于仅采用了 S 曲线上的稳态燃烧分支,因此由标量耗散率即可确定出火焰状态。而在火焰面/进度变量模型中,稳态燃烧分支和非稳态燃烧分支均被采用,由图 3.23 可以看出,除临界点外,在给定标量耗散率的情况下,稳态燃烧分支和非稳态燃烧分支上各存在一个火焰状态与之对应,这样就会出现一个标量耗散率对应两个燃烧状态的情形,从而使得难以判别所需要的燃烧状态。如果判别出现错误,将会影响整个流场的准确预测。为了解决这一问题,引入一个新参数代替标量耗散率来描述 S 曲线上的火焰状态,这一新参数就是进度变量 C。对于给定的 C 值,包含完整解分支的 S 曲线上存在唯一的火焰状态与之对应。

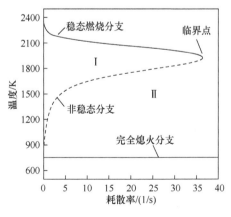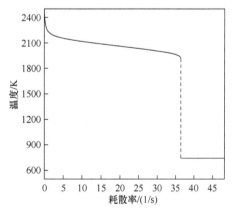

图 3.23 火焰面方程解的 S 曲线(Pierce,2001)　　图 3.24 稳态火焰面模型采用的解分支(Pierce,2001)

3.5.2　火焰面/进度变量模型的方程

在火焰面/进度变量模型中,进度变量的定义有多种方式。对于一步总包反应,当混合分数已知时,得知任一组分的浓度都可以计算出整个化学热力学状态。因此,任一组分的浓度均可以作为进度变量。对于多步反应,进度变量的选取应遵循以下原则:①进度变量必须能较好地反映整个化学反应的进程;②进度变量必须与包含完整解分支 S 曲线上的火焰状态一一对应。另外,中间组分也不宜作为进度变量。由于化学反应的最终目的是将反应物转化为生成物,因此化学反应的发展程度可以用生成物的质量分数来描述。例如,研究氢气/空气的燃烧,可选择 H_2O 的质量分数作为进度变量。图 3.25 给出了空气静温为 340K,氢气静温为 250K,环境压力为 0.1MPa 时的对撞层流扩散火焰在不同标量耗散率下 C(即 H_2O 的质量分数)随混合分数 Z 的变化,其中,实线代表非稳态燃烧分支解,虚线代表稳态燃烧分支解,从图中可以看出,对于给定的 (C, Z),存在唯一的火焰状态与之对应,这说明用 C 来描述包含完整解分支 S 曲线上的火焰状态是合理的。

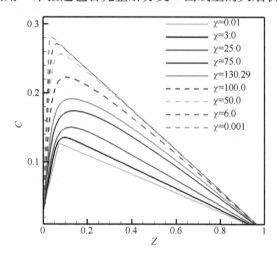

图3.25　氢气/空气燃烧在不同标量耗散率下 C 随 Z 变化(范周琴,2011)

在火焰面/进度变量模型中,进度变量与混合分数一起被用于表述火焰状态。因此,与稳态火焰面模型相比,火焰面/进度变量模型中除了需要求解混合分数输运方程外,还需要求解进度变量的输运方程:

$$\frac{\partial \rho C}{\partial t} + \nabla \cdot (\rho \boldsymbol{u} C - \rho D \nabla C) = \rho \dot{\omega}_C \qquad (3.120)$$

其中,$\dot{\omega}_C$ 为源项,对于氢气/空气燃烧,取为 H_2O 的生成率。相应的流场中的化学热力学状态表示为

$$Y_i = Y_i(Z, C), \quad T = T(Z, C), \quad \rho = \rho(Z, C) \tag{3.121}$$

式中，Y_i、T、ρ 分别为流体的组分质量分数、温度与密度。

根据式（3.121），流场中水的质量分数可由火焰面数据库得到，即

$$Y_{H_2O} = Y_{H_2O}(Z, C) = C_{\text{flamedata}}(Z, C) \tag{3.122}$$

同时，也可以由方程（3.120）计算得到，并将其记为 $C_{\text{transport}}$。为了保持式（3.122）与方程（3.120）之间的相容性，必须保证：

$$C_{\text{transport}} = C_{\text{flamedata}}(Z, C) \tag{3.123}$$

其中，式（3.123）右端括号内的 C 为进度变量，用于区分不同的火焰燃烧状态。为防止混淆，此处定义一个伪标量耗散率 χ_0 用于表征火焰状态，即

$$C_{\text{transport}} = C_{\text{flamedata}}(Z, \chi_0) \tag{3.124}$$

由于 χ_0 与火焰状态之间一一对应，因此

$$\chi_0 = \chi_0(Z, C) \tag{3.125}$$

即 χ_0 由式（3.125）决定，这与 3.2 节所述真实流场中的标量耗散率 χ 不同，因为 $\chi = 2D_T (\nabla Z)^2$ 主要由流场中的混合分数梯度决定。火焰面/进度变量模型中的火焰面方程为

$$\rho \chi_0 \frac{\mathrm{d}^2 Y_i}{\mathrm{d} Z^2} = -\rho \omega_i \tag{3.126}$$

将式（3.126）改写为如下形式：

$$\rho(\chi - \chi_0) \frac{\mathrm{d}^2 Y_i}{\mathrm{d} Z^2} = \rho \chi \frac{\mathrm{d}^2 Y_i}{\mathrm{d} Z^2} + \rho \omega_i \tag{3.127}$$

考虑到文献（Peters，1984）中给出的非稳态火焰面方程为

$$\rho \frac{\partial Y_i}{\partial t} = \rho \chi \frac{\mathrm{d}^2 Y_i}{\mathrm{d} Z^2} + \rho \omega_i \tag{3.128}$$

将方程（3.127）与方程（3.128）进行对比，则可以认为方程（3.127）中等号的左边项代表了方程（3.128）所给出火焰面方程的非稳态项：

$$\rho \frac{\partial Y_i}{\partial t} \approx \rho(\chi - \chi_0) \frac{\mathrm{d}^2 Y_i}{\mathrm{d} Z^2} \tag{3.129}$$

其中，真实标量耗散率 χ 与伪标量耗散率 χ_0 之间的差异表征了非稳态项的强度。对于给定的标量耗散率 χ，此种形式的非稳态项可以看成是一种松弛机制，它将以非常接近稳态火焰面的解进行演化。也就是说，当 $\chi_0 = \chi$ 时，χ_0 可以认为是包含先前火焰结构的迟滞标量耗散率。伪标量耗散率 χ_0 由于可以表征火焰面的演化过程，与 Cuenot 等（2000）的"等应变率"概念非常相似。需要说明的是，由方程（3.129）给出的非稳态解实际上包含在进度变量的输运方程中，且化学反应和标量耗散率以类似于方程（3.128）的形式直接影响进度变量的输运。

在火焰面/进度变量模型中，采用 S 曲线的非稳态燃烧分支曾被认为是不符合

物理实际的。但是,下面将证明,采用非稳态分支的解实际上与非稳态火焰面解类似。在图 3.23 中,给定一个最大火焰温度,曲线上将存在唯一一个伪标量耗散率 χ_0 与其对应,而真实标量耗散率 χ 对应于区域 Ⅰ 或区域 Ⅱ 中一点。若 χ 位于区域 Ⅰ 中,则有 $\chi < \chi_0$,考虑到当温度达到局部最大值时,有 $\mathrm{d}^2 T / \mathrm{d} Z^2$,参考方程 (3.129),有

$$\frac{\partial T}{\partial t} \approx (\chi - \chi_0) \frac{\mathrm{d}^2 T}{\mathrm{d} Z^2} > 0 \tag{3.130}$$

即非稳态项为正值,这表明火焰状态逐渐向稳态燃烧分支移动。类似地,若 χ 位于区域Ⅱ中,有 $\chi > \chi_0$,则

$$\frac{\partial T}{\partial t} \approx (\chi - \chi_0) \frac{\mathrm{d}^2 T}{\mathrm{d} Z^2} < 0 \tag{3.131}$$

即非稳态项为负值,表明火焰状态逐渐向熄火分支移动(若初始火焰状态位于稳态燃烧分支,则将沿稳态燃烧分支向临界点移动)。以上分析表明,非稳态燃烧分支可以描述Ⅰ、Ⅱ区以及火焰点火、熄火之间的中间状态,即可描述燃烧流场中的非稳态过程,从物理上来说其与非稳态火焰面模型一致。

3.5.3　湍流燃烧大涡模拟火焰面/进度变量模型

大涡过滤后进度变量 C 的控制方程为

$$\frac{\partial \bar{\rho} \widetilde{C}}{\partial t} + \nabla \cdot (\bar{\rho} \bar{u} \widetilde{C} - \bar{\rho} \, \overline{D} \, \nabla \widetilde{C} + \widetilde{C}^{\text{sgs}}) = \bar{\rho} \, \bar{\omega}_C \tag{3.132}$$

式中,$\widetilde{C}^{\text{sgs}}$ 为不封闭的亚格子项。参照 $\widetilde{Z}^{\text{sgs}}$ 的封闭方法,$\widetilde{C}^{\text{sgs}}$ 采用下式进行封闭:

$$\widetilde{C}^{\text{sgs}} = \frac{\mu_{\text{t}}}{Pr_{\text{t}}} \nabla \widetilde{C} \tag{3.133}$$

式中,μ_{t}、Pr_{t} 分别为湍流黏性系数和湍流普朗特数。考虑流场中混合分数和进度变量亚格子脉动的影响,化学热力学参数的过滤值由 $\widetilde{Z}$ 和 $\widetilde{C}$ 的联合概率密度函数 $P(\widetilde{Z}, \widetilde{C})$ 计算得到

$$\widetilde{Y}_i = \int Y_i(\widetilde{Z}, \widetilde{C}) P(\widetilde{Z}, \widetilde{C}) \mathrm{d} \widetilde{Z} \mathrm{d} \widetilde{C} \tag{3.134}$$

$$\bar{\omega}_C = \int \omega_C(\widetilde{Z}, \widetilde{C}) P(\widetilde{Z}, \widetilde{C}) \mathrm{d} \widetilde{Z} \mathrm{d} \widetilde{C} \tag{3.135}$$

其中,$Y_i(\widetilde{Z}, \widetilde{C})$、$\omega_C(\widetilde{Z}, \widetilde{C})$ 分别为层流火焰面数据库中的组分质量分数和源项。联合概率密度函数 $P(\widetilde{Z}, \widetilde{C})$ 可以表示为

$$P(\widetilde{Z}, \widetilde{C}) = P(\widetilde{C} \mid \widetilde{Z}) P(\widetilde{Z}) \tag{3.136}$$

其中，$P(\widetilde{C}|\widetilde{Z})$ 为条件概率密度函数。此处假定 $\widetilde{Z}$ 服从 β 分布，则 $P(\widetilde{Z})$ 可由式(3.92)计算。计算 $P(\widetilde{C}|\widetilde{Z})$ 时，假定每一亚格子内的化学热力学状态仅由唯一的火焰燃烧状态描述，则数学上 $P(\widetilde{C}|\widetilde{Z})$ 可由 δ 函数计算，即

$$P(\widetilde{C}|\widetilde{Z})=\delta(\widetilde{C}-\widetilde{C}|\widetilde{Z}) \tag{3.137}$$

其中，$\widetilde{C}|\widetilde{Z}$ 由某一火焰面数据库给出

$$\widetilde{C}|\widetilde{Z}=C(\widetilde{Z},\widetilde{\chi_0}) \tag{3.138}$$

且 $\widetilde{\chi_0}$ 满足

$$\widetilde{C}=\int C(\widetilde{Z},\widetilde{\chi_0})P(\widetilde{Z})\mathrm{d}\widetilde{Z} \tag{3.139}$$

需要说明的是，$\widetilde{Z}$ 和 $\widetilde{C}|\widetilde{Z}$ 的分布函数会给计算结果带来较大影响，但是目前它们的分布函数具体该如何选取，尚未有统一的定论，还有待进一步深入地研究。待计算出 $P(\widetilde{Z})$ 和 $P(\widetilde{C}|\widetilde{Z})$ 之后，代入式(3.136)即可得到 $P(\widetilde{Z},\widetilde{C})$。

火焰面/进度变量模型与稳态火焰面模型类似，也是通过火焰面数据库来描述燃烧状态。因此在应用火焰面/进度变量模型时，也需要首先生成层流火焰面数据库，然后再按照式(3.134)和式(3.135)计算化学热力学状态的过滤值，并生成以 $\widetilde{Z}$、$\widetilde{Z''^2}$、$\widetilde{C}$ 为参变量的三维数据表。唯一不同的是多求解了 $\widetilde{C}$ 的方程及利用进度变量代替标量耗散率来区分不同状态的火焰面数据库。因此，与稳态火焰面模型相比，火焰面/进度变量模型的计算量几乎没有增加。

3.5.4 火焰面/进度变量模型的数据库曲线建表法

如上所述，在生成火焰面/进度变量模型的数据库时，传统的建表方法是根据变量 $\widetilde{Z}$、$\widetilde{Z''^2}$、$\widetilde{C}$ 的完整分布范围(即 $0\leqslant\widetilde{Z}\leqslant1,0\leqslant\widetilde{Z''^2}\leqslant1,0\leqslant\widetilde{C}\leqslant1$)将不同的层流火焰面数据库按照式(3.134)和式(3.135)插值到结构笛卡儿坐标网格中(如图3.26所示，图中的立方体代表传统笛卡儿建表法得到的三维数据库，阴影区域代表实际有效的数据库信息)。然而，这种建表方法对当前情况并不十分适用。这是因为在 $Z=0$ 和 $Z=1$ 附近，C 的最大值较小(见图3.25)，若按照传统的建表方法生成数据库，那么生成的数据库中 $Z=0$ 和 $Z=1$ 附近 C 值较大的区域将不会包含有用的数据库信息，这样会造成数据库冗余，进而给查表操作造成不必要的计算量。另外，当 Z 趋于 0 或 Z 趋于 1 时，所有层流火焰面数据库中的 C 值非常接近(见图3.25)，几乎收敛于一点，若利用传统的建表方法，则该区域中的层流火焰面数据库很难被区分开来，这样将会给准确建表带来较大困难。而层流火焰面数据

库的误判又会对整个流场造成较大影响,这可以从图 3.27 中看出,即使对于 C 值的微小变化,H 原子的质量分数也存在较大差异。

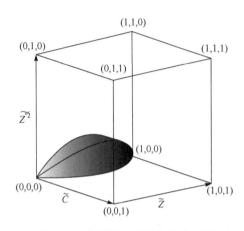

图 3.26　传统笛卡儿建表法示意图

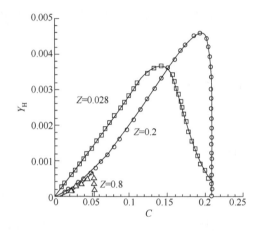

图 3.27　不同 Z 下 H 质量分数随 C 变化

　　为了解决这一问题,舍弃传统的笛卡儿网格建表方法,采用一种新的曲线建表法(见图 3.28)。该曲线建表法只有一维,且分别以进度变量和 $\widetilde{Z}$、$\widetilde{Z''^2}$ 为参变量的二维笛卡儿网格数据表作为网格方向和网格节点。在建立关于 $\widetilde{Z}$、$\widetilde{Z''^2}$ 的二维数据表时,为避免数据库冗余问题,$\widetilde{Z}$ 的变化范围取 $[0,1]$,而 $\widetilde{Z''^2}$ 的变化范围取 $\widetilde{Z''^2} \leqslant \widetilde{Z}(1-\widetilde{Z})$(此处是根据 3.3.3 节中介绍的 β 分布中参数 a 和 b 必须取正值得来),所以用到的数据库其实只有图 3.28 中的阴影部分。上述曲线建表法不但省去了层流火焰面数据库向三维笛卡儿网格的插值过程,而且避免了不必要的数据冗余问题。此外,该方法在 Z 趋于 0 或 Z 趋于 1 的区域分辨率较高,具有较大的优势。

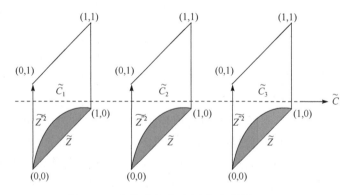

图 3.28　曲线建表法示意图(范周琴,2011)

利用数据库进行查表时,采用三线性插值。具体步骤为:

(1) 对于给定的 $\widetilde{Z}$、$\widetilde{Z''^2}$ 和 $\widetilde{C}$ 值,在 $\widetilde{Z}$ 方向查找 i,使得 $\widetilde{Z}_i \leqslant \widetilde{Z} \leqslant \widetilde{Z}_{i+1}$ 成立。

(2) 在 $\widetilde{Z''^2}$ 方向查找 j,j',使得 $\widetilde{Z''^2}_{i,j} \leqslant \widetilde{Z''^2} \leqslant \widetilde{Z''^2}_{i,j+1}$ 和 $\widetilde{Z''^2}_{i+1,j'} \leqslant \widetilde{Z''^2} \leqslant \widetilde{Z''^2}_{i+1,j'+1}$ 成立。

(3) 在 $\widetilde{C}$ 方向查找 k,使得 $\widetilde{C}(i,j,j+1,i+1,j',j'+1,k) \leqslant \widetilde{C} \leqslant \widetilde{C}(i,j,j+1,i+1,j',j'+1,k+1)$ 成立,这里

$$\widetilde{C}(i,j,j+1,i+1,j',j'+1,k) = a\big[b\widetilde{C}_{i,j,k}+(1-b)\widetilde{C}_{i,j,k}\big]$$
$$+(1-a)\big[b'\widetilde{C}_{i+1,j',k}+(1-b)\widetilde{C}_{i+1,j'+1,k}\big]$$

$$a=\frac{\widetilde{Z}-\widetilde{Z}_i}{\widetilde{Z}_{i+1}-\widetilde{Z}_i}, \quad b=\frac{\widetilde{Z''^2}-\widetilde{Z''^2}_{i,j}}{\widetilde{Z''^2}_{i,j+1}-\widetilde{Z''^2}_{i,j}}, \quad b'=\frac{\widetilde{Z''^2}-\widetilde{Z''^2}_{i+1,j'}}{\widetilde{Z''^2}_{i+1,j'+1}-\widetilde{Z''^2}_{i+1,j'}}$$

（4）找到 k 后,流场中所需要的组分质量分数为

$$\widetilde{Y}_i = d\widetilde{Y}_i(i,j,j+1,i+1,j',j'+1,k)+(1-d)\widetilde{Y}_i(i,j,j+1,i+1,j',j'+1,k)$$

其中

$$d=\frac{\widetilde{C}-\widetilde{C}(i,j,j+1,i+1,j',j'+1,k)}{\widetilde{C}(i,j,j+1,i+1,j',j'+1,k)-\widetilde{C}(i,j,j+1,i+1,j',j'+1,k)}$$

3.5.5 火焰面/进度变量模型算例验证

针对 3.5.2 节中描述的火焰面/进度变量模型,以 Owen 等(1976)的甲烷/空气同轴射流火焰的实验为对象,结合 Pierce 和 Moin(2004)的数值模拟结果来分析模型的可行性。图 3.29 给出了实验中观察到的火焰结构示意图。由于空气/燃料速度比很高,在射流出口端形成了很强的中心回流区,回流区内的燃烧产物为相对低温的来流反应提供了持续的点火源,从而使得射流火焰稳定。实验观察发现,图 3.29 中给出的粗实线火焰面位置间歇性地从喷嘴抬举与再附着。

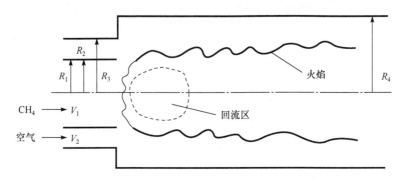

图 3.29 同轴射流燃烧实验示意图(Owen et al. ,1976)

　　判断模型准确性的关键点在于模拟方法是否能准确地捕捉火焰的总体特征及特性,如产物生成速度、火焰抬举、点火与熄火。图 3.30 分别给出了三种模型(快速化学反应模型、稳态火焰面模型、进度变量模型)对应的产物质量分数在径向平面的分布,由图可知,快速化学反应模型与稳态火焰面模型不能够预测靠近喷嘴处的熄火与火焰抬举现象,而进度变量模型预测了火焰抬举且与实验现象相符。

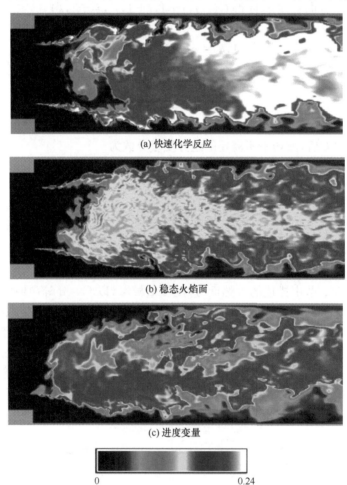

(a) 快速化学反应

(b) 稳态火焰面

(c) 进度变量

0　　　　　　　　　　　　　　0.24

图 3.30　同轴射流燃烧产物质量分数在径向平面的分布(Pierce and Moin,2004)

　　图 3.31 给出了时间平均产物质量分数在径向剖面的分布图。从图 3.31(a)中可以看出,快速化学反应与稳态火焰面模型在靠近射流出口的薄混合层内明显预测到产物的生成,而进度变量模型则没有这样的峰值,原因为:进度变量模型中的产物浓度主要是由下游位置反应产物回流而产生的。在图 3.31(b)~(d)中,快速化学反应模型高估了产物浓度,而稳态火焰面与进度变量模型都与实验结果吻

合地较好。综上可知,进度变量模型相比快速化学反应模型以及稳态火焰面模型能更好地捕捉射流扩散火焰的特征,从而验证了该模型的准确性。

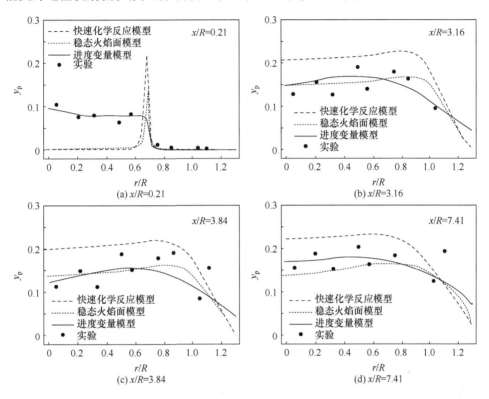

图 3.31　时间平均产物质量分数径向剖面分布(Pierce et al.,2004)

(y_p 表示产物 CO_2 和 H_2O 的时间平均质量分数)

3.6　火焰面/进度变量模型的发展

在湍流扩散燃烧中,熄火与再点火的准确描述对于火焰的预测是相当重要的。Pierce 等(2001,2004)提出的火焰面/进度变量模型,采用进度变量为火焰面参数,并基于设定型概率密度函数生成火焰面数据库,这使得火焰面/进度变量模型能够在一定程度上预测熄火与再点火效应。为更好地预测熄火与再点火现象,如何选取火焰面参数与概率密度函数是改进反应进度变量模型的重要途径。

诸多学者的研究表明,无源标量的概率密度函数可合理地近似为 β 分布,这正是火焰面/进度变量模型中对于混合分数采用 β 分布的原因,而反应标量的分布并不能简单地采用设定型的分布。这里,一个新的火焰面参数 λ 将引入到火焰面/进度变量模型,通过反应标量 C 定义,可与 S 曲线上不稳定分支的火焰状态唯一对应。

Ihme 等(2005)认为,Pierce 等(2001,2004)关于反应标量火焰面参数为 δ 分布的假设可进一步改进为 β 分布函数假设。随后,Ihme 等(2005,2008a,2008b)又提出把统计最概然分布(statistically most-likely distribution,SMLD)函数作为火焰面参数 λ 的设定型 PDF,并将其运用到 Sandia 火焰 D 和 E 的大涡模拟上。另外,Ihme 和 Pitsch(2005)还应用非稳态火焰面对火焰面/进度变量模型进行改进,下面将分别简要叙述。

3.6.1　β-PDF 的火焰面/进度变量模型

Ihme 等(2005)基于 Sripakagorn 等(2000,2004)的 DNS 计算数据,提出采用 β-PDF 分布函数来改进火焰面/进度变量模型。DNS 的计算以均匀各向同性衰退湍流为对象,采用单步可逆化学反应 $F+O \rightleftharpoons 2P$,F、O 与 P 分别代表燃料、氧化剂与产物,并设定该反应无热释放。无量纲化学反应源项仅为混合分数 Z 与简化温度 θ 的函数:

$$\omega_\theta = 2A\exp\left(-\frac{\beta}{\alpha}\right)\exp\left\{-\frac{\beta(1-\theta)}{1-\alpha(1-\theta)}\right\}$$

$$\times\left[Z_{st}(1-Z_{st})\left(\frac{Z}{Z_{st}}-\theta\right)\left(\frac{1-Z}{1-Z_{st}}-\theta\right)-\frac{1}{K}\theta^2\right] \tag{3.140}$$

式中,A 为频率因子;$\alpha=(T_{st,c}-T_{st,u})/T_{st,c}$ 为热释放参数;$\beta=\alpha T_a/T_{st,c}$ 为 Zeldovich 数;T_a 为活化温度;K 为总包反应的平衡常数。$T_{st,c}$ 与 $T_{st,u}$ 分别对应 $Z_{st}=0.5$ 时的绝热温度与未燃温度。反应进度变量选择简化温度 $\theta=(T-T_{st,u})/(T_{st,c}-T_{st,u})$,即 $C=\theta$。标量 ϕ 的 β 分布形状与其均值 $\widetilde{\phi}$、方差 $\widetilde{\phi''^2}$ 有关。该问题中,湍流流动场是不可压的。基于均匀各向同性湍流假设,Z 与 C 的均值和方差方程可分别简化为

$$\begin{cases} \dfrac{\partial \widetilde{Z}}{\partial t}=0 \\[2mm] \dfrac{\partial \widetilde{Z''^2}}{\partial t}=-2D_Z(\nabla \widetilde{Z''})^2 \\[2mm] \dfrac{\partial \widetilde{C}}{\partial t}=\widetilde{\omega}_C \\[2mm] \dfrac{\partial \widetilde{C''^2}}{\partial t}=-2D_C(\nabla \widetilde{C''})^2+2\widetilde{C''\omega''_c} \end{cases} \tag{3.141}$$

在该 DNS 先验研究中,仅积分式(3.141)的 C 均值方程来计算 $\widetilde{C}$,计算 $\widetilde{\omega}_C$ 的公

式(3.135)所需的概率密度函数中的参量则由 DNS 数据库中提取。模型中通过改变频率因子 A 的值来获得不同程度的局部熄火与再点火,计算将对比两种不同频率因子 A 的算例:$A=80000$(适度熄火),$A=30000$(强烈熄火)。

Pierce 等(2001,2004)将火焰面/反应进度变量模型应用到 LES 模拟中,假设 $\widetilde{P}(\lambda|Z)$ 与 Z 无关,再接着假设 $\widetilde{P}(\lambda)$ 的边缘概率密度函数为 δ 分布,即

$$\widetilde{P}(\lambda)=\delta(\lambda-\lambda^{*})\tag{3.142}$$

其中,火焰面参数 $\lambda^{*}=\lambda(\widetilde{Z},\widetilde{Z''^{2}},\widetilde{C})$ 描述了单一的典型火焰面。假设混合分数服从以 $\widetilde{Z}$ 与 $\widetilde{Z''^{2}}$ 为特征的 β 分布,每个 LES 单元的火焰状态由 $\widetilde{C}$ 输运方程的解来决定。因此,可以提前计算火焰面数据库,得到以 $\widetilde{Z}$、$\widetilde{Z''^{2}}$ 与 $\widetilde{C}$ 为自变量的火焰面参数 λ^{*}。利用火焰面数据库,积分计算得到式(3.141)$\widetilde{C}$ 方程的源项为

$$\widetilde{\dot{\omega}}_{C}(\widetilde{Z},\widetilde{Z''^{2}},\widetilde{C})=\int_{0}^{1}\dot{\omega}_{C}(Z,\lambda^{*})\beta(Z;\widetilde{Z},\widetilde{Z''^{2}})\mathrm{d}Z\tag{3.143}$$

该模型被称为单一火焰面封闭模型。

通过求体积积分,由 DNS 数据计算 $\widetilde{Z}$ 和 $\widetilde{Z''^{2}}$,并初始化 $\widetilde{C}$ 方程的求解。图 3.32 给出了两种不同算例的数值结果,其中给出了 $\widetilde{C}$ 的变化,并将火焰面参数 λ^{*} 与 DNS 数据得到的 $\widetilde{C|Z_{\mathrm{st}}}$ 进行对比。对于适度熄火算例(图 3.32,进度变量的

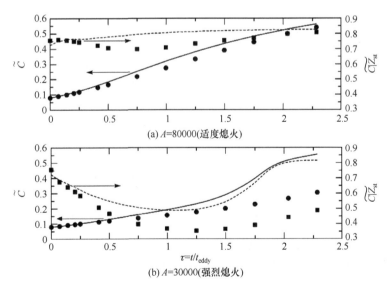

图 3.32　单一火焰面(δ 分布)封闭模型得到的进度变量(实线)随时间的变化与 DNS 数据(圆点)的对比(Pierce et al.,2004),以及在 Z_{st} 条件下平均进度变量(虚线)与 DNS 数据(方点)的对比(t_{eddy} 为基于积分长度尺度与脉动速度的大涡翻转特征时间,τ 为无量纲时间)

平均值（实线）在 τ 接近于 0.5 之后估算过高，这大致对应于 DNS 计算中熄火变得显著的时刻（Sripakagorn et al. ，2000，2004）。即使只是略微地高估了平均温度，也会导致反应区当地温度的较大误差，这可以通过对比 DNS 数据在化学恰当当量下的条件平均温度（方点）与 FPV 模型的计算值（虚线）看出，如图 3.32 所示，强烈熄火算例的结果与 DNS 数据有较大的偏离。由此可见，单一火焰面封闭的火焰面/进度变量模型低估局部的熄火频率，高估了再点火，从而导致了较高的平均温度。通过对比 DNS 中 λ 在 $Z=Z_{st}$ 时的条件概率密度函数 $\widetilde{P}(\lambda\,|\,Z_{st})$ 与单一火焰面封闭模型的设定型概率密度函数，可以找出导致这种现象的原因，如图 3.33 所示，$\widetilde{P}(\lambda\,|\,Z_{st})$ 的双峰形状表明 LES 单元同时包括熄火与燃烧的两种可能状态。然而，单一火焰面模型只采用了 λ^* 的 δ 分布函数，位置在 $\widetilde{P}(\lambda\,|\,Z_{st})$ 的双峰值之间。由于化学反应源项的非线性，这会导致产生较大的化学反应源项 $\widetilde{\omega}_C$，随之产生如图 3.32 所示较高的平均温度。

图 3.33 中 $\widetilde{P}(\lambda\,|\,Z_{st})$ 的双峰特性表明，针对现有算例需要考虑 λ 分布的更高阶矩信息。Cha 与 Pitsch（2002）针对反应标量的条件概率密度函数 $\widetilde{P}(\lambda\,|\,Z_{st})$ 运用了 β 分布。假设以 Z 为条件的火焰面参数 λ 的设定型概率密度函数为 β 分布：

$$\widetilde{P}(\lambda\,|\,Z)=\beta(\lambda\,;\widetilde{\lambda\,|\,Z},\widetilde{\lambda''^2\,|\,Z}) \tag{3.144}$$

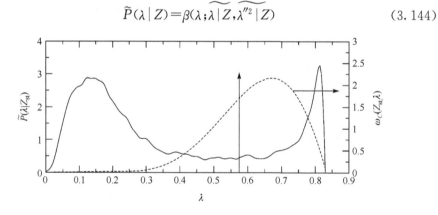

图 3.33 $\tau=1.5,A=30000$ 时 DNS 的条件概率密度函数 $\widetilde{P}(\lambda\,|\,Z_{st})$（实线）与单一火焰面封闭模型的设定型概率密度函数对比（Pierce and Moin，2004）

（垂直箭头代表 δ 分布 $\delta(\lambda-\lambda^*)$，虚线代表化学反应源项 $\omega_C(Z_{st},\lambda)$）

除 $\widetilde{\lambda\,|\,Z}$ 的方程之外，这个模型还需要求解以 Z 为条件的火焰面参数方差 $\widetilde{\lambda''^2\,|\,Z}$ 的输运方程。这里，Ihme 等（2005）基于 Sripakagorn 等（2000，2004）的 DNS 数据提取 λ 的条件平均与方差 $\widetilde{Z}$ 和 $\widetilde{\lambda''^2\,|\,Z}$，并用这些值来计算式（3.141），其中条件概率密度函数利用式（3.144）来计算。图 3.34 对比了从这个模型得到的简化温度（实线）与 DNS 结果（圆点），从图中可以看出即使有强烈局部熄火与再点火发生［图 3.34(b)］，式（3.144）给出的条件概率密度函数模型仍然适用。

图 3.34 中的点划线是假设 λ 与 Z 相互独立而得到的结果,即

$$\widetilde{P}(Z,\lambda) = \beta(\lambda;\widetilde{\lambda},\widetilde{\lambda''^{2}}) \beta(Z;\widetilde{Z},\widetilde{Z''^{2}}) \tag{3.145}$$

其中用 β 分布来描述 λ 的概率分布。从图中可以看出,特别是对于适度熄火的算例来说,计算结果严重高估了平均温度。

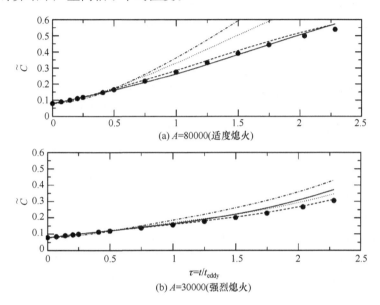

(a) $A=80000$(适度熄火)

(b) $A=30000$(强烈熄火)

图 3.34　用火焰面/反应进度变量模型(β 分布)计算得到的平均
反应变量随时间的变化(Ihme et al.,2005a)

图 3.34 中,Z 与 λ 的联合概率密度函数分别由式(3.144)(实线)、式(3.145)(点划线)计算,虚线为采用 DNS 结果得到的联合概率密度函数,圆点为从 DNS 结果中平均反应变量的变化,点线为滤波尺寸为 DNS 网格 4^{3} 的 LES 结果。

结果表明,用 δ 分布来作为火焰面参数 λ 的条件概率密度函数将导致平均温度的过高估计,甚至在中等熄火水平下也是如此;若 λ 的条件概率密度函数由 β 分布来定义,火焰面/进度变量模型可以预测熄火和再点火现象,由模型得到的平均温度和 DNS 数据吻合得很好。同时,为消除图 3.32 中 DNS 数据与基于式(3.145)的火焰面/进度变量模型计算结果之间存在的误差,通过求解式(3.144)中反应进度变量方差的方程,并用条件 β-PDF 函数对反应进度变量与化学反应源项的协方差建模,可以进一步改进火焰面/进度变量模型。

3.6.2　火焰面参数为统计最概然分布的火焰面/进度变量模型

通常,联合概率密度函数 $P(Z,\lambda)$ 的精确形式只能从所有统计矩的信息中获得。在缺少详细数据的情况下,联合概率密度函数的分布经常用具有有限矩信息

的设定型概率密度函数来近似。概率密度函数分布经常采用一阶矩和二阶矩决定的双参数函数,如 β 分布和高斯分布。但这些模型存在缺点,即不能系统地把更高阶矩的信息引入到设定型概率密度函数中。

鉴于火焰面/进度变量模型中反应进度变量的设定型概率密度函数建模的重要性,Ihme 和 Pitsch 等(2005,2008a)重新审查了守恒标量和反应标量的设定型概率密度函数模型,并提出把最概然分布函数作为火焰面参数 λ 的设定型概率密度函数。结果表明,随着所包含的矩的数目增加,概率密度函数模型结果与 DNS 数据吻合很好。二阶矩以上的信息有益于精确描述在强熄火和再点火情况下的湍流火焰的反应标量分布,以下将对概率密度函数的理论进行简要介绍。

通常,概率密度函数分布由前几阶矩定义,对更高阶矩的信息可基于所谓的最大熵原理通过分析可用的矩信息以及最大化概率密度函数的不确定度(Fang et al. ,1997)来引入。Shannon 和 Weaver(1963)提出了该不确定度的正式定义,其关键思想可以用下面的例子来阐述。若考虑由变量 ψ 描述的一随机过程,且 $\psi^- \leqslant \psi \leqslant \psi^+$,那么对于 $\widetilde{P}(\psi) = \delta(\psi - \psi_0)$ 的确定性过程,$\psi = \psi_0$,此时结果的不确定度为零。另一方面,若 ψ 的分布信息不可知,唯一的无偏估计为 $\widetilde{P}(\psi) = 1/(\psi^+ - \psi^-)$。该均匀分布指明所有事件发生的机会均等,最大化了结果的不确定度(Fang et al. ,1997),这也称为"Laplace 不确定原则"。该随机变量 ψ 可能状态的不确定度值可被定义为(Shannon,1963;Good,1963;Sagan,1992;Heinz,2003):

$$S(\widetilde{P}(\psi)) = -\int_{\psi} \widetilde{P}(\psi) \ln \frac{\widetilde{P}(\psi)}{Q(\psi)} \mathrm{d}\psi \qquad (3.146)$$

这里 $Q(\psi)$ 为一先验概率密度函数(Fang et al. ,1997;Sagan,1992)。由公式可以看出,对零方差的变量的一个确定性状态,不确定度 S 趋于负无穷;而对于方差是无穷的情况,S 趋于正无穷。Shannon 和 Weaver(1963)定义该不确定度值为"熵"。方程(3.146)类似于描述一热力学系统熵的玻尔兹曼公式,在这里被用来衡量可用信息的不确定度(Fang et al. ,1997)。

$\widetilde{P}(\psi)$ 表达式可用变分法(Heinz,2003)由式(3.146)计算,该概率密度函数最大化结果的不确定度包含前 i 阶矩信息,被称为"最概然分布",形式如下(Press et al. ,2007):

$$\widetilde{P}_{\text{SML},i}(\psi) = Q(\psi) \exp\left(\sum_{j=0}^{i} a_j \psi^j\right) \qquad (3.147)$$

拉格朗日乘子 a 可由下面公式定义:

$$\int_{\psi} \widetilde{P}_{\text{SML},i}(\psi) \mathrm{d}\psi = 1 \qquad (3.148)$$

$$\int_{\psi} \psi \widetilde{P}_{\text{SML},i}(\psi) \mathrm{d}\psi = \widetilde{\psi} \qquad (3.149)$$

$$\int_{\psi} (\psi - \widetilde{\psi})^j \, \widetilde{P}_{\text{SML},i}(\psi) \, \mathrm{d}\psi = \widetilde{\psi''^j}, \quad j = 2, \cdots, i \tag{3.150}$$

它可被写为矩阵形式：

$$\widetilde{\boldsymbol{P}}(a) = 0 \tag{3.151}$$

对于该非线性方程组，a 的根可由高斯-牛顿算法或者 Broyden 算法(Pope and Chen,1990)求解。

先验分布 $Q(\psi)$ 考虑了组分空间的偏差(Fang et al. ,1997；Sagan,1992)，由式 (3.147)可以看到若不包含任何矩信息，则$\widetilde{P}_{\text{SML},0}(\psi) = Q(\psi)$。通常，守恒标量分布 $Q(\psi)$ 为常量，而反应标量的概率密度函数受化学时间尺度影响，这应被添加至 $Q(\psi)$ 中。特别地，组分空间的一个状态的发生概率反比于组分空间中由分子混合速率

$$v_{\text{m}} = \frac{\psi'}{\tau_{\psi}} = \frac{\chi_{\psi}}{\psi'} \tag{3.152}$$

和化学反应速率

$$v_{\text{r}} = \dot{\omega}_{\psi} \tag{3.153}$$

式(3.152)中，τ_{ψ} 代表特征混合时间，$\psi' = \sqrt{\widetilde{\psi''^2}}$ 为 ψ 的标准差，χ_{ψ} 为 ψ 的标量耗散率。$Q(\psi)$ 较大的值会使这些 ψ 值存在的概率增加。Pope 和 Chen(1990)提出了 $Q(\psi)$ 的形式，

$$Q(\psi) = \frac{1}{\psi'} \left[1 + \left(\frac{v_{\text{r}}}{v_{\text{m}}} \right)^2 \right]^{-1/2} \tag{3.154}$$

最概然分布提供了可以合并任意数目的矩信息系统框架,优于传统的设定型 PDF 模型。另外,先验概率密度函数 $Q(\psi)$ 的定义使得最概然分布可以应用于反应标量的分布上。

Ihme 和 Pitsch 等(2008a,2008b)把该改进的火焰面/进度变量模型应用到 Sandia 火焰 D 和 E 的数值模拟中,并把计算结果和实验数据进行了对比。图 3.35 分别给出火焰面参数满足最概然分布及 δ 分布时计算的以平均混合分数为条件的温度及 CH_4、O_2 和 H_2O 的组分分布。观察发现,火焰 E 在 $x/D_{\text{ref}} = 7.5$ 的初始测量位置明显发生熄火。火焰的局部熄火将引起火焰温度峰值下降 100~150K,且燃料和氧化剂通过反应区相互渗漏。在 $x/D_{\text{ref}} = 7.5$ 截面位置,采用 δ 分布计算的结果并不能完整描述喷口附近的熄火过程,且过高地估计了温度以及燃料和氧化剂的消耗。改进的火焰面/进度变量模型能准确地预测温度剖面及 O_2 的质量分数。随着离喷口距离的增加,火焰得以恢复且发生再点火现象,两种模型计算得到的火焰温度及组分分布结果相似,且在 $Z < 0.5$ 时计算值与实验结果吻合较好。上述计算结果表明,采用最概然分布可有效改进 FPV 燃烧模型预测湍流扩散火焰中局部熄火和再点火的作用。

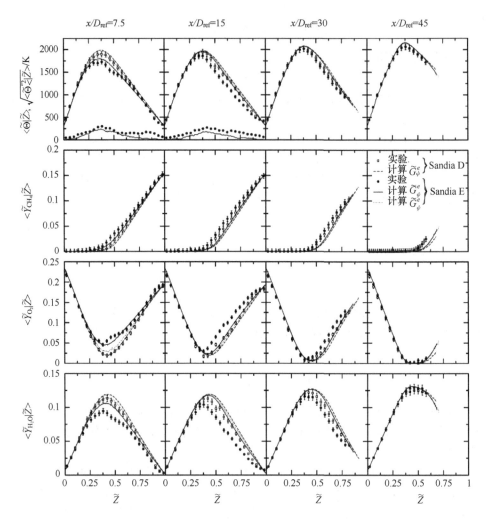

图 3.35　火焰 D 和火焰 E 中 $x/D=7.5,15,30$ 和 45 处以平均混合分数为条件的组分质量分数
及温度的实验和计算值对比图(Ihme and Pitsch,2008a,2008b)

(带误差估计的实验数据由符号表示,计算值由实线表示;$\widetilde{G}_\phi^e$ 和$\widetilde{G}_\psi$ 分别表示火焰面参数
满足最概然分布和 δ 分布时的计算值)

3.6.3　非稳态火焰面/进度变量模型

　　Ihme 和 Pitsch (2005)把火焰面/进度变量模型和非稳态火焰面模型进行结合构
造了非稳态火焰面/进度变量(unsteady/flamelet progress variable,UFPV)模型。

　　根据前述小节的介绍可知,典型的稳态火焰面模型以混合分数和化学恰当标
量耗散率来参数化火焰面方程的解,而火焰面/进度变量模型则以混合分数和反应

标量(以火焰面参数 λ 为特征)来参数化,这两种模型均存在一个明显的缺点:均被限制在稳态火焰面解上,而湍流中的熄火和再点火现象可以使瞬态状态偏离稳态解的状态。图 3.36 给出了非稳态火焰面数据库中化学恰当当量标量耗散率与该状态下的温度关系图。其中,S 型曲线包含稳定解对应的上部分支、不稳定解对应的中间分支、水平线对应的下部熄火分支,这点与图 3.23 的火焰面解相同。竖直线对应同一标量耗散率条件下的非稳态火焰面解。观察发现,沿着 S 型曲线,火焰面参数(类似于化学恰当当量温度)的变化与化学恰当当量状态的标量耗散率相对应;而湍流流动中,温度的变化一般不能响应标量耗散率的快速变化。由该图及 3.5.1 节的讨论可知,曲线左侧的温度变化率为正值,而右侧为负值,这就意味着从最高温到最低温的非稳态计算只能在大于熄火极限的标量耗散率情况下进行(Ihme and Pitsch,2005),即对应图中的第 IV 区。对于较低的温度值,非稳态的解可用 S 型曲线中间分支上的稳态解作为初始条件进行模拟,且非稳态解对应的标量耗散率要略小于稳态解。由于中间分支不稳定,火焰温度上升,火焰面解趋近 S,类似地,可以从稍高于稳态火焰面对应的标量耗散率开始计算 III 区中较低化学恰当当量温度下的火焰面数据库。对于 S 型曲线的上部分支以上的 I 区,可用较低标量耗散率对应的稳态解作为初始条件来计算,且随着时间的发展,非稳态火焰面解将接近 S 型曲线的上部稳定分支。根据上述方法,在非稳态火焰面/进度变量模型中,选择混合分数、化学恰当当量标量耗散率及火焰面参数作为独立参数,通过计算熄火和再点火的火焰面解,建立非稳态火焰面数据库,并将其应用到 LES 模拟中。

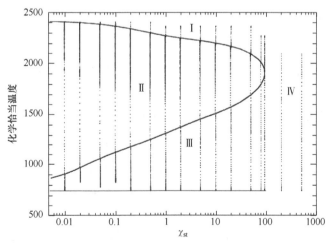

图 3.36　非稳态火焰面数据库中化学恰当当量条件下的温度随标量耗散率的变化(Ihme and Pitsch,2005)

(实线为常压下空气温度为 750K 的甲烷火焰面方程稳态解的 S 型曲线)

由上述方法求解出的所有非稳态火焰面解,仅与时间、混合分数和化学恰当当量标量耗散率相关,引入火焰面参数 λ 来代替时间,则所有标量 ϕ 的火焰面解可表示为

$$\phi = \phi(Z, \lambda, \chi_{st}) \tag{3.155}$$

变量滤波标量值的求解需确定三参数的联合概率密度 $\widetilde{P}(Z, \lambda, \chi_{st})$,由于火焰面假设成立,火焰面参数可被定义为独立于混合分数的变量,化学恰当当量标量耗散率的关系式如方程(3.77),且 χ_{st} 与混合分数不相关,假定混合分数满足 β 函数分布,且 λ 和 χ_{st} 相互独立,两者的边缘 PDF 均由 δ 函数描述,即三参数联合概率密度可表示为方程(3.157)。

$$\widetilde{\phi} = \int_{\lambda^-}^{\lambda^+} \int_0^{\lambda_{max}} \int_0^1 \phi(Z, \lambda, \chi_{st}) \widetilde{P}(Z, \lambda, \chi_{st}) \mathrm{d}Z \mathrm{d}\lambda \mathrm{d}\chi_{st} \tag{3.156}$$

$$\widetilde{P}(Z, \lambda, \chi_{st}) = \beta(Z; \widetilde{Z}, \widetilde{Z''^2}) \delta(\lambda - \lambda^*) \delta(\chi_{st} - \chi_{st}^*) \tag{3.157}$$

反应进度变量和标量耗散率的滤波值 $\widetilde{C}$ 和 $\widetilde{\chi}$ 由下式定义:

$$\widetilde{C} = \int_0^\infty \int_{\lambda^-}^{\lambda^+} \int_0^1 C(Z, \lambda, \chi_{st}) \beta(Z; \widetilde{Z}, \widetilde{Z''^2}) \delta(\lambda - \lambda^*) \delta(\chi_{st} - \chi_{st}^*) \mathrm{d}Z \mathrm{d}\lambda \mathrm{d}\chi_{st} \tag{3.158}$$

$$\widetilde{\chi} = \int_0^1 \chi_{st}^* f(Z) \beta(Z; \widetilde{Z}, \widetilde{Z''^2}) \mathrm{d}Z \tag{3.159}$$

$\widetilde{Z}, \widetilde{C}, \widetilde{Z''^2}$ 和 $\widetilde{\chi}$ 滤波值从滤波输运方程的解和方差及耗散率的模型可以获得。原则上,λ^* 和 χ_{st}^* 可以由一个迭代过程获得:改变它们的值来计算式(3.159),直到积分值等于平均值。得到以 $\widetilde{Z}, \widetilde{Z''^2}, \lambda, \chi_{st}$ 为变量的数据表,其中包含 $\widetilde{C}$ 和 $\widetilde{\chi}$。表格可被用于 LES 计算,对于每个网格,λ^* 和 χ_{st}^* 由式(3.158)和式(3.159)计算得到。然而,也可用 $\widetilde{C}$ 来代替 λ,$\widetilde{\chi}$ 代替 χ_{st},重新内插建表以提高计算效率。这样,火焰面数据库中包含以 $\widetilde{Z}, \widetilde{C}, \widetilde{Z''^2}$ 和 $\widetilde{\chi}$ 为自变量的函数,可提供一系列滤波标量,且将 λ 和 χ_{st} 从计算中完全除去,从而建立出非稳态火焰面数据库。

Pistch 等(1998)将 UFPV 模型应用至 LES 计算中,模拟了气体涡轮发动机中边界受限旋流燃烧器的燃烧过程,计算得到的速度均值和脉动量、温度、CO_2 和 CO 摩尔浓度和实验结果吻合较好。Ihme 和 See(2010)将该模型成功应用于抬举甲烷/空气射流火焰的自点火预测中,进一步验证了该模型。

随后,Mukhopadhyay 和 Abraham(2012)在 UFPV 模型的基础上,对模型中的反应标量和守恒标量的分布进行研究,并将其应用至压燃发动机点火过程的

LES 模拟中。不同于先前介绍的标量 ϕ 形式,该研究中火焰面解表示为 $\phi(Z,C_{st},\chi_{st})$, C_{st} 及 χ_{st} 均由先验的 DNS 计算获得,且联合概率密度函数分布 $P(Z,C_{st},\chi_{st})$ 均由各变量的边缘 PDF 来表示。计算各变量的 PDF 形式与 DNS 结果进行对比发现,β 函数可很好地近似混合分数 Z 的 PDF 分布,反应标量 C_{st} 的 PDF 形式与流场的初始组分梯度相关。受湍流随机性的影响,当组分梯度较小时,在自点火及火焰的发展过程中 C_{st} 的变化较小,可采用 δ 函数来近似 C_{st} 分布,而当组分梯度较大时,C_{st} 的分布范围变大,此时,δ 函数并不能很好地近似 C_{st} 分布,可引入最概然分布。与预想的一样,最概然分布的高阶矩信息更有利于近似 C_{st} 的 PDF 分布,但从 RANS 和 LES 来获得高阶矩信息存在一定的难度。χ_{st} 的分布可采用 δ 函数和对数正态分布函数来近似,但 δ 函数的计算结果与 DNS 结果存在显著差别,且当组分梯度较小时,δ 函数结果较对数正态分布的结果更好,但在较大范围的组分梯度内,对数正态分布比 δ 函数能更好来近似 χ_{st} 的分布。此外,Mukhopadhyay 等 (2012)还验证了守恒标量和反应标量的独立特性。结果表明,组分梯度较小时,C_{st} 和 Z 的相互独立特性假设并不成立,其原因为 $\chi(Z)$ 的分布受热释放过程的影响,而该过程与 Z 相关,随着组分梯度的增加,热释放对 $\chi(Z)$ 分布的影响将减小,此时统计独立的假设将更合理。对比由 DNS 及 UFPV 计算的平均进度变量值,结果表明,组分梯度越小,二者差别更明显;当组分梯度较小时,火焰面的一维假设将不再成立,且热释放对 $\chi(Z)$ 分布的影响变大,说明在混合物梯度较大时 UFPV 模型可能为更合理的近似。

参 考 文 献

董刚,王海峰,陈义良. 2005. 用火焰面模型模拟甲烷/空气湍流射流扩散火焰. 力学学报, 37(1):73-79.

范周琴. 2011. 超声速湍流燃烧火焰面模式判别、建模及应用研究[博士学位论文]. 长沙:国防科学技术大学.

刘戈,解茂昭,贾明. 2011a. 基于互动小火焰模型的内燃机燃烧过程大涡模拟, 62(9):2490-2498.

刘戈,解茂昭,贾明. 2011b. 利用 RIF 模型对内燃机燃烧过程的模拟, 29(5):398-404.

刘永峰. 2005. 直喷式柴油发动机的湍流燃烧模拟. 北京建筑工程学院学报, 21(2):48-51.

刘永峰,秦建军,裴普成. 2005. 直喷式柴油机碳烟和 NO_x 排放的数值模拟及试验. 车用发动机, 6:42-45.

陆阳. 2009. 燃烧计算中火焰面模型的研究[博士学位论文]. 合肥:中国科学技术大学.

王海峰. 2005. 湍流非预混燃烧的数值模拟研究[博士学位论文]. 合肥:中国科学技术大学.

Bai X S. 2008. Turbulent Combustion. Lecture notes. Lund:Lund University.

Bai X S, Fuchs L, Mauss F. 2000. Laminar flamelet structure at low and vanishing scalar dissipation rate. Combustion and Flame,120(3):285-300.

Barlow R S,Frank J H. 1998. Effects of turbulence species mass fractions in methane/air jet flames. Proceedings of Combustion Institute,27(1):1087-1095.

Berglund M,Fureby C. 2007. LES of supersonic combustion in a scramjet engine model. Proceedings of Combustion Institute,31(2):2497-2504.

Bilger R W. 1980. Turbulent Reacting Flows . Berlin:Springer-Verlag.

Bilger R W. 1988. The structure of turbulent nonpremixed flames . The Twenty-Second Symposium (International) on Combustion,The Combustion Institute,Pittsburgh.

Burke S P,Schumann T E W. 1928. Diffusion flames . The First Symposium (International) on Combustion,Pittsburgh.

Cha C M,Pitsch H. 2002. Higher-order conditional moment closure modelling of local extinction and reignition in turbulent combustion . Combustion Theory and Modelling,6(3):425-437.

Chelliah H K,Seshadri K,Law C K. 1993. Reduced Kinetic Mechanisms for Applications in Combustion Systems . Berlin:Springer-Verlag.

Chen C S,Chang K C,Chen J Y. 1994. Application of a robust beta-pdf treatment to analysis of thermal NO formation in nonpremixed hydrogen-air flame. Combustion and Flame, 98:375-390.

Consul R,Oliva A,Perez-Segarra C D,et al. 2008. Analysis of the flamelet concept in the numerical simulation of laminar partially premixed flames. Combustion and Flame,153(1-2):71-83.

Cuenot B, Egolfopoulos F N, Poinsot T. 2000. An unsteady laminar flamelet model for non premixed combustion . Combustion Theory Modelling,4:77-97.

Dixon-Lewis G,David T,Gaskell P H,et al. 1985. Calculation of the structure and extinction limit of a methane-air counterflow diffusion flame in the forward stagnation region of a porous cylinder. The Twentieth Symposium (International) on Combustion,Pittsburgh.

Fang S-C,Rajasekera J R,et al. 1997. Entropy Optimization and Mathematical Programming . Dordrecht:Kluwer Academic Publishers.

Good I J. 1963. Maximum Entropy for Hypothesis Formulation,Especially for Multi dimensional Contingency Tables . The Annals of Mathematical Statistics,34:911-934.

Han D. 2001. Study of Turbulent Nonpremixed Jet Flames Using Simultaneous Measurements of Velocity and CH Distribution [PhD Thesis]. Stanford:Stanford University.

Hasse C,Peters N. 2005. A two mixture fraction flamelet model applied to split injections in a DI Diesel engine. Proceedings of the Combustion Institute,30(2):2755-2762.

Heinz S. 2003. Statistical Mechanics of Turbulent Flows . Berlin Heidelberg:Springer.

Idicheria C A,Boxx I G,Clemens N T. 2004. Characteristics of turbulent nonpremixed jet flames under normal- and low-gravity conditions . Combustion and Flame,138(4):384-400.

Ihme M,Cha C M,Pitsch H. 2005. Prediction of local extinction and re-ignition effects in nonpremixed turbulent combustion using a flamelet/progress variable approach . Proceedings of the Combustion Institute,30:793-800.

Ihme M, Pitsch H. 2005. An unsteady/flamelet progress variable method for LES of nonpremixed turbulent combustion . AIAA Paper 2005-0557.

Ihme M, Pitsch H. 2008a. Prediction of extinction and re-ignition in nonpremixed turbulent flames using a flamelet/progress variable model: 1. A priori study and presumed PDF closure . Combustion and Flame, 155(1-2): 70-89.

Ihme M, Pitsch H. 2008b. Prediction of extinction and re-ignition in nonpremixed turbulent flames using a flamelet/progress variable model: 2. Application in LES of Sandia flames D and E . Combustion and Flame, 155(1-2): 90-107.

Ihme M, See Y C. 2010. Prediction of autoignition in a lifted methane/air flame using an unsteady flamelet/progress variable model. Combustion and Flame, 157(10): 1850-1862.

Jimenez J, Linan A, Rogers M M, et al. 1997. A priori testing of subgrid models for chemically reacting non-premixed turbulent shear flows . Journal of Fluid Mechanism, 349: 149-171.

Kim J S, Williams F A. 1997. Extinction of diffusion flames with nonunity Lewis numbers . Journal of Engineering Mathematics, 31(2-3): 101-118.

Liu F, Guo H, Smallwood G J. 2002. A robust and accurate algorithm of the beta-pdf integration and its application to turbulent methane-air diffusion combustion in a gas turbine combustor simulator. International Journal of Thermal Science, 41: 763-772.

Lockwood F C, Naguib A S. 1975. The prediction of the fluctuation in the properties of free, round-jet, turbulent diffusion flame . Combustion and Flame, 24: 109-124.

Marracino B, Lentini D. 1997. Radiation modelling in non-luminous nonpremixed turbulent flames. Combustion Science and Technology, 128(1-6): 23-48.

Mauss F, Keller D, Peters N. 1990. A Lagrangian simulation of flamelet extinction and re-ignition in turbulent jet diffusion flames . Twenty-Third Symposium (International) on Combustion, The Combustion Institute, Pittsburgh.

Medwell P R, Kalt P A M, Dally B B. 2007. Simultaneous imaging of OH, formaldehyde, and temperature of turbulent nonpremixed jet flames in a heated and diluted coflow . Combustion and Flame, 148(1-2): 48-61.

Mell W E, Nilsen V, Kosaly G, et al. 1994. Investigation of closure models for non-premixed turbulent reacting flows . Physics of Fluids, 6: 1331-1356.

Mukhopadhyay S, Abraham J. 2012. Evaluation of an unsteady flamelet progress variable model for autoignition and flame development in compositionally stratified mixtures. Physics of Fluids, 24(7): 1-24.

Oevermann M. 2000. Numerical investigation of turbulent hydrogen combustion in a SCRAMJET using flamelet modeling. Aerospace Science and Technology, 4(7): 463-480.

Owen FK, Spadaccini I J, Bowman C T. 1976. Pollutant formation and energy release in confined turbulent diffusion flames. Proceedings of the Combustion Institute, 16: 105-117.

Peters N. 1983. Local quenching due to flame stretch and non-premixed turbulent combustion. Combustion Science and Technology, 30(1-6): 1-17.

Peters N. 1984. Laminar diffusion flamelet models in non-premixed turbulent combustion. Progress in Energy and Combust Science,10(3):319-339.

Peters N. 2000. Turbulent Combustion. Cambridge:Cambridge University Press.

Peters N,Kee R J. 1987. The computation of stretched laminar methane-air diffusion flames using a reduced four-step mechanism . Combustion and Flame,68(1):17-29.

Peters N,Gottgens J. 1991. Scaling of buoyant turbulent jet diffusion flames . Combustion and Flame,85(1-2):206-244.

Pierce C D. 2001. Progress-variable Approach for Large Eddy Simulation of Turbulent Combustion . Stanford:Stanford University.

Pierce C D,Moin P. 2004. Progress-variable approach for large eddy simulation of non-premixed turbulent combustion . Journal of Fluid Mechanics,504:73-97.

Pitsch H. 2011. FlameMaster v3. 1:A C++ computer program for 0D combustion and 1D laminar flame calculations,http://www. stanford. edu/~hpitsch/.

Pitsch H,Barths H,Peters N. 1996. Three-dimensional modelling of NO_x and soot formation in DI-Diesel engines using detailed chemistry based on the interactive flamelet approach . SAE Paper 962057:103-117.

Pitsch H,Chen M,Peters N. 1998. Unsteady flamelet modeling of turbulent hydrogen-air diffusion flames. The Twenty-Seventh Symposium (International) on Combustion,Pittsburgh.

Pitsch H,Fedotov S. 2001. Investigation of scalar dissipation rate fluctuations in non-premixed turbulent combustion using a stochastic approach . Combustion Theory Modelling,5:41-57.

Pope S B,Chen Y L. 1990. The velocity-dissipation rate probability density function model for turbulent flows. Physics of Fluids,2(8):1437-1449.

Press W H,Teukolsky S A,Vetterling W T,et al. 2007. Numerical Recipes:The Art of Scientific Computing. 3rd Edition. Cambridge:Cambridge University Press.

Sagan H. 1992. Introduction to the Calculus of Variations . Dover:Dover Publications.

Seshadri K,Peters N. 1988. Asymptotic structure and extinction of methane-air diffusion flames . Combustion and Flame,73(1):23-44.

Shannon C E,Weaver W. 1963. A Mathematical Theory of Communication . Chicago:University of Illinois Press.

Sivathanu Y R,Faeth G M. 1990. Generalized state relationships for scalar properties in non-premixed hydrocarbon/air flames . Combustion and Flame,82(2):211-230.

Spalding D B. 1976. Mathematical models of turbulent flames:A review . Combustion Science and Technology,13(1-6):3-25.

Sripakagorn P,Kosaly G,Pitsch H. 2000. Local extinction-reignition in turbulent nonpremixed combustion. Stanford:CTR Annual Research Briefs of Stanford University.

Sripakagorn P,Mitarai S,Kosaly G,et al. 2004. Extinction and reignition in a diffusion flame:A direct numerical simulation study . Journal of Fluid Mechanism,518:231-259.

Tsuji H,Yamaoka I. 1971. Structure analysis of counter flow diffusion flames in the forward stagnation region of a porous cylinder . The Thirteenth Symposium (International) on Combustion, Pittsburgh.

Wall C, Boersma B J, Moin P. 2000. An evaluation of the assumed beta probability density function subgrid-scale model for large eddy simulation of nonpremixed, turbulent combustion with heat release . Physics of Fluids, 12(10): 2522-2529.

第 4 章 湍流部分预混燃烧

从混合方面来说,燃烧有两种极限情况:①燃料和氧化剂在进入燃烧室前完全混合的预混燃烧,这种火焰存在稳定的火焰前锋;②燃料和氧化剂独立地进入燃烧室的扩散燃烧,火焰产生在燃料与氧化剂的交界面上,不存在火焰传播的问题。在前面的两章中已经讨论过这两种情况。实际应用中,燃烧火焰往往处于两种极限情况之间,由于速度的不均匀或湍流的作用,燃料与氧化剂进入燃烧室后在局部区域得到部分混合并发生燃烧,一般称这种燃烧模式为部分预混燃烧。

4.1 部分预混火焰结构

本节以射流抬举火焰为例,对部分预混火焰结构进行分析。射流抬举火焰是指火焰没有延伸到壁面上,而在出口附近形成燃料和空气初始预混区,在预混区内存在预混火焰前锋实现火焰稳定,火焰剩余的燃料和空气相遇形成扩散火焰。扩散火焰的稳定依赖于喷口附近部分预混区前沿火焰锋面的稳定,如果流动条件改变使得该预混区火焰吹熄,那么整体火焰将熄灭。因为射流抬举火焰结构相对简单,诸多学者对射流抬举火焰进行实验观测,用于解释射流抬举火焰燃烧现象,分析部分预混火焰结构,揭示火焰稳定机理。下面将进行具体阐述。

4.1.1 层流部分预混火焰

Phillip(1965)和 Kioni 等(1993)对不同预混程度和不同火焰稳定区厚度的气体分层燃烧系统中的火焰传播过程进行了研究。所有的结果均清晰地表现出三岔火焰(triple-flame)结构:贫燃预混火焰分支(lean premixed)、富燃预混火焰分支(rich premixed)和扩散火焰分支(diffusion flame)。图 4.1 为 Phillips(1965)实验得到的混合层三岔火焰结构。需要指出的是,扩散火焰的燃料(氧化剂)一部分来自上游预混火焰产生的富燃产物(贫燃产物),一部分来自未进行预混燃烧的新鲜燃料(氧化剂)。实验中,来流气体与火焰处于层流状态,三岔火焰结构足以用肉眼观察。图 4.2 和图 4.3 为 Chung 课题组得到的射流火焰中清晰的三岔火焰结构(Lee and Chung,1997)。图 4.2 为直接拍摄得到的三岔点、预混火焰分支和扩散火焰分支。图 4.3 为丙烷射流火焰结构,包括从附着火焰到抬举火焰再到吹熄的不同阶段。其射流火焰从三岔火焰结构到盘状结构[图 4.3(e)]的演变过程与 Savas 和 Gollahalli(1986)得到的结果相似。这些实验结果证实了层流射流火焰中三岔火焰理论。

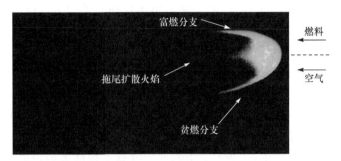

图 4.1　混合层燃烧三岔火焰结构(Phillips，1965)

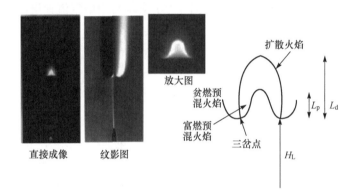

图 4.2　层流甲烷抬举火焰(Lee and Chung，1997)

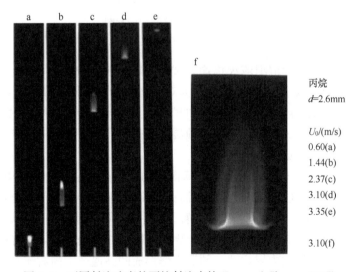

图 4.3　不同射流速度的丙烷射流火焰(Lee and Chung，1997)

　　图 4.4 给出了对应于射流火焰抬举的三岔火焰结构示意图。在靠近射流出口的壁面附近,由于壁面的淬熄作用,火焰不可能延伸到壁面上,这样在出口附近就会形成燃料和空气初始预混区,该预混区又分为富燃(靠近燃料射流一侧)和贫燃区(靠近空气一侧),并分别形成预混火焰锋面。富燃预混火焰形成的中间产物与穿过贫燃预混火焰的富余氧化剂在射流下游掺混,并在化学当量混合分数处($Z=Z_{st}$)形成扩散火焰。贫燃预混火焰、富燃预混火焰以及扩散火焰相交于抬举火焰基底,形成三岔火焰点(triple flame point),一般认为三岔火焰点为射流火焰的火焰稳定点,该点处气流速度与当地预混火焰传播速度相当。在三岔火焰点附近,预混火焰锋面往往发生弯曲,这是由于不同混合分数下预混火焰传播速度不同造成的,三岔火焰点位于 $Z=Z_{st}$ 等值线上,对应的层流预混火焰传播速度最大,两侧的贫燃与富燃预混火焰传播速度相对减小,为了实现与当地气流速度的匹配,火焰发生弯曲,使得火焰面方向的来流速度减小。

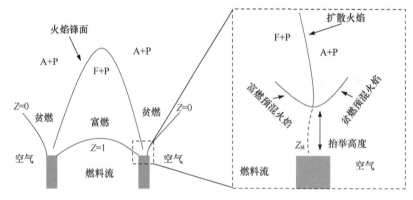

图 4.4　三岔火焰结构示意图
(图中,A 代表空气,P 代表生成物,F 代表燃料)

　　并非所有的部分预混射流火焰均表现为完整的三岔火焰结构,火焰也可能只具有三岔火焰中的两个火焰分支,呈现为双火焰(double flame)结构。如图 4.5 中射流火焰具有明显的富燃预混火焰和扩散火焰,而没有外侧的贫燃预混火焰(Nogenmyr et al. , 2010)。此时,由于预混气富燃,射流内预混火焰产生的富燃高温燃气与环境空气形成扩散火焰。

　　图 4.6 为与图 4.5 相同工况下计算得到的对冲火焰结构。富燃甲烷/空气预混气从左侧流入,空气从右侧进入。预混火焰前缘朝着燃料/空气混合物入口向上游传播,并最终稳定在与流速平衡的位置。图中 $x=0$ 对应于预混火焰位置,该处氧气耗尽并生成 H_2 和 CO(中间燃烧产物)。消耗 CH_4 分子时,CH 自由基形成,从而显示出预混火焰的内层位置。预混火焰形成的高温产物向右流动与右侧空气进行混合,从图 4.6(b)中可以看出,在 $x=7$ 附近 CO_2 浓度达到峰值,对应于扩散

火焰位置。该处的 OH 浓度也处在峰值。图 4.6(b)中的结果显示,CH 和 OH 自由基分别标记预混火焰与扩散火焰的位置。

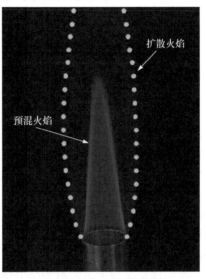

图 4.5   富燃甲烷($\Phi=1.5$)/空气部分
预混火焰(Nogenmyr et al. , 2010)

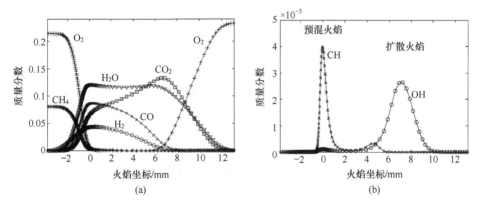

图 4.6   层流对冲部分预混火焰结构(Nogenmyr et al. , 2010)

对决定火焰是否为完整的三岔火焰结构或双火焰结构或火焰出现分层的控制因素进行研究也是十分必要的。随着将研究对象拓展至湍流火焰,这一重要性将更加显著。Wichman 等(1997)沿着这一思路进行了理论分析研究,而相关的实验研究却比较少见。Lockett 等(1999)对层流对冲火焰中反应区进行了研究,结果表明,三岔火焰存在于低剪切率的情况,而在高剪切率时演变为双层火焰结构(其中扩散火焰将不再存在,部分预混对冲火焰表现为两层厚的预混火焰)。

4.1.2　湍流部分预混火焰

探究湍流部分预混火焰稳定机理对于认识湍流部分预混燃烧过程具有重要意义。为此,许多学者以湍流抬举火焰为研究对象对部分预混火焰稳定机制进行了理论研究和实验研究。在研究历程中,出现了多种在某些方面具有重叠的不同范畴的理论,总结起来大致可以概括为以下几种:

(1) 预混火焰理论,认为抬举火焰的基底处于预混状态,火焰稳定于燃烧速度与气流速度匹配的位置。

(2) 临界标量耗散观点,认为扩散火焰面熄火是湍流抬举火焰的控制因素。抬举火焰稳定于当地标量耗散率低于某一临界值的位置。

(3) 湍流增强理论,认为湍流燃烧速度相对于层流燃烧速度大大增强,足以实现火焰基底的火焰稳定。

(4) 大尺度涡结构观点,该观点强调初始大尺度涡结构对火焰稳定的作用。这一范畴的某些理论认为火焰前锋附着于大尺度涡结构上,并通过大尺度涡结构的运动实现向上游的移动。

(5) 前沿火焰观点,这一理论认为火焰前沿为部分预混,因而可以在局部实现逆流传播。前沿火焰的概念源自于理想化二维火焰结构的数学推导,其观点与三岔火焰理论一致。

Vanquickenborne 和 Tiggelen(1966)提出的预混火焰范畴的观点认为,火焰传播速度克服了当地的气流速度,因此,允许火焰在当地稳定。然而,这类观点并未考虑射流大尺度涡结构的作用。

Peters 和 Williams(1983)认为预混效应对火焰前锋的影响意义不大,取而代之的是层流火焰面熄火的观点,认为火焰前锋是由褶皱的层流火焰面构成。这一理论中主要的争论在于标量耗散率对产生局部火焰面熄火的作用。一种解释认为,火焰稳定不是因为局部燃烧速度与气流速度的平衡,而是反应区被吹至下游标量耗散率足够低的位置。对冲扩散火焰实验结果支持这一观点,但前提是承认抬举火焰的前锋为扩散火焰。然而,实验中对冲火焰的临近标量耗散率能够达到高于抬举火焰允许的值。反对的观点主要认为,该理论忽视了火焰基底上游燃料与空气的部分预混。

Pitts(1988)讨论了第三种理论,并建立了抬举高度与火焰传播速度之间的函数关系,他认为抬举高度与火焰传播速度的平方呈反比。一些学者认为,前沿火焰不能作为一种独立的理论,其本质上与第三者理论中的湍流燃烧速度增强的观点比较一致,均是由火焰基底湍流燃烧的 Damkohler 数决定的。

20 世纪 90 年代,Schefer 等针对湍流抬举火焰中的点火、熄火和再点火等时间发展过程进行了一系列实验研究(Schefer and Namazian, 1994, Schefer et al., 1988)。实验结果发现了射流涡结构作用下的反应区局部熄火和稳焰前锋的预混传播现象。Schefer 指出甲烷射流火焰的火焰前锋处于可燃极限内,而且其标量耗散率低于相同条件下的对冲火焰临界值。其进一步的分析认为,"这一现象并不意味着火焰稳定不是由火焰与大尺度涡相互作用控制就是由火焰传播控制,这两个机制并不是互斥的关系。这个实验结果表明,火焰传播与大尺度涡运动在逻辑上存在一定的因果关系,大尺度涡运动为火焰传播提供了局部的湍流环境"。可以认为,这种火焰传播过程是造成火焰稳定的直接因素。Schefer 的实验结果同时也发现在 $Re=7000$ 时的非对称火焰结构中,火焰基底不再是连续的,而是由多重火焰面碎片组成。这意味着二维的实验测量不足以反映出火焰基底涡结构的三维特性。

　　PIV 技术能测量射流火焰瞬时二维剖面速度场,从而可以获得火焰前锋位置瞬时的轴向速度分布。Muniz 与 Mungal(1997)利用 PIV 技术研究了 $Re=3800\sim22000$ 的甲烷射流火焰,结果表明,火焰基底处于相当低速的区域,达到了火焰传播与气流速度相平衡的标准。图 4.7 为其相应的实验结果。图中实线将反应区与射流核心区隔开。他们还发现了火焰基底存在某些类似于三岔火焰的结构,但贫燃与富燃预混分支并不完整,因而出现了关于三岔火焰理论在湍流抬举火焰中适用性的争论。火焰前锋附近速度场发生分歧(火焰前锋速度约为 $1.5S_L$ 左右)以及在伴流速度大于 $3S_L$ 时火焰无法稳定均被认为是三岔火焰的证明。Watson 等(2002)结合 CH-PLIF 和 PIV 技术也测量了射流抬举火焰的速度分布,通过 CH 位置示踪,反应区位置的不确定性大为减弱。实验发现稳定的抬举火焰相对于实验室坐标的速度接近于零,而由 CH 表征的火焰前锋上游位置的轴向气流速度约为 $3S_L$(这一发现支持了前文提到的第一和第五种理论)。其研究结论也侧重于三岔火焰的观点,但由于缺乏三维数据,无法给出定论。

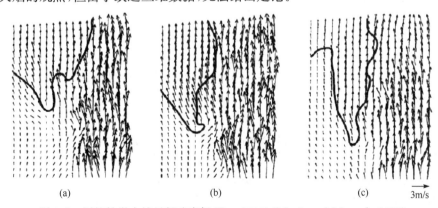

图 4.7　甲烷抬举火焰局部速度场($Re=3900$)(Muniz and Mungal, 1997)

　　Upatnieks 等(2004)研究了 $Re=4300$ 时甲烷/氮气(77%/23%体积混合)和 $Re=8500$ 时纯甲烷射流火焰(图 4.8、图 4.9)。实验中火焰的位置通过 PIV 测量结果中粒子浓度的改变来判别。实验发现湍流强度和大尺度涡结构对火焰传播速度影响不大。与 Kaplan 等(1994)关于火焰前锋通过在不同涡结构之间的运动实现火焰稳定的观点不同,Upatnieks 等(2004)更支持前沿火焰的观点,认为火焰基底上游存在气流偏转,火焰基底位置具有低速、低湍流度的特点。

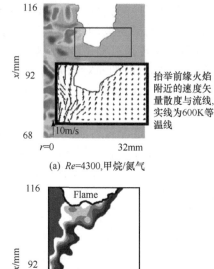

抬举前缘火焰附近的速度矢量散度与流线,实线为600K等温线

(a) Re=4300,甲烷/氮气

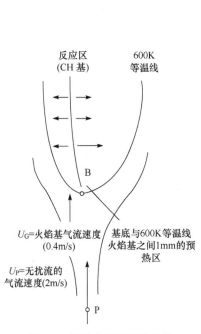

图 4.8　前沿火焰机理结构图
(Upatnieks et al.,2004)

图 4.9　火焰前锋附近速度分布图
(Upatnieks et al.,2004)

(b) Re=8500,纯甲烷

Mansour(2004)结合 OH-PLIF 和 PIV 研究了部分预混抬举火焰,其得到的火焰基底速度剖面表明抬举火焰具有层流三岔火焰的结构。Mansour(2003)关于稳焰点混合分数的测量结果也表明火焰基底处于可燃混合范围之内。随后,Joedicke(2005)关于 $Re=3000\sim8000$ 内甲烷部分预混射流火焰的研究也表明火焰前锋存在明确的三岔火焰结构。图 4.10 是 Joedicke(2005)实验测得的射流火焰结构,图中三岔火焰点位于富燃预混区域。通过不同组分 PLIF 的测量结果标记了三岔火焰结构中的不同火焰分支。然而,要明确不同分支在火焰稳定中的作用,还需进一步的实验结果。Joedicke(2005)的结果是为数不多的具有完整三岔火焰结构的湍流射流火焰实验结果。与层流抬举火焰不同,大部分实验结果均不能给出清晰的三岔火焰图像。

经过多年的实验和仿真,标量耗散理论虽仍然在认识扩散火焰中具有重要地位,但是已经不作为火焰稳定的主导机制。湍流增强理论已经不引人注意,主要的原因在于该理论给出燃烧区的湍流脉动雷诺数超出了目前典型的抬举火焰实验

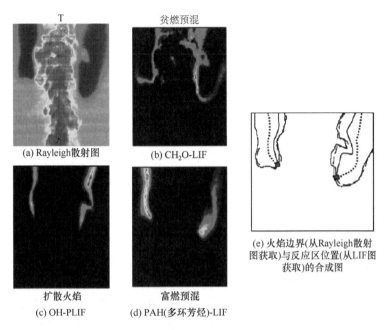

(a) Rayleigh散射图

(b) CH$_2$O-LIF

扩散火焰

(c) OH-PLIF

富燃预混

(d) PAH(多环芳烃)-LIF

(e) 火焰边界(从Rayleigh散射图获取)与反应区位置(从LIF图获取)的合成图

图 4.10　湍流抬举火焰实验结构图(Joedicke et al.，2005)

值。近期的实验结果(Joedicke et al.，2005，Upatnieks et al.，2004)都支持部分预混三岔火焰稳焰机制。Lyons(2007)认为大涡结构对火焰稳定的影响只是湍流火焰的伴随现象,而不是火焰稳定的必需条件。目前来看,最接近物理实际的仍然是三岔火焰机制。

Domingo 和 Vervisch(1996)通过数值仿真对非均匀混合流场三岔火焰传播过程的动力学描述很具有代表性。图 4.11 为得到的流场反应速率等值线仿真结

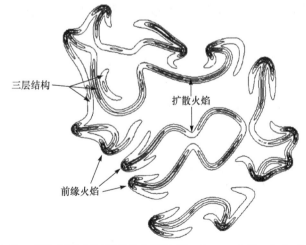

图 4.11　非均匀混合物内三岔火焰图(Domingo and Vervisch，1996)

果。从图中可以发现：化学恰当当量比等值线两侧分布有两个传播方向相反的贫燃和富燃预混火焰前锋（图中箭头所示）；在预混火焰锋面之间一条扩散火焰沿着化学恰当当量比分布，预混火焰平行于扩散火焰向贫燃和富燃区域传播，一旦与扩散火焰分离，预混火焰尾部变弱并最终消失。他们的研究结果还表明，三岔火焰相对扩散火焰具有更强的稳定性，对流场中湍流结构具有自适应能力，可调整火焰结构以克服旋涡结构的影响，即使在一侧预混火焰锋面熄火的情况下也能稳定的燃烧。

4.2　基于 G 方程与 Z 方程的部分预混火焰面模型

Consul(2008)通过对部分预混与扩散火焰的计算发现，基于混合分数 Z 和标量耗散率的火焰面模型可以准确预测扩散火焰结构，对于部分预混火焰（特别是在低标量耗散率的情况下），仅能对火焰结构中的扩散火焰分支给予准确预测，而无法预测部分预混的火焰前锋。也就是说，基于混合分数 Z 的火焰面模型无法准确预测部分预混火焰，必须引入第二个标量来标识火焰锋的位置。本节结合基于 Level Set 方法的预混火焰面 G 方程与混合分数 Z 方程建立部分预混火焰面模型。

4.2.1　模型描述

根据第 3 章式(3.69)，考虑大涡模拟的控制方程，滤波后的混合分数输运方程为

$$\frac{\partial(\bar{\rho}\widetilde{Z})}{\partial t}+\frac{\partial(\bar{\rho}\tilde{u}_j\widetilde{Z})}{\partial x_j}=\frac{\partial}{\partial x_j}\left(\bar{\rho}D\frac{\partial\widetilde{Z}}{\partial x_j}\right)+\frac{\partial}{\partial x_j}\left(\bar{\rho}D_t\frac{\partial\widetilde{Z}}{\partial x_j}\right) \tag{4.1}$$

式中，右边最后一项为滤波后的亚格子湍流扩散项；D_t 为湍流扩散系数。

滤波后的密度、温度、组分质量分数的流场参数可通过层流火焰面数据库及设定型概率密度函数(PDF)求得

$$\begin{cases}\bar{\rho}(x,t)=\left\{\iint\dfrac{P(Z,\chi;x,t)}{\rho L(Z,\chi)}\mathrm{d}Z\mathrm{d}\chi\right\}^{-1}\\[4mm]\widetilde{Y}_i(x,t)=\iint Y_{i,L}(Z,\chi)P(Z,\chi;x,t)\mathrm{d}Z\mathrm{d}\chi\\[4mm]\widetilde{T}(x,t)=\iint T_L(Z,\chi)P(Z,\chi;x,t)\mathrm{d}Z\mathrm{d}\chi\end{cases} \tag{4.2}$$

以上湍流燃烧的封闭模型即为扩散火焰的火焰面模型，Müller 等(1994)在此基础上便提出了三岔火焰传播模型。在这一模型中，部分预混火焰前锋是通过基于 Level Set 方法的 G 方程得到的，可表示为

$$\frac{\partial\rho G}{\partial t}+\nabla\cdot(\rho\boldsymbol{u}G)=(\rho s_{L,P})\mid\nabla G\mid-(\rho D)\kappa\mid\nabla G\mid \tag{4.3}$$

式中，$s_{L,P}=s_L(Z)$ 代表部分预混系统中层流燃烧速度；κ 为预混火焰锋面的曲率。

G 方程模型可以捕捉到大尺度结构与预混火焰锋面的相互作用，但是不能够描述由于燃料的浓度分布带来的影响。所以，在部分预混燃烧计算中 $G=0$ 面只用来确定火焰前锋可能的位置，其数据库不能直接调用，火焰锋面内($G>0$)的流场参数通过当地混合分数和标量耗散率得到。

对 G 方程进行滤波，得到

$$\frac{\partial(\bar{\rho}\widetilde{G})}{\partial t}+\nabla\cdot(\bar{\rho}\bar{\boldsymbol{u}}\widetilde{G})=\bar{\rho}s_{T,P}|\nabla\widetilde{G}|-\bar{\rho}D_t\bar{\kappa}|\nabla\widetilde{G}| \tag{4.4}$$

方程(4.4)与第 2 章引入的预混湍流火焰模型中的 G 方程在形式上具有一致性。不同之处在于方程中湍流火焰速度 $s_{T,P}$ 的封闭，由于部分预混火焰中混合分数 Z 的非均匀性，$s_{T,P}$ 的建模需要考虑当地 Z 的影响。

4.2.2　甲烷/空气湍流抬举火焰数值模拟

1. 湍流燃烧模型

考虑 Kalghatgi(1984)、Miake-Lye 与 Hammer(1988)、Donnerhack 与 Peters(1984)的甲烷射流抬举火焰，甲烷射流出口直径分别为 4mm 和 8mm。Chen 等(2000)针对该问题采用雷诺平均的 G/Z 方程，其表达形式与 4.2.1 节一致。湍流燃烧模型在 4.2.1 节已经进行描述。此外，还考虑了混合分数方差 $\widetilde{Z''^2}$ 方程(参见第 3 章 3.3.3 节)与 G 方差 $\widetilde{G''^2}$ 的方程(参见第 2 章 2.4.1 节)：

$$\frac{\partial(\bar{\rho}\widetilde{Z''^2})}{\partial t}+\nabla\cdot(\bar{\rho}\bar{\boldsymbol{u}}\widetilde{Z''^2})=\nabla\cdot\left[\frac{\mu_t}{Sc_{\widetilde{z''^2}}}\nabla\widetilde{Z''^2}\right]+\frac{2\mu_t}{Sc_{\widetilde{z''^2}}}(\nabla\widetilde{Z})^2-\bar{\rho}\widetilde{\chi} \tag{4.5}$$

$$\frac{\partial(\bar{\rho}\widetilde{G''^2})}{\partial t}+\nabla\cdot(\bar{\rho}\bar{\boldsymbol{u}}\widetilde{G''^2})=\nabla_{\parallel}\cdot(\bar{\rho}D_t\nabla_{\parallel}\widetilde{G''^2})+2\bar{\rho}D_t(\nabla\widetilde{G})^2-c_s\bar{\rho}\frac{\tilde{\varepsilon}}{\tilde{\kappa}}\widetilde{G''^2} \tag{4.6}$$

式中，$\nabla_{\parallel}$ 代表仅与平均火焰前锋相切的微分；D_t 是湍流扩散率，它由积分长度尺度 ℓ 与脉动速度 v' 决定。

$$D_t=a_4\ell v',\quad a_4=0.78 \tag{4.7}$$

此外，湍流火焰刷厚度 $l_{F,t}$ 可以通过与 G 方差在平均预混火焰前锋 $\widetilde{G}=G_0$ 位置的简单关系式得到。

$$l_{F,t}=\frac{(\widetilde{G''^2})^{1/2}}{|\nabla\widetilde{G}|}\bigg|_{\widetilde{G}=G_0} \tag{4.8}$$

一维非稳态火焰的湍流火焰刷厚度 $l_{F,t}$ 与积分长度尺度成正比：

$$l_{F,t}=b_2\ell,\quad b_2=1.78 \tag{4.9}$$

部分预混湍流火焰速度 $s_{T,P}$ 可以从下式决定：

$$\frac{s_{T,P}-s_L}{v'}=-\frac{a_2 b_3^2}{2b_1}Da+\left[\left(\frac{a_4 b_3^2}{2b_1}Da\right)^2+a_4 b_3^2 Da\right]^{1/2} \tag{4.10}$$

其中，s_L 是平面火焰的层流燃烧速度；$Da=s_L\ell/(v' l_F)$ 是 Damköhler 数；ℓ 与 l_F 分别是积分长度尺度与层流火焰厚度；v' 是湍流脉动速度；$a_4=0.78, b_1=2.0, b_3=1.0$ 是从湍流建模中推导的常数。

对于 $G>0$ 的燃烧火焰区，组分的质量分数 $Y_{i,b}$ 通过以混合分数 Z 和标量耗散率 χ_{st} 为参数的稳态火焰面数据库结合设定型联合概率密度函数 $P(Z,\chi_{st})$ 计算得到。

在未燃气体中，除了燃料与氧化剂外的所有质量分数都为零。与混合分数呈线性关系的燃料与氧化剂质量分数，可以从下式计算得到：

$$\widetilde{Y}_{F,u}=Y_{F,1}\widetilde{Z}, \quad \widetilde{Y}_{Ox,u}=Y_{Ox,2}(1-\widetilde{Z}) \tag{4.11}$$

在湍流火焰刷内，平均质量分数由已燃区和未燃区加权得到：

$$\widetilde{Y}_i=p_b\widetilde{Y}_{i,b}+(1-p_b)\widetilde{Y}_{i,u} \tag{4.12}$$

这里，p_b 代表出现已燃气体的概率，

$$p_b=p_b(G>G_0)=\int_{G=G_0}^{\infty}\frac{1}{\sqrt{2\pi\ \widetilde{G''^2}}}\exp\left[-\frac{(G-\widetilde{G})^2}{2\ \widetilde{G''^2}}\right]dG \tag{4.13}$$

整个计算过程如图 4.12 所示。

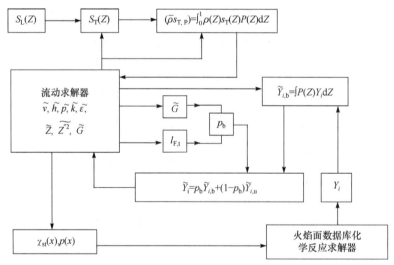

图 4.12　部分预混湍流燃烧火焰模型的结构示意图

2. 计算结果

首先计算对应不同燃料出口速度 u_0 的无反应流场，并初始化 G 场让 $\widetilde{G}=G_0\pm|\boldsymbol{x}-\boldsymbol{x}_0|$ 实现点火，之后火焰前端逆流传播直至稳定在抬举高度为 H 的位置。由

于方程(4.4)中的平均曲率项比较小,在此忽略。图 4.13 给出了出口直径为 4mm
不同燃料出口速度的平均火焰前锋 $\widetilde{G}=G_0$ 的位置。抬举火焰形状与层流的三岔
火焰形状相似。火焰基底位于贫燃一侧,且随着燃料出口速度降低逐渐靠近化学
恰当当量比等值线。图 4.14 给出了 $u_0=40\mathrm{m/s}$ 及 $D=8\mathrm{mm}$ 算例中火焰基底的局

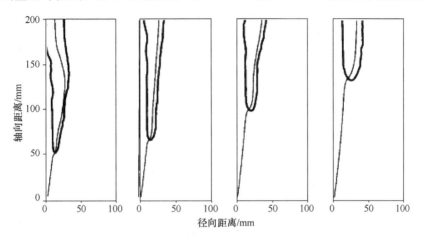

图 4.13　甲烷/空气湍流射流火焰的平均火焰前锋形状(Chen et al.,2000)

(喷嘴直径 $D=4\mathrm{mm}$,出口速度 u_0 从左到右依次为 20m/s、30m/s、40m/s 与 50m/s)

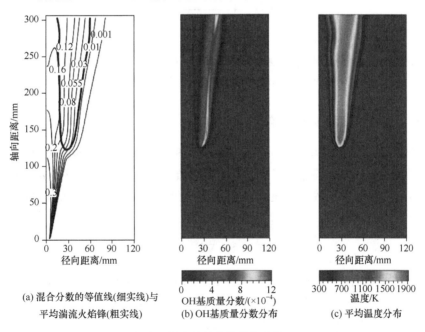

(a) 混合分数的等值线(细实线)与　　(b) OH 基质量分数分布　　(c) 平均温度分布
平均湍流火焰锋(粗实线)

图 4.14　甲烷/空气湍流射流火焰数值模拟结果(Chen et al.,2000)

(喷嘴出口速度 $u_0=40\mathrm{m/s}$,直径 $D=8\mathrm{mm}$)

部放大图。在图 4.14(a)中,细实线代表混合分数等值线,而粗实线代表平均火焰前锋。火焰前锋使流线扩张并导致火焰基底偏离化学恰当当量等值线,并稳定在靠近贫燃一侧($\tilde{Z}=0.05$)。图 4.14(b)、(c)分别给出了平均 OH 基和平均温度分布。最大 OH 基浓度位置代表着下游扩散火焰的平均位置。

图 4.15 中给出了计算得到的以燃料出口速度u_0为变量的归一化抬举高度H/D。预测的抬举高度与 Kalghatgi(1984)、Miake-Lye 与 Hammer(1988)、Donnerhack 与 Peters(1984)的实验结果吻合得很好,说明了这种三岔火焰计算方法的有效性。

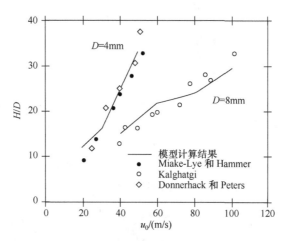

图 4.15　甲烷/空气湍流射流火焰无量纲化抬举高度 H/D 随u_0变化的曲线(Chen et al.,2000)
(图中粗实线为火焰面模型计算结果,离散点分别为实验结果)

4.2.3　层流富燃预混射流火焰数值模拟

Nogenmyr 等(2010)在 Lund 大学燃烧物理系采用激光诊断技术对图 4.5 所示的富燃预混射流火焰进行了实验与数值仿真研究。射流喷口直径 d 为 22mm,基于喷口参数的雷诺数为 2460。用于描述薄预混火焰前锋的 G 方程可以表示为(Nogenmyr et al.,2010)

$$\frac{\partial G}{\partial t}+\boldsymbol{u} \cdot \nabla G=S_{\mathrm{L}}|\nabla G|-S_{\mathrm{L}}L_c\kappa|\nabla G| \tag{4.14}$$

式中,S_{L} 为无拉伸平面火焰的火焰传播速度;L_c 为 Markstein 长度;κ 为曲率;$S_{\mathrm{L}}L_c$ 代表 Markstein 扩散系数。方程中等号右端第二项考虑了曲率对火焰传播速度的影响。上式也可以参见 2.4.1 节的讨论。

图 4.16 为计算得到的射流火焰结构,可以看到图 4.16(a)中 CH 基主要集中于内层预混火焰,而图 4.16(b)中 OH 基主要集中于外层的扩散火焰,在预混火焰

锋和外层的扩散火焰之间的缓冲区内也存在部分 OH 基,这些结果与图 4.6 中对冲火焰一维渐近解相吻合。图 4.16(e)是数值模拟得到的瞬时温度场结果,其中温度陡增对应为火焰内部的薄预混火焰前缘(高度皱褶的圆锥形,如图 4.16(f)所示)。在火焰外部,当混合控制反应区内的周围空气将反应物转化为最终产物时,温度达到峰值。

热耗散效应引起的火焰不稳定性可以通过 G 方程右侧第二项模拟。Bradley 等(1996)计算了曲率对于火焰传播速度影响,并给出了在不同来流工况下的 Markstein 长度。依据该数值模拟的来流工况,Markstein 长度 $L_c \approx 0.17$mm。在此基础上,对比 G 方程右侧两项的量级可以看出,曲率必须至少大于 1/mm 才能对火焰传播有所影响。而实际观测到的曲率比这个值小很多,因此可以忽略关于曲率的项。而在计算中,并没有忽略这一项,这导致与曲率线性相关的 G 方程不能有效地对小尺度褶皱起到阻尼作用,从而在数值计算中过高地估计了预混火焰层的褶皱情况,这可以从图 4.16(b)和(c)的对比中看出来。

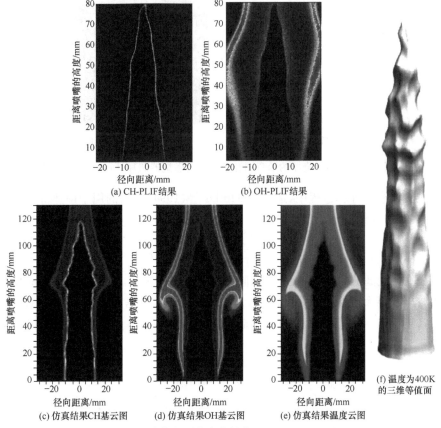

图 4.16　实验与计算得到的火焰结构(Nogenmyr et al. , 2010)

4.2.4　圆锥内部预混湍流火焰

Li 等(2009)运用激光诊断技术与数值仿真手段对圆锥燃烧器部分预混火焰进行了研究(图 4.17)。整个燃烧器由混合段和圆锥喷管构成。其中混合段直径 $D=9.7\text{mm}$，混合段长度 $L/D=5$；圆锥的半锥角为 $26°$，圆锥长为 64mm，圆锥出口直径为 73mm。混合段甲烷/空气预混气当量比为 3，混合段出口速度为 20m/s。

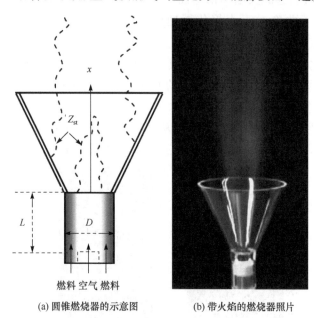

(a) 圆锥燃烧器的示意图　　　(b) 带火焰的燃烧器照片

图4.17　圆锥燃烧器的示意图和带火焰的燃烧器照片(Li et al.，2009)

在大涡模拟计算过程中，运用了 Müller 等(1994)提出的用于描述部分预混火焰前锋的公式(Li et al.，2009)

$$\frac{\partial \widetilde{G}}{\partial t}+\bar{u}_j\frac{\partial \widetilde{G}}{\partial x_j}=S_{\text{sgs}}\left(\frac{\partial \widetilde{G}}{\partial x_i}\frac{\partial \widetilde{G}}{\partial x_j}\right)^{1/2} \tag{4.15}$$

其中，S_{sgs} 代表滤波尺度上三岔火焰前锋的火焰传播速度。通常来说，大涡模型中的滤波尺度要大于层流火焰面厚度，所以在 S_{sgs} 中需要考虑亚网格尺度的火焰褶皱。基于 Peters 等(2000)的模型，Li 等(2009)给出了 S_{sgs} 在 LES 滤波尺度的表达式

$$S_{\text{sgs}}=\left[s_{\text{L}}(Z)+u_{\text{sgs}}\right]\left(1-\frac{a\chi}{\chi_q}\right) \tag{4.16}$$

其中，a 为模型参数，具有 1 的量级。在本节模拟的部分预混火焰中 $\chi<\chi_q$，a 的取值对结果影响不大。虽然三岔火焰中预混火焰分支对应的层流火焰传播速度大于

相同当量比下自由传播预混火焰的速度(Ruetsch et al.，1995)，然而相对于亚格子脉动速度 u_{sgs}，$s_L(Z)$ 是一个小量，因此对 $s_L(Z)$ 的模型进行完善并没有意义。

图 4.18 为圆锥内火焰结构的实验和计算图像。其中 CH 基的自发辐射显示出火焰存在两条厚层反应带，而 CH-PLIF 显示出瞬态条件下在相应的区域只存在两条褶皱的火焰面细线，且火焰的基底不等高，这反映出火焰基底的非定常特性。

图 4.18 给出了三岔火焰传播模型的大涡模拟结果，图 4.18(c)中二维切面上具有内外两层化学恰当当量比等值线，在三维结构中，其对应于内外两层等值面。计算得到的 CH 基薄层分布于外层化学恰当当量比等值面附近，表明外层等值面处于可燃区域而内层等值面处于不可燃区域。结合图 4.19(a) 的大涡模拟结果不难理解，喷流中心的高速气流将部分预混火焰前锋吹向下游区域。

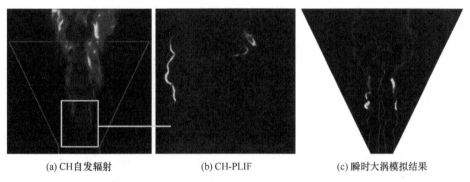

(a) CH自发辐射　　　　　(b) CH-PLIF　　　　　(c) 瞬时大涡模拟结果

图 4.18　曝光时间为 30μs 时的化学发光图像(Li et al.，2009)

三岔火焰的稳焰机制可以通过图 4.19(b) 中的瞬时流线分布进行合理解释。在近锥壁处，流动是从上游流向喷嘴的。这便会从喷嘴出现剪切层，并且由于 Kelvin-Helmholtz 不稳定性形成了大尺度的涡。在气流和充满燃料/空气混合物的回流中，有一个适于稳定三岔火焰前缘的低速区。如图 4.19(c)所示，火焰基底

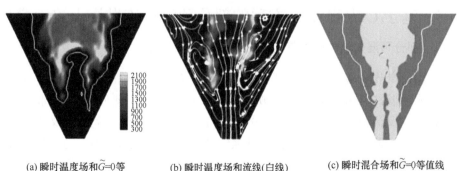

(a) 瞬时温度场和 $\widetilde{G}=0$ 等　　　(b) 瞬时温度场和流线(白线)　　　(c) 瞬时混合场和 $\widetilde{G}=0$ 等值线
值线(白线)　　　　　　　　　　　　　　　　　　　　　　　　　　(灰色: $Z<Z_{st}$，白色: $Z\geqslant Z_{st}$)

图 4.19　大涡模拟计算结果(Li et al.，2009)

（火焰锋面的最下点）处于化学恰当当量比附近，但并非一直处于化学恰当当量比等值线上，火焰基底的位置是由三岔火焰中预混火焰分支的火焰传播速度和当地流速决定的。

　　一般来说，扩散火焰的平均反应区结构可以用火焰表面密度（flame surface density，FSD）表征（Donbar et al.，2000）。为了对 LES 结果与 PLIF 图进行定量分析，引入 Donbar 等的数值处理方法统计 LES 计算结果与 CH 基 PLIF 图得到火焰表面密度对比图，如图 4.20 所示。从图 4.20 中可以看出，在 $x=0.027\text{m}$ 处，平均 CH 厚度（平均燃料消耗厚度）约为 15mm，而在 $x=0.057\text{m}$ 处，CH 反应层变得更厚，且两个反应层相互融合。在 $x=0.027\text{m}$ 与 $x=0.057\text{m}$ 处，火焰表面密度的最大值约为 0.2mm^{-1}，而在沿流向更下游的位置，火焰表面密度峰值不断减小。此外，从图 4.20 中还可以看出，LES 计算结果较好地预测了平均火焰刷厚度与火焰表面密度剖面分布，说明了采用这种部分预混火焰模型的有效性。

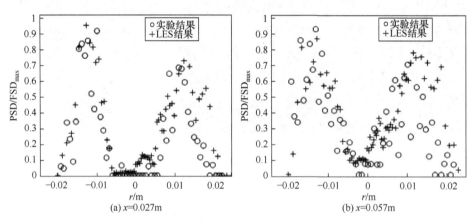

图 4.20　归一化的火焰表面密度沿径向的分布（Li et al.，2009）

4.3　基于 C 方程和 Z 方程的部分预混湍流燃烧火焰面模型

4.3.1　部分预混火焰中的进度变量

　　在前面章节中，进度变量 C 被用于预混火焰和扩散火焰的建模。进度变量的定义有多种形式（见第 2 章 2.4.3 节及第 3 章 3.5.1 节）。此处，对于预混火焰进度变量 C 定义为归一化的燃料质量分数；对于扩散火焰进度变量 C 定义为化学反应过程中某一重要组分的质量分数（如氢气/空气火焰中的 H_2O）。与纯扩散火焰类似，部分预混火焰也可以通过混合分数 Z 和进度变量 C 对火焰进行系综：

$$Y_i(x,t)=Y_i(C(x,t),Z(x,t)) \tag{4.17}$$

其中,在反应物中 $C(x,t)=0$,在燃烧后的平衡产物中 $C(x,t)=1$。

本节中进度变量通过混合分数 $Z(x,t)$ 和混合物中某一组分质量分数 $Y_i(x,t)$ 定义。对于给定的 Z,未燃气中组分质量分数可以从冻结流特性曲线 $Y_i(x,t)=Y_{i0}(Z(x,t))$ 得到,在充分燃烧的区域,燃料的组分质量分数可以通过局部化学平衡条件 $Y_i(x,t)=Y_i^{Eq}(Z(x,t))$ 得到。这样,进度变量可以定义为

$$C(x,t)=\frac{Y_{i0}(Z(x,t))-Y_i(x,t)}{Y_{i0}(Z(x,t))-Y_i^{Eq}(Z(x,t))} \tag{4.18}$$

这个进度变量 $C(x,t)$ 是时间、位置与混合分数的函数。与单纯的反应物或燃烧产物的质量分数、或流场温度不同,这些流场标量均在流场中连续变化,而方程(4.18)定义的进度变量在流场中除了反应区外的大部分区域都接近于 0 或 1。进度变量在预混火焰分支前后从 0 变为 1,在随后的扩散火焰分支上取略低于 1 的值。

进度变量 $C(x,t)$ 的输运方程可以在组分输运方程(1.4)的基础上推导得出。由方程(4.17)作坐标变换可以得到:

$$\frac{\partial Y_i}{\partial t}=\frac{\partial Y_i}{\partial Z}\frac{\partial Z}{\partial t}+\frac{\partial Y_i}{\partial C}\frac{\partial C}{\partial t} \tag{4.19}$$

$$\nabla Y_i=\frac{\partial Y_i}{\partial Z}\nabla Z+\frac{\partial Y_i}{\partial C}\nabla C \tag{4.20}$$

$$\nabla^2 Y_i=\frac{\partial^2 Y_i}{\partial Z^2}|\nabla Z|^2+\frac{\partial Y_i}{\partial Z}\nabla^2 Z+\frac{\partial^2 Y_i}{\partial C^2}|\nabla C|^2$$
$$+\frac{\partial Y_i}{\partial C}\nabla^2 C+2\frac{\partial^2 Y_i}{\partial Z\partial C}\nabla Z\cdot\nabla C \tag{4.21}$$

将方程(4.19)~方程(4.21)代入方程(1.4)可以得到

$$\rho\Big(\frac{\partial Y_i}{\partial C}\frac{\partial C}{\partial t}+\frac{\partial Y_i}{\partial Z}\frac{\partial Z}{\partial t}\Big)+\rho\boldsymbol{u}\Big(\frac{\partial Y_i}{\partial Z}\nabla Z+\frac{\partial Y_i}{\partial C}\nabla C\Big)$$
$$=\nabla\rho D\cdot\Big(\frac{\partial Y_i}{\partial Z}\nabla Z+\frac{\partial Y_i}{\partial C}\nabla C\Big)$$
$$+\rho D\Big(\frac{\partial^2 Y_i}{\partial Z^2}|\nabla Z|^2+\frac{\partial Y_i}{\partial Z}\nabla^2 Z+\frac{\partial^2 Y_i}{\partial C^2}|\nabla C|^2+2\frac{\partial^2 Y_i}{\partial Z\partial C}\nabla Z\cdot\nabla C\Big)+\dot{\omega}_i \tag{4.22}$$

对方程(4.22)整理可以得到

$$\frac{\partial Y_i}{\partial C}\Big[\rho\frac{\partial C}{\partial t}+\rho\boldsymbol{u}\cdot\nabla C-\nabla(\rho D\,\nabla C)\Big]+\frac{\partial Y_i}{\partial Z}\Big[\rho\frac{\partial Z}{\partial t}+\rho\boldsymbol{u}\cdot\nabla Z-\nabla(\rho D\,\nabla Z)\Big]$$
$$=\rho D\Big(\frac{\partial^2 Y_i}{\partial Z^2}|\nabla Z|^2+\frac{\partial^2 Y_i}{\partial C^2}|\nabla C|^2+2\frac{\partial^2 Y_i}{\partial Z\partial C}\nabla Z\cdot\nabla C\Big)+\dot{\omega}_i \tag{4.23}$$

将混合分数的输运方程(3.69)代入方程(4.23)中,从而左边第二项为 0,可以得到进度变量 $C(x,t)$ 的输运方程:

$$\rho\frac{\partial C}{\partial t}+\nabla\cdot(\rho\boldsymbol{u}C)=\nabla\cdot(\rho D\,\nabla C)$$

$$+\frac{1}{2}\frac{1}{\partial Y_i/\partial C}\left(2\dot{\omega}_i+\frac{\partial^2 Y_i}{\partial C^2}\rho\chi_c+\frac{\partial^2 Y_i}{\partial Z^2}\rho\chi_z+2\frac{\partial^2 Y_i}{\partial Z\partial C}\rho\chi_{z,c}\right)\quad(4.24)$$

相对于预混火焰中的进度变量,方程(4.24)中增加了与混合分数和组分相关的项,其中,χ_z、χ_c、$\chi_{z,c}$ 分别为混合分数标量耗散率、进度变量标量耗散率以及其交叉标量耗散率,定义为

$$\chi_z=2D\,\nabla Z\cdot\nabla Z \qquad\qquad (4.25)$$

$$\chi_c=2D\,\nabla C\cdot\nabla C \qquad\qquad (4.26)$$

$$\chi_{z,c}=2D\,\nabla Z\cdot\nabla C \qquad\qquad (4.27)$$

　　方程(4.24)完全由方程(1.4)和方程(3.69)推导而来,不含有任何模型假设,因而可以适用于所有的燃烧模式。通常情况下,进度变量 $C(x,t)$ 定义为组分质量分数的线性函数,则方程(4.24)中含 χ_c 项将变为 0。若流场中的混合分数分布均匀,方程(4.24)将进一步简化为预混火焰的形式,即方程(2.106)。

4.3.2　火焰索引函数

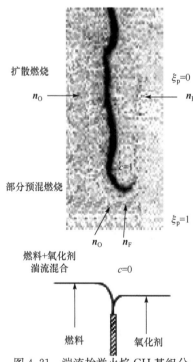

基于燃料与氧化剂法线矢量标量积的火焰索引首先由 Yamashita 等(1996)提出。Favier 与 Vervisch(2001)运用它来研究三岔火焰与扩散火焰面熄火中部分预混燃烧现象。研究发现组分交叉标量耗散率 $\chi_{F,O}$ 可用于燃烧模式的识别:

$$\chi_{F,O}=-D\,\nabla Y_F\cdot\nabla Y_O$$
$$=-D|\nabla Y_F||\nabla Y_O|N_{F,O}$$

$$(4.28)$$

其中,$N_{F,O}=\boldsymbol{n}_F\cdot\boldsymbol{n}_O$ 是交叉方向因子,$\boldsymbol{n}_i=-\nabla Y_i/|\nabla Y_i|$,是反应物等值面的法线向量。在扩散火焰中,$\boldsymbol{n}_F$ 与 $\boldsymbol{n}_O$ 方向相反,则 $N_{F,O}<0$;而在预混火焰中,$\boldsymbol{n}_F$ 与 $\boldsymbol{n}_O$ 方向相同,则 $N_{F,O}>0$(图 4.21)。

　　组分交叉标量耗散率 $\chi_{F,O}$ 在预混火焰和扩散火焰处不同号的性质可以作为流场中火焰燃烧模式的识别。火焰索引函数可以定义为

图 4.21　湍流抬举火焰 CH 基组分
分布图(Watson et al. , 1999)

$$\xi_{\text{p}} = \frac{1}{2}\left(\frac{N_{\text{F,O}}}{|N_{\text{F,O}}|} + 1\right) = \frac{1}{2}\left(1 - \frac{\chi_{\text{F,O}}}{|\chi_{\text{F,O}}|}\right) \tag{4.29}$$

其中,$\xi_{\text{p}} = 1$ 对应于完全预混燃烧,而 $\xi_{p} = 0$ 代表扩散燃烧。

当对燃烧流场进行 LES 求解时,组分梯度矢量可以从大涡模拟可解尺度组分分布直接求得

$$\bar{\boldsymbol{n}}_{\text{F}}^{*} \cdot \bar{\boldsymbol{n}}_{\text{O}}^{*} = \frac{\nabla \bar{Y}_{\text{F}} \cdot \nabla \bar{Y}_{\text{O}}}{|\nabla \bar{Y}_{\text{F}}||\nabla \bar{Y}_{\text{O}}|} \tag{4.30}$$

然而,这种从滤波后流场参数计算得到的组分梯度矢量不能对燃烧模式进行准确的判别。亚格子内的组分脉动可能产生与可解尺度完全不同的组分标量拓扑结构。这种可能性应该在评估亚格子燃烧速率时加以考虑。换言之,对网格可解尺度表现为扩散火焰($\bar{\boldsymbol{n}}_{\text{F}}^{*} \cdot \bar{\boldsymbol{n}}_{\text{O}}^{*} < 0$)的燃烧流场,可能在亚网格尺度内具有预混火焰的结构,需要进行亚格子尺度部分预混的补充。

通过滤波可将交叉耗散率分解为可解尺度与亚格子尺度两部分:

$$\tilde{\chi}_{\text{F,O}} = \tilde{\chi}_{\text{F,O}}^{\text{r}} + \tilde{\chi}_{\text{F,O}}^{\text{s}} \tag{4.31}$$

通过定义式(4.18)与式(4.28)可以推出组分交叉耗散率关于混合分数耗散率、进度变量耗散率及其交叉耗散率的函数关系

$$\chi_{\text{F,O}} = -D|\nabla Y_{\text{F}}||\nabla Y_{\text{O}}|N_{\text{F,O}}$$
$$= -Y_{\text{F,o}}Y_{\text{O,o}}(\mathcal{F}_{c}\chi_{z} + \mathcal{F}_{Z}\chi_{c} + \mathcal{F}_{Z,c}\chi_{c,Z}) \tag{4.32}$$

其中

$$\mathcal{F}_{c} = -A_{c}B_{c}, \quad \mathcal{F}_{Z} = A_{Z}B_{Z}, \quad \mathcal{F}_{Z,c} = A_{c}B_{Z} - B_{c}A_{Z}, \quad A_{c} = (1-c) - \frac{c}{Y_{\text{O,o}}}\frac{\text{d}Y_{\text{O}}^{\text{Eq}}(Z)}{\text{d}Z},$$
$$B_{c} = (1-c) - \frac{c}{Y_{\text{F,o}}}\frac{\text{d}Y_{\text{F}}^{\text{Eq}}(Z)}{\text{d}Z}, \quad A_{Z} = (1-Z) - \frac{Y_{\text{O}}^{\text{Eq}}(Z)}{Y_{\text{O,o}}}, \quad B_{Z} = Z - \frac{Y_{\text{O}}^{\text{Eq}}(Z)}{Y_{\text{O,o}}}$$

为了对 $\chi_{\text{F,O}}$ 进行直观的理解,将流场划分为三个区域分别进行讨论:未燃区、预混火焰传播区和扩散火焰区。

对应未燃区,$c = 0$,$Y_{\text{F}}(Z) = Y_{\text{F,o}}Z$,$Y_{\text{O}} = Y_{\text{O,o}}(1-Z)$,$\mathcal{F}_{c} = -1$,且

$$\chi_{\text{F,O}} \approx Y_{\text{F,o}}Y_{\text{O,o}}\chi_{z} \tag{4.33}$$

该区域由于不存在燃烧反应,因此,$\chi_{\text{F,O}}$ 不会对整个燃烧流场的求解造成影响。

对于预混火焰传播区,$\nabla C \cdot \nabla Z \approx 0$ 且 $\nabla c \gg \nabla Z$,否则火焰将表现为扩散燃烧模式,不难发现 $\chi_{c} \gg \chi_{z}$,因此组分交叉耗散率

$$\chi_{\text{F,O}} \approx -Y_{\text{F,o}}Y_{\text{O,o}}\mathcal{F}_{Z}\chi_{c} \tag{4.34}$$

对于扩散燃烧区,$c = c(Z)$ 可以写成 $\nabla_{c} \cdot (\text{d}c/\text{d}Z)\nabla Z$,方程(4.32)变为

$$\chi_{\text{F,O}} = -Y_{\text{F,o}}Y_{\text{O,o}}\left[\mathcal{F}_{c} + \left(\frac{\text{d}c}{\text{d}Z}\right)^{2}\mathcal{F}_{Z} + \left(\frac{\text{d}c}{\text{d}Z}\right)\mathcal{F}_{Z,c}\right]\chi_{z} \tag{4.35}$$

在扩散燃烧区域,反应主要受组分混合控制,可近似认为 $c_{Z} \approx 1$,可以得到

$$\chi_{F,O} = -Y_{F,o}Y_{O,o}\mathcal{F}_c\chi_z \tag{4.36}$$

对比式(4.33)、式(4.34)和式(4.36)及上文分析,对于整个部分预混燃烧流场,组分交叉耗散率可以通过简化的统一表达式求解

$$\chi_{F,O} \approx -Y_{F,o}Y_{O,o}(\mathcal{F}_Z\chi_c + \mathcal{F}_c\chi_z) \tag{4.37}$$

在未燃区,有 $\chi_c = 0$, $\mathcal{F}_c = -1$,得到式(4.33);在预混火焰传播区,有 $\chi_z \approx 0$,得到式(4.34);在扩散火焰区,有 $\chi_c \approx 0$,得到式(4.36)。

在实际运用中,$\chi_{F,O}$ 在网格可解尺度通过式(4.28)求解,亚网格尺度通过式(4.37)求解,即

$$\tilde{\chi}_{F,O}^s = -Y_{F,o}Y_{O,o}(\bar{\mathcal{F}_Z}\tilde{\chi}_c^s + \bar{\mathcal{F}_c}\tilde{\chi}_z^s)$$

$$\tilde{\chi}_{F,O} \approx -D\,\nabla\tilde{Y}_F \cdot \nabla\tilde{Y}_O - Y_{F,o}Y_{O,o}(\bar{\mathcal{F}_Z}\tilde{\chi}_c^s + \bar{\mathcal{F}_c}\tilde{\chi}_z^s) \tag{4.38}$$

亚格子标量耗散率以涡破碎封闭表达为

$$\tilde{\chi}_z^s \approx \frac{\tilde{Z}_v}{\tau_t}, \quad \tilde{\chi}_c^s \approx \frac{\tilde{c}(1-\tilde{c})}{\tau_t} \tag{4.39}$$

其中湍流特征时间近似为 $\tau_t = \Delta^2\bar{\rho}/\mu_t$; $\tilde{Z}_v$ 是亚格子方差。

由式(4.29)定义的火焰索引 ξ_p 在流场中分布不连续,由此确定的燃烧模式只能在预混燃烧与扩散燃烧两种极端情况之间切换。为了实现燃烧模式连续变换,滤波火焰索引可以改为

$$\bar{\xi}_p \approx \frac{1}{2}\left(1 - \frac{\tilde{\chi}_{F,O}}{F_{norm}}\right) \tag{4.40}$$

其中,F_{norm} 用来归一化 $\tilde{\chi}_{F,O} = \tilde{\chi}_{F,O}^r + \tilde{\chi}_{F,O}^s$,且从下面的表达式可以得到

$$F_{norm} = |\tilde{\chi}_{F,O}^r| + |\tilde{\chi}_{F,O}^s| \tag{4.41}$$

该归一化保证 ξ_p 介于 0 与 1 之间连续变化。

在部分预混燃烧流场求解时,分别建立基于混合分数 Z 的扩散火焰面模型和基于反应进度 C 的预混火焰面模型,滤波后的组分分数通过滤波后的火焰索引 $\bar{\xi}_p$ 加权获得

$$\tilde{Y}_i = \bar{\xi}_p\tilde{Y}_{i,p} + (1-\bar{\xi}_p)\tilde{Y}_{i,d} \tag{4.42}$$

方程(4.42)实现了部分预混火焰中预混火焰分支与扩散火焰分支的解耦,可以分别对其建立火焰面模型(Domingo et al., 2002)。

4.3.3　基于混合分数和进度变量的部分预混火焰面模型建模

4.3.1节的推导表明,部分预混燃烧流场中的进度标量输运方程具有更加复杂的形式,给火焰面模式的建模带来了困难。本节在引入火焰索引函数的基础上对进度变量方程进行简化,从而实现对部分预混燃烧火焰面模式的建模。

当进度变量 $C(x,t)$ 定义为组分质量分数 $Y_i(x,t)$ 的线性函数时,方程(4.24)

简化为

$$\frac{\partial \rho C}{\partial t} + \nabla \cdot (\rho \boldsymbol{u} C) = \nabla \cdot (\rho D \nabla C) + \frac{1}{2} \frac{1}{\partial Y_i / \partial C} \left(2\dot{\omega}_i + \frac{\partial^2 Y_i}{\partial Z^2} \rho \chi_z + 2 \frac{\partial^2 Y_i}{\partial C \partial Z} \rho \chi_{z,c} \right)$$

$$(4.43)$$

方程(4.43)同样对预混火焰和扩散火焰都成立。其中,混合分数和进度变量的交叉标量耗散率可以写为 $\chi_{z,c} = 2D \nabla Z \cdot \nabla C = 2D |\nabla Z| |\nabla C| \boldsymbol{n}_z \cdot \boldsymbol{n}_c$,其中,$\boldsymbol{n}_z = -\nabla Z / |\nabla Z|$,$\boldsymbol{n}_C = -\nabla C / |\nabla C|$ 分别为混合分数和进度变量等值面的方向矢量。方程(4.43)中含 $\chi_{z,c}$ 的项表征组分沿着混合分数等值面法向方向的输运。当预混火焰锋面假设成立时,穿过火焰锋面的新鲜气体与反应产物输运过程沿着 $-\boldsymbol{n}_c$ 方向具有一维特性。对于部分预混火焰中的预混火焰分支,预混火焰沿着特定的 Z 等值面传播,$\boldsymbol{n}_z$ 与 $\boldsymbol{n}_c$ 基本垂直,即 $\boldsymbol{n}_z \cdot \boldsymbol{n}_c \sim 0$。因此,在火焰面假设下可以取 $\chi_{z,c} \approx 0$,也就是认为不同当量比预混火焰面之间的相互作用相对于预混火焰传播过程可以忽略不计。但这一假设只对预混火焰分支成立。

在部分预混火焰结构中,大部分燃料穿过前端富燃预混火焰分支,在下游形成扩散火焰。第 3 章建立的稳态扩散火焰面方程

$$-\frac{1}{2} \rho \chi_z \frac{\mathrm{d}^2 Y_i}{\mathrm{d} Z^2} = \dot{\omega}_i \qquad (4.44)$$

表明,扩散火焰分支上 $\rho \chi_z (\mathrm{d}^2 Y_i / \mathrm{d} Z^2)$ 与组分的生成率 $2\dot{\omega}_i$ 同量级。在相同条件下,预混火焰中的组分生成率比扩散火焰中生成率高出一个数量级以上(Ruetsch et al.,1995),因此,对于预混火焰分支,方程(4.43)中含 χ_z 的项也可以忽略。从而,方程(4.43)简化为

$$\frac{\partial \rho C}{\partial t} + \nabla \cdot (\rho \boldsymbol{u} C) = \nabla \cdot (\rho D \nabla C) + \frac{\dot{\omega}_i}{\partial Y_i / \partial C} \qquad (4.45)$$

方程(4.45)与预混燃烧火焰面模型中方程(2.103)具有类似的形式,预混火焰分支可以采用 2.4.3 节中介绍的方法进行求解。不同的是,在部分预混火焰中,预混火焰分支处于不同的混合分数范围内,在建立预混火焰数据库时需要根据混合分数建立不同当量比的预混火焰面。预混火焰分支的组分质量分数可以通过 Z 与 C 的联合 PDF 积分求得

$$\widetilde{Y}_{i,\mathrm{p}} = \int_Z \int_C Y_{i,\mathrm{p}}(Z^*, C^*) \widetilde{P}(Z^*, C^*) \mathrm{d}Z^* \, \mathrm{d}C^* \qquad (4.46)$$

其中,联合 PDF 可以分解为 $\widetilde{P}(Z^*, C^*) = \widetilde{P}(C^* | Z^*) \widetilde{P}(Z^*)$,$\widetilde{P}(C^* | Z^*)$ 是 C 关于 Z 的条件概率密度,可以认为是在特定当量比火焰面内进度变量 C 的概率密度。

方程(4.45)、式(4.46)仅描述了部分预混火焰中的预混火焰分支,预混火焰下游的扩散火焰需要另外建立相应的火焰面模型求解。作为守恒标量的混合分数 Z 在部分预混火焰中具有与扩散火焰面中方程(3.69)完全一致的输运方程。根据混

合分数 Z 可以采用第 3 章 3.3 节介绍的方法建立相应的扩散火焰面数据库,滤波后的扩散火焰热力学参数同样可以通过方程(3.88)定义的层流火焰面统计平均得到:

$$\widetilde{Y}_{i,d} = \iint Y_{i,d}(Z^*, \chi_{st}) P(Z^*, \chi_{st}) dZ^* d\chi_{st} \tag{4.47}$$

整个流场的热力学参数可以通过方程(4.42)加权得到,从而完成了对整个部分预混燃烧的火焰面建模。

4.3.4　应用举例

Ferraris 和 Wen(2007)采用基于混合分数 Z 与进度变量 C 的方法对 Mansour (2003)的实验甲烷/空气射流抬举火焰进行了模拟。实验中,空气和甲烷由同轴式喷嘴喷射,内管内径 4mm、外径 6mm,外管内径 8mm,内管出口嵌入外管 205mm,同轴喷管外设有 0.2m/s 的空气伴流,空气与甲烷在嵌入段进行混合,整个火焰具有典型的部分预混特征。

图 4.22 为时均混合分数等值线图。图中可以明显看出火焰锋面下游由于燃烧放热产生的气体膨胀效应引起了下游混合分数梯度的减弱。热膨胀作用造成的火焰锋面的变形改变了火焰锋面上的标量耗散率,从而影响到预混火焰的火焰传播速度。

图 4.23 给出了时均的反应进度变量 C 等值线与 $Z = Z_{st} = 0.054$ 等值线。$Z = Z_{st}$ 等值线与 C 等值线均向火焰中心倾斜。在两侧扩散火焰锋面之间存在低反应进度的核心区,部分火焰结构中的富燃预混火焰分支就存在于这一核心区域,两侧的富燃预混火焰在中心形成弧形的封闭。

从图 4.23 中还可以看出,在火焰基底,C 等值线与 Z 等值线基本垂直,说明预混火焰区域 Z 与 C 的交叉耗散率很小,从而验证了 C 输运方程的简化假设。不过,该观点还需在瞬时结果中进一步分析验证。在下游扩散燃烧区,C 与 Z 的等值线基本平行,其交叉耗散率为有限值。然而,Domingo 等(2005b)的反应进度变量 C 输运方程 DNS 仿真结果表明,在 Z_{st} 较低的情况下(如本节中 $Z_{st} = 0.054$),方程中 Z 和 C 的交叉耗散项对抬举火焰的预测结果影响不大,可以忽略。Domingo 等 (2005b)同时也认为,由 Z 的标量耗散率引起的反应进度变量 C 的输运作用在扩散反应区占主导地位,在预混反应区也不应该完全忽略。

通过时均结果可以将射流火焰分为三个区:

(1) 在火焰基底的下游,沿着 Z_{st} 等值线方向 $\nabla C = \mathbf{0}$(图 4.23 中 C 与 Z 的等值线平行),表明燃烧处于扩散反应模式。根据火焰索引函数的定义,这一区域应该有 $\xi_p = 0$。

(2) 火焰内侧富燃预混反应区,$\nabla C \neq \mathbf{0}$ 和 $\widetilde{S}_L \neq 0$,但火焰传播速度要低于火焰基底恰当当量比位置的火焰传播速度。这也是造成射流中心区域火焰锋面位置要高于外侧的原因。

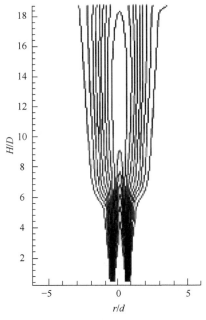

图 4.22　时均混合分数等值线
(Ferraris and Wen，2007)

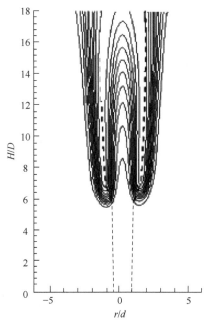

图 4.23　恰当当量混合分数等值线
（虚线）和进度变量等值线（轮廓）
(Ferraris and Wen，2007)

(3) 火焰外侧贫燃区域，由于混合分数低于可燃极限，$\widetilde{S}_L$ 趋于 0，反应进度变量 C 输运方程中的源项也趋于零，这一分支处于熄火状态。

图 4.24 为平均混合分数与混合分数脉动值的横向剖面图，预测值与实验值相互吻合。Mansour(2003)发现在火焰稳定截面上化学恰当当量比等值线确定的宽度（图 4.24 $H/D=6.25$）与火焰基底的宽度（定义为火焰锋面上两个最上游点的距离）相等，计算准确地预测了这一现象，这证实了火焰前锋稳定于化学恰当当量比附近并且预混火焰传播速度等于当地来流速度这一观点。

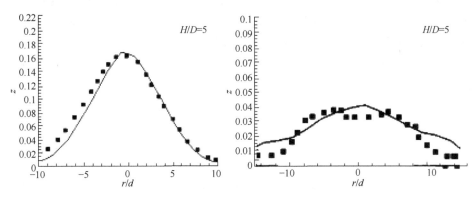

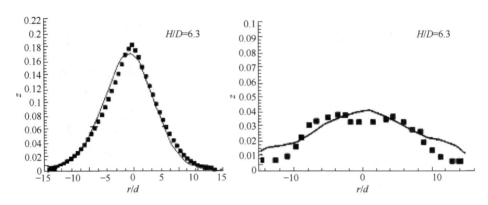

图 4.24　时均混合分数和时均混合分数脉动实验与数值模拟结果对比

(符号代表实验数据)(Ferraris and Wen, 2007)

4.4　基于 G 方程、Z 方程与 C 方程结合的部分
预混湍流燃烧火焰面模型

4.4.1　G 方程与 C 方程的耦合模型

Knudsen 和 Pitsch(2009，2012)提出部分预混湍流燃烧可以通过结合 FPV(火焰面/进度变量)模型与 Level Set 模型来描述。在前面的火焰面进度变量模型中提到，当混合分数 Z 与 C 的联合概率密度函数 $\widetilde{P}(Z,C)$ 已知时，流场中跟反应相关的变量可以表达为

$$\widetilde{\phi}_i = \iint\limits_{ZC} \phi_i(Z,C)\widetilde{P}(Z;\widetilde{Z},\widetilde{Z'^2})\widetilde{P}(C\,|\,Z;\widetilde{C})\mathrm{d}Z\mathrm{d}C \tag{4.48}$$

反应进度变量模型可以用来描述预混与非预混的 $\widetilde{\phi}_i$。但当进度变量模型运用到预混燃烧模式时，在火焰锋附近，$\widetilde{C}$ 场中会出现大的梯度并可能引起较大的数值误差(Knudsen and Pitsch，2008)。为了纠正这些误差，Moureau 等(2009)提出了把进度变量 $\widetilde{C}$ 与 Level Set 耦合在一起的方法。耦合的方式是通过修正火焰前锋的 $\widetilde{C}$ 等值线的传播速度来实现的。具体地，首先用 Level Set 方程求解火焰前锋，然后修改(4.48)中的源项 $\phi_i(Z,C)=\dot{\omega}_C(Z,C)$。根据 Moureau 等(2009)的观点，需要引入一个关于 $\widetilde{G}$ 的依赖关系：

$$\dot{\omega}_C(Z,C,\widetilde{G}) = \int_{-\infty}^{+\infty} \langle \dot{\omega}_C(Z,C)\,|\,\hat{G}=G\rangle\overline{P}(G)\mathrm{d}G \tag{4.49}$$

其中，概率密度函数 $\overline{P}(G)$ 为高斯分布。

在计算中，无论是在预混还是扩散燃烧模式中，都可以用 β 分布与 δ 分布的概率密度函数来描述 $\widetilde{P}(Z,C)$，通常认为 $\phi_i(Z,C)$ 是模式独立的。因此在计算中，可

以用两个不同的由 $\tilde{\phi}_i(\tilde{Z}, \widehat{Z''^2}, \tilde{C})$ 组成的反应表进行插值。扩散燃烧模式的数据库是通过求解稳态火焰面方程得到的。预混燃烧模式的数据库是通过求解一维稳态预混火焰方程得到的。

4.4.2 燃烧模式索引

在 4.3.2 节用到的火焰索引函数虽然能够区分不同燃烧模式,但是这种索引函数仍有局限性。首先,在火焰索引函数中隐含的一维假设是否适用于三维条件仍有待商榷。其次,这种索引函数只用了反应组分,因而在长链碳氢化合物的燃烧中将受到限制。这是因为长链初始燃料分子在进入中心火焰反应区前可能已完全分解,此时在火焰索引函数中的燃料质量分数梯度将失去意义。针对这些问题,Knudsen 和 Pitsch(2009)提出了燃烧模式索引来区分不同燃烧模式,较好地处理了以上问题。

在传统的火焰面进度变量模型(FPV)中,化学反应数据库是在 (Z, C) 空间生成的。这种生成方式存在的问题是不能够反映进度变量 C 与 Z 的关联性。Ihme 等(2005,2007)提出了火焰进度参数,他们把每个火焰面的索引值作为火焰进度参数,较好地解决了火焰进度参数与 Z 之间的相关性问题。Knudsen 和 Pitsch(2009)认为火焰进度参数,即火焰索引 Λ 可以定义为进度变量 C 在特定的一个火焰面($T_{Z_{st}} = T_{Z_{st}}^*$)及混合分数($Z = Z_{st}$)上的值,即

$$\Lambda = C(Z_{st}, T_{Z_{st}}^*) \tag{4.50}$$

对于每个火焰面来说只有一个特定的 Λ 值,因此 Λ 与 Z 是相互独立的,这样对一个标量在 (Z, Λ) 空间求偏导数就是连续的,可以把 $(\boldsymbol{x}, t)$ 空间的方程转换到以下空间:

$$(Z(\boldsymbol{x}, t), \Lambda(\boldsymbol{x}, t), e(\boldsymbol{x}, t), \tau) \tag{4.51}$$

在这个新空间中,e 为与 Z 和 Λ 都垂直的方向,且这个方向的梯度变化可以忽略,τ 为时间相似的坐标系。变换后的输运方程可以写为

$$\rho \partial_\tau \phi_i + \partial_\Lambda \phi_i [\rho \partial_t \Lambda + \rho \boldsymbol{u} \cdot \nabla \Lambda - \nabla \cdot (\rho D \nabla \Lambda)]$$

$$= \rho \frac{\chi_z}{2} \partial_Z^2 \phi_i + \rho \frac{\chi_\Lambda}{2} \partial_\Lambda^2 \phi_i + \rho \chi_{\Lambda, z} \partial_{\Lambda, z}^2 \phi_i + \dot{\omega}_i \tag{4.52}$$

方程(4.52)与传统的火焰面方程不同之处在于:首先,Λ 不是一个守恒量,式中方括号内的量不等于零;其次,方程右边出现了在 Λ 空间的扩散项与交叉扩散项。下面通过考虑 $\phi_i = C$ 来构造燃烧模式索引,当 $\phi_i = C$ 时,

$$\rho \partial_\tau C + \partial_\Lambda C [\rho \partial_t \Lambda + \rho \boldsymbol{u} \cdot \nabla \Lambda - \nabla \cdot (\rho D \nabla \Lambda)]$$

$$= \rho \frac{\chi_z}{2} \partial_Z^2 C + \rho \frac{\chi_\Lambda}{2} \partial_\Lambda^2 C + \rho \chi_{\Lambda, z} \partial_{\Lambda, z}^2 C + \dot{\omega}_C \tag{4.53}$$

完全预混与扩散燃烧模式是方程(4.53)的渐近极限。在通常情况下，不考虑与 τ 相关的类似时间变化的高阶效应。

在扩散燃烧模式下，可认为一个真实的湍流火焰是由一系列的扩散火焰面系综而成(Peters，2000)。在局部区域，一个火焰面可以描述整个反应。在这个火焰上，Λ 是常数且 $\nabla\Lambda=\mathbf{0}$，这样，方程(4.53)变为

$$\rho\partial_\Lambda C\partial_t\Lambda=\rho\frac{\chi_z}{2}\partial_z^2 C+\dot{\omega}_C \tag{4.54}$$

如果稳态扩散火焰面足够描述局部化学反应，那么 $\partial_t\Lambda$ 可以忽略，这样就得到了稳态火焰面方程。

在 $Z=Z_{st}$ 时，可以较容易地推导出一维预混火焰方程。在预混火焰中，混合分数是均匀的，因此 $\nabla Z=\mathbf{0}$，χ_z 与 $\chi_{\Lambda,z}$ 也为零。当 $Z=Z_{st}$ 时，$\Lambda=C$。最终方程(4.53)变为

$$\partial_t(\rho C)+\nabla\cdot(\rho\boldsymbol{u}C)-\nabla\cdot(\rho D\nabla C)=\dot{\omega}_C \tag{4.55}$$

在一维稳态情况，$\partial_t(\rho C)=0$，用火焰传播速度代替 $\boldsymbol{u}$，这样就可以得到稳态预混火焰方程。

根据上面的讨论，可以把方程(4.53)写为

$$\begin{aligned}&(\partial_\Lambda C[\rho\partial_t\Lambda+(\rho\boldsymbol{u}\rho_u S_{L,u}\boldsymbol{n})\cdot\nabla\Lambda])_1\\&+\left(\partial_\Lambda C[\rho_u S_{L,u}|\nabla\Lambda|-\nabla\cdot(\rho D\nabla\Lambda)]-\rho\frac{\chi_\Lambda}{2}\partial_\Lambda^2 C\right)_2\\&+\left(-\rho\frac{\chi_z}{2}\partial_z^2 C\right)_3=\dot{\omega}_C\end{aligned} \tag{4.56}$$

式中，$\boldsymbol{n}=\nabla\Lambda/|\nabla\Lambda|$，并且忽略了交叉标量耗散率 $\chi_{\Lambda,z}$ 的影响。在式(4.56)等号左边下标为 1 的项代表非稳态效应，下标为 2 的项代表稳态预混效应，下标为 3 的项描述了稳态扩散效应。

当不考虑非稳态效应时，引入参数

$$\Theta_{2,3}=\frac{\partial_\Lambda C[\rho_u S_{L,u}|\nabla\Lambda|-\nabla\cdot(\rho D\nabla\Lambda)]-\rho\dfrac{\chi_\Lambda}{2}\partial_\Lambda^2 C}{-\rho\dfrac{\chi_z}{2}\partial_z^2 C} \tag{4.57}$$

当 $\Theta_{2,3}>1$，预混效应占主导，燃烧可通过预混火焰面方程来描述；当 $\Theta_{2,3}<1$ 时，扩散效应占主导，燃烧可通过扩散火焰面方程来描述。通常情况下，可以忽略 $\partial_\Lambda^2 C$，得到

$$\Theta=\frac{\partial_\Lambda C[\rho_u S_{L,u}|\nabla\Lambda|-\nabla\cdot(\rho D\nabla\Lambda)]}{-\rho\dfrac{\chi_z}{2}\partial_z^2 C} \tag{4.58}$$

Θ 即为上文提到的燃烧模式索引,用来区分当地流场的燃烧模式。

4.4.3 算例验证

Knudsen 和 Pitsch(2009,2012)在预混低速旋流喷嘴的 LES 计算中对提出的燃烧模式索引进行了验证。该喷嘴由 Nogenmyr 等(2006)设计并完成实验,喷嘴包含了一个 50mm 直径的圆管,将甲烷与空气的预混气(当量比 $\phi=0.2$)排出,在圆管上游由涡旋叶片产生切向速度,气体的总体速度为 7.5m/s,总雷诺数约为 20000。在圆管喷嘴出口,环形的空气协流速度为 0.3m/s。计算中采用的化学反应机理为 GRI2.11 机理。

在 LES 计算中,燃烧模式指示器定义如下:

$$\tilde{\Omega}=1, \ \forall \tilde{\Theta} \geqslant 1; \quad \tilde{\Omega}=0, \ \forall \tilde{\Theta} < 1 \tag{4.59}$$

$\tilde{\Omega}=1$ 表明需要调用预混火焰数据库,$\tilde{\Omega}=0$ 表明需要调用扩散火焰数据库。当化学反应项小于特定的阈值 ε 时,让 $\tilde{\Omega}=-1$,并调用扩散火焰数据库。为了进行对比,在计算中运用了与 4.3.2 节类似的火焰索引函数 ξ,

$$\xi=\frac{1}{2}\left(1+\frac{\nabla Y_O \cdot \nabla Y_F}{|\nabla Y_O \cdot \nabla Y_F|}\right) \tag{4.60}$$

图 4.25 给出了 LES 计算瞬时结果中火焰索引函数与提出的燃烧模式索引的值。可以发现,两种索引方法在 LES 计算中给出的燃烧模式分布有很大差别。无论是运用火焰索引函数还是燃烧模式索引均能在火焰前锋的上游捕捉到预混燃烧模式。然而,火焰索引函数方法[图 4.25(a)]在 Level Set 等值线的全流场的各个区域都捕捉到了薄的预混燃烧模式,而燃烧模式索引方法[图 4.25(b)]仅在 Level Set 等值线的上游区域捕捉到较厚的预混燃烧模式。虽然燃烧模式不能通过实验来诊断,但在旋流的下游区域,燃料的供给并不能维持预混燃烧,可以看出采用燃烧模式索引更准确地捕捉了预混燃烧模式。燃烧模式索引正是因为存在火焰传播速度 $S_{L,u}$ 的定义,能够考虑到这种可燃极限。这是因为,在贫燃混合物中,$S_{L,u}$ 接近于零。而在火焰索引函数中,没有考虑到混合物是否可燃,因此并不能准确地描述在下游区域的预混燃烧模式。

此外,在图 4.25 中,火焰索引函数捕捉到在喷嘴出口与火焰前锋前缘之间存在扩散燃烧区域。这种结果是由在喷嘴出口出现火焰抬举导致的。喷嘴出口的预混来流是相对富燃的,而空气协流是贫燃的,预混火焰的抬举允许这些来流在燃烧之前形成相反方向的燃料与氧化剂梯度。因此,火焰索引函数不能准确区分是否是由火焰抬举导致的非真实扩散燃烧模式。而燃烧模式索引在火焰前锋上游几乎没有预测到扩散燃烧模式区,这是由于在这些位置,进度变量的源项均为零,因此燃烧模式索引准确地预测在该区域两种模式都是不存在的。

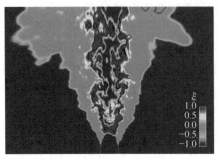 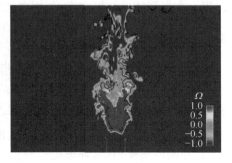

(a) 火焰索引函数　　　　　　　　　　　　　(b) 燃烧模式索引

图 4.25　旋流燃烧喷嘴瞬时 LES 计算结果(Knudsen and Pitsch，2009)

(深灰色代表预混燃烧模式，浅灰色代表扩散燃烧模式；黑色的线代表 Level Set 方法描述的火焰前锋)

　　图 4.26 给出了利用燃烧模式索引得到的 LES 计算结果与实验对比图，从时均的轴向速度与时均温度与实验的对比可以看出，利用燃烧模式索引得到的计算结果跟实验符合得较好。

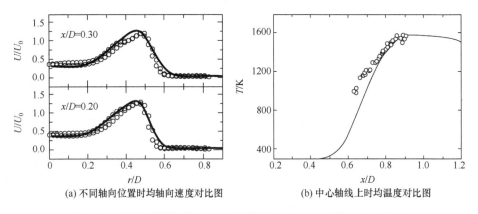

(a) 不同轴向位置时均轴向速度对比图　　　　(b) 中心轴线上时均温度对比图

图 4.26　LES 计算结果与实验对比图(Knudsen and Pitsch，2009)

(实线为 LES 计算结果。(a)中每个轴向位置中的两组圆点数据为

从中心线不同位置测量得到的实验测量结果)

4.5　带自点火特性的部分预混火焰模型

4.5.1　部分预混火焰中的自点火与火焰传播

　　前面讨论的射流部分预混火焰均是发生于大气环境内，周围环境气体压力低、温度低，对于这类火焰，火焰基底的预混火焰传播被认为是其主要的火焰稳定机理。实际燃烧设备中，如柴油机，射流火焰往往发生于高温高压的环境内，周围环

境气体的温度往往高于燃料的自燃温度。实验发现(Persson et al.，2011，Pick-ett et al.，2009)，火焰传播速度相当的不同燃料，射流火焰的抬举高度随着燃料点火延迟时间的缩短而减小，此时，自点火也是火焰稳定的重要影响机制。另外，燃气再循环也是工程中常用的一项稳焰技术(Domingo et al.，2008)。当采用燃气再循环时，燃料与氧化剂在进入主燃烧区域之前预先混合，高温燃气的混入可以一方面提高混合物的温度、缩短混合物的点火延迟时间；另一方面可以稀释反应物的浓度，降低预混火焰传播速度，从而改变自点火与火焰传播在火焰稳定中的影响力。

实际发动机中燃气的化学组成很难精确测量。Cabra 等(2005)设计了带高温伴流的甲烷射流燃烧器用于研究自点火在射流火焰稳定中的作用。其中，富燃预混气由中心喷孔喷注，贫燃高温燃气由外圈环形喷孔喷注。表 4.1 列出了该射流火焰的射流组分与边界条件，该射流火焰中化学恰当当量比位于 $Z_{st}=0.1769$。在实验中，中心射流的新鲜反应物同高温燃气在抬举火焰上游混合。抬举火焰在 $X/D=30\sim40$ 处，X 代表到喷孔出口的轴向距离；D 是燃料射流喷孔的直径。

表 4.1　甲烷-空气射流火焰工况(Cabra et al.，2005)

工况	Re	D/mm	U/(m/s)	T/K	X_{O_2}	X_{N_2}	X_{H_2O}	X_{CH_4}
燃料射流	28000	4.57	100	320	0.15	0.25	0.0029	0.33
同轴污染空气	23300	210	5.4	1350	0.12	0.73	0.15	0.0003

Domingo 等(2008)对 Cabra 等的射流火焰进行了数值分析。图 4.27 和图 4.28 给出了不同当量比下的点火延迟时间和预混火焰传播速度。计算中，认为反应前混合气体热力学参数与混合分数呈线性分布

$$\varphi_i(Z)=Z\varphi_{iF,o}+(1-Z)\varphi_{iO,o} \tag{4.61}$$

其中，Z 是混合分数(定义为在燃料射流处等于 1，在伴流出口处等于 0)，下标 F,o 与 O,o 分别代表燃料射流与伴流射流的出口处($Z_{F,o}=1$ 且 $Z_{O,o}=0$)。贫燃混合物的点火延迟时间在 $\phi^\circ\approx0.02(Z^\circ\approx0.00427)$ 取最小值($\tau_{ig}^\circ\approx4ms$)，这与实验观测结果(Cabra et al.，2005)一致。图 4.27 的结果表明，点火延迟时间随当量比的增长而迅速上升，自点火对于火焰稳定的作用在贫燃区域更加明显。

图 4.28 中，火焰传播速度在化学恰当当量比时最大。在贫燃一侧，火焰传播速度曲线起始于 $\phi_c=0.24(Z_c\approx0.05)$。低于该临界值，混合物的燃烧过程主要受自点火控制，无法观测到预混火焰自由传播过程。在前文讨论的以三岔火焰形式实现火焰稳定的射流火焰中，实验表明(Muniz and Mungal，1997；Ruetsch et al.，1995)火焰基底的来流速度可以估算为 $U^\circ\approx\sqrt{(\rho_o/\rho_b)}S_L^\circ\approx\sqrt{(T_b/T_o)}S_L^\circ$；这里下标 o 与 b 代表化学恰当当量比时预混火焰锋前后的状态，在 Cabra 等(2005)

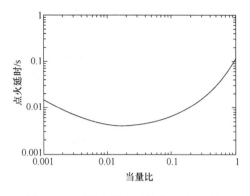

图 4.27　不同当量比下的点火延迟时间
（Domingo et al.，2008）

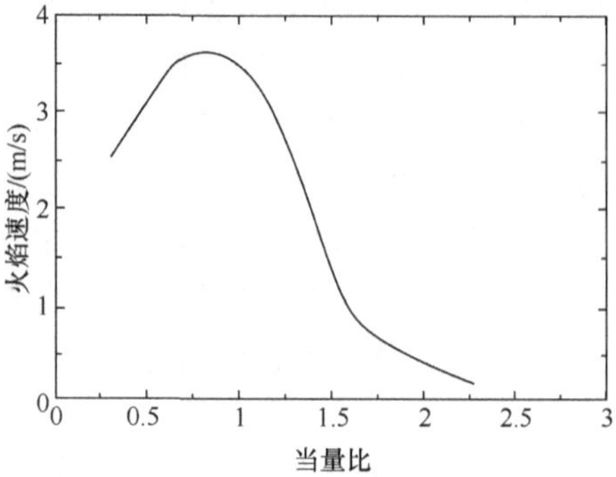

图 4.28　不同当量比下的火焰传播速度
（Domingo et al.，2008）

的实验条件下可以估算出 $U^0 \approx 5\text{m/s}$，与实验中的高温燃气伴流速度（5.4m/s）相近。这表明，实验中的射流火焰具有通过预混火焰传播与来流速度相匹配的形式（三岔火焰稳焰）实现火焰稳定的能力。但如果混合气体的自点火先于火焰传播（自点火过程发生于三岔火焰点的上游），则火焰可以通过自点火的形式实现稳定，即两种稳焰机制具有竞争关系。另外，在 Cabra 等的实验中，在火焰稳定的前提下，伴流速度可以达到 6.5m/s，这也进一步表明火焰传播并不是实现抬举火焰稳定的唯一影响机制。以上分析表明，在对含有高温燃气伴流的射流火焰建模时，必须考虑高温可燃混合气自点火过程的影响。

4.5.2　自点火、火焰传播以及扩散火焰的通用型火焰面方程

　　Domingo 等（2008）对 Cabra 等（2005）的射流火焰实验进行了建模并开展了数值仿真。对于特定的混合分数值（或者当量比），自点火与预混火焰面的组分质量分数 Y_i^{AI} 与 Y_i^{PF} 可以由下列控制方程描述：

$$\rho \frac{\partial Y_i^{\text{AI}}}{\partial t} = \dot{\omega}_i^{\text{AI}} \tag{4.62}$$

$$\rho_0 S_{\text{L}} \frac{\partial Y_i^{\text{PF}}}{\partial x} = \frac{\partial}{\partial x}\left(\rho D_i \frac{\partial Y_i^{\text{PF}}}{\partial x}\right) + \dot{\omega}_i^{\text{PF}} \tag{4.63}$$

式中，S_{L} 是层流火焰传播速度；$Y_i^{\text{AI}}(Z,t)$ 由均匀搅拌反应器模型计算得到；$Y_i^{\text{PF}}(Z,x)$ 由预混火焰传播方程计算得到；t 为对应于反应器中的时间；x 为穿过预混火焰锋面的坐标。在得到自点火数据库 $Y_i^{\text{AI}}(Z,\xi)$ 与预混火焰面数据库 $Y_i^{\text{PF}}(Z,\xi)$ 后（对于自点火数据库，ξ 代表时间，对于预混火焰数据库，ξ 代表位置），引入类似于火焰面模型中的反应进度变量 Y_c［定义为 $Y_c(Z,\xi) = Y_{\text{CO}}(Z,\xi) + Y_{\text{CO}_2}(Z,\xi)$］，消除 ξ 变量进行重整，可以建立类似于火焰面模型的数据库

$$Y_i^{\text{AI}}(Z,Y_c); \quad Y_i^{\text{PF}}(Z,Y_c) \tag{4.64}$$

图 4.29 列出了方程(4.62)、式(4.63)预测的不同当量比下温度分布。两种模型预测的温度分布几乎一致,表明自点火与火焰传播在(Z,Y_c)空间内具有相似的分布特性。为了验证方程(4.62)、式(4.63)建立的化学反应数据库的合理性,图4.30 将其与实验测量值进行了比对。图中圆点为实验中流场内的单点测量值;对于数值解,在流场的轴向位置上,每一个点根据当地的混合分数 Z 和进度变量 Y_c 分别在数据库 $Y_i^{AI}(Z,Y_c)$ 和 $Y_i^{PF}(Z,Y_c)$ 中插值,并根据混合分数作条件平均:$\langle Y_i^{AI}|Z^*\rangle$ 与 $\langle Y_i^{PF}|Z^*\rangle$。图中虽然预测值与实验值有一定的偏差,但两种模型得到的预测值十分吻合。

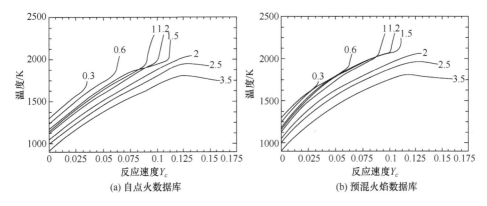

图 4.29　不同当量比对应的混合物温度分布(Domingo et al. , 2008)

图 4.29 和图 4.30 表明部分预混火焰中的自点火与火焰传播过程都可以由(Z,Y_c)空间描述,并且二者具有非常一致的分布特性。另外,第 3.5 节中介绍了基于(Z,Y_c)的扩散火焰建模方法。可以推导组分质量分数 Y_i 在 Z-Y_c 空间变化的更普适的控制方程(即并不是针对特定的燃烧模式)来耦合自点火与预混火焰面的化学反应数据库。物理空间中参数 Z、Y_c 与 Y 的平衡方程可写为

$$\frac{\partial \rho Z}{\partial t}+\nabla\cdot(\rho\boldsymbol{u}Z)=\nabla\cdot(\rho D\,\nabla Z) \tag{4.65}$$

$$\frac{\partial \rho Y_c}{\partial t}+\nabla\cdot(\rho\boldsymbol{u}Y_c)=\nabla\cdot(\rho D\,\nabla Y_c)+\dot{\omega}_{Y_c} \tag{4.66}$$

$$\frac{\partial \rho Y_i}{\partial t}+\nabla\cdot(\rho\boldsymbol{u}Y_i)=\nabla\cdot(\rho D\,\nabla Y_i)+\dot{\omega}_i \tag{4.67}$$

为了找出 Y_i 在 Z-Y_c 空间上的描述,Y_i 的控制方程需要做由$(t,\boldsymbol{x})$到(Z,Y_c)的坐标变换:

$$\nabla Y_i=\frac{\partial Y_i}{\partial Z}\nabla Z+\frac{\partial Y_i}{\partial Y_c}\nabla Y_c \tag{4.68}$$

$$\nabla^2 Y_i=\frac{\partial^2 Y_i}{\partial Z^2}|\nabla Z|^2+\frac{\partial Y_i}{\partial Z}\nabla^2 Z+\frac{\partial^2 Y_i}{\partial Y_c^2}|\nabla Y_c|^2$$

$$+ \frac{\partial Y_i}{\partial Y_c} \nabla^2 Y_c + 2 \frac{\partial^2 Y_i}{\partial Z \partial Y_c} \nabla Z \cdot \nabla Y_c \tag{4.69}$$

把它们代入方程(4.67)并与方程(4.65)和方程(4.66)结合,可以得到以下关系式:

$$\dot{\omega}_{Y_c} \frac{\partial Y_i}{\partial Y_c} = \frac{1}{2} \rho \chi_z \frac{\partial^2 Y_i}{\partial Z^2} + \frac{1}{2} \rho \chi Y_c \frac{\partial^2 Y_i}{\partial Y_c^2} + \rho \chi_{z,Y_c} \frac{\partial^2 Y_i}{\partial Z \partial Y_c} + \dot{\omega}_i \tag{4.70}$$

其中引入了标量耗散率 $\chi_z = 2D |\nabla Z|^2$, $\chi_{Y_c} = 2D |\nabla Y_c|^2$ 与交叉标量耗散率 $\chi_{Z,Y_c} = 2D \nabla Z \cdot \nabla Y_c$。这些标量耗散率取决于由方程(4.65)与方程(4.66)控制的 Z 与 Y_c 的空间分布。继而可以得到包含三个 Damkhöhler 数的方程形式

$$\frac{\partial Y_i}{\partial Y_c} = \frac{1}{Da^{DF}} \frac{\partial^2 Y_i}{\partial Z^2} + \frac{1}{Da^{PF}} \frac{\partial^2 Y_i}{\partial Y_c^2} + \frac{1}{Da^{PPF}} \frac{\partial^2 Y_i}{\partial Z \partial Y_c} + \frac{\dot{\omega}_i}{\dot{\omega}_{Y_c}} \tag{4.71}$$

其中, $Da^{DF} = 2\dot{\omega}_{Y_c} / \rho \chi_z$, $Da^{PF} = 2\dot{\omega}_{Y_c} / \rho \chi_{Y_c}$ 与 $Da^{PPF} = 2\dot{\omega}_{Y_c} / \rho \chi_{z,Y_c}$, DF 代表扩散火焰,PF 代表预混火焰,PPF 代表部分预混火焰。通过改变这些 Damkhöhler 数,方程(4.71)可以覆盖几乎所有的燃烧模式:①均匀混合物自点火;②自由传播预混火焰;③扩散火焰面;④部分预混火焰。下面分别进行分析。

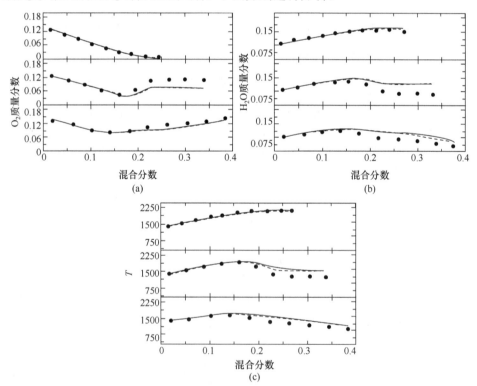

图 4.30 实验测量数据和计算得到的流场参数条件平均值(Domingo et al., 2008)

(圆点表示实验值;实线表示 $Y_i^{PF}(Z,Y_c)$;虚线表示 $Y_i^{AI}(Z,Y_c)$;从底部到顶部,流向位置 $X/D=40$、50 与 70)

（1）当化学反应快于所有的流动输运过程，所有的 Damköhler 数变为无限大，此时方程（4.71）变为

$$\left(\frac{\partial Y_i}{\partial Y_c}\right)^{\mathrm{AI}} = \left(\frac{\dot{\omega}_i}{\dot{\omega}_{Y_c}}\right)^{\mathrm{AI}} \tag{4.72}$$

这对应于均匀混合物的自点火过程。在这种极限情况下，由于 Z 和 Y_c 在物理空间的梯度对燃烧的影响可以忽略，可以把物理空间混合物的所有点作为孤立的均匀反应器。

（2）当混合物中当量比均匀分布，即流场中 Z 的梯度为 0，燃烧处于预混火焰模式。这种情况下，Da^{DF} 与 Da^{PPF} 趋向无限大，燃烧主要受 Da^{PF} 控制，方程（4.71）可以简化为

$$\left(\frac{\partial Y_i}{\partial Y_c}\right)^{\mathrm{PF}} = \frac{1}{Da^{\mathrm{PF}}}\frac{\partial^2 Y_i}{\partial Y_c^2} + \left(\frac{\dot{\omega}_i}{\dot{\omega}_{Y_c}}\right)^{\mathrm{PF}} \tag{4.73}$$

（3）在层流稳态扩散火焰中，所有热力学参数都是 Z 和梯度 $|\nabla Z|$ 的单值函数。Y_i 关于 Y_c 没有依赖关系，从而方程（4.71）可以简化为

$$\frac{1}{Da^{\mathrm{DF}}}\left(\frac{\partial^2 Y_i}{\partial Z^2}\right)^{\mathrm{DF}} + \left(\frac{\dot{\omega}_i}{\dot{\omega}_{Y_c}}\right)^{\mathrm{DF}} = 0 \tag{4.74}$$

在方程（4.74）两边乘以 $\dot{\omega}_{Y_c}$，可以变成经典的稳态火焰面方程（3.36）。当 Da^{DF} 足够小时，方程（4.71）描述的扩散火焰分支可以认为是处于熄灭状态。

（4）最后一种模式是预混与扩散燃烧模式的混合模式（部分预混），它由混合分数与进度变量的交叉标量耗散率 $\chi_{Z,Y_c} = D\,\nabla Z \cdot \nabla Y_c$ 的 Da^{PPF} 控制。交叉标量耗散率的性质与作用在 4.3 节已经进行了讨论。

4.5.3 带自点火特性部分预混火焰的火焰面模型

对于带自点火过程的部分预混火焰，自点火与火焰传播主要集中于火焰基底的预混区域，扩散火焰分支的结构基本不受影响，4.3.2 节中定义的火焰索引函数同样适用。关于扩散火焰分支的建模可以参照 4.3 节或 4.4 节中介绍的索引函数将扩散火焰分支分离，并采用 3.3 中介绍的扩散火焰面模型对其进行建模。本节主要介绍火焰基底自点火与火焰传播相互作用的火焰面建模方法。

考虑大涡模拟的控制方程，流场中滤波后的热力学参数同样可以通过设定型 pdf 进行统计平均求得

$$\tilde{\varphi}(\underline{x},t) = \int_0^1 \overline{(\varphi|Z^*;\underline{x},t)}\widetilde{P}(Z^*;\underline{x},t)\mathrm{d}Z^* \tag{4.75}$$

$\overline{(\varphi|Z^*;\underline{x},t)}$ 是在给定混合分数 Z^* 值下 φ 的条件平均值，$\widetilde{P}(Z^*;\underline{x},t)$ 是 Z 的滤波概率密度函数。$\overline{(\varphi|Z^*;\underline{x},t)}$ 描述了在混合分数空间的滤波化学反应火焰结构。

在自点火之前,条件平均值基本上与混合分数呈线性关系$\overline{(\varphi \mid Z^* ; \underline{x}, t)} = \varphi_0(Z^*) = Z^* \varphi_{F,o} + (1 - Z^*) \varphi_{O,o}$。在点火之后,若 Damkhöhler 足够大,则可燃混合物接近于化学平衡状态$\overline{(\varphi \mid Z^* ; \underline{x}, t)} \approx \varphi^{Eq}(Z^*)$,反之,混合物则处于这两个极限情况之间,$\overline{(\varphi \mid Z^* ; \underline{x}, t)}$还是关于反应进度的函数。

与 4.3 节的方法相似,自点火与预混火焰传播的耦合也可以通过加权的方式实现

$$\varphi(Z^*, c^*) = (1 - \bar{c}) \varphi^{AI}(Z^*, c^*) + \bar{c} \varphi^{PF}(Z^*, c^*) \tag{4.76}$$

可推导得

$$\overline{(\varphi \mid Z^* ; \underline{x}, t)} = (1 - \bar{c}) \int_0^1 \varphi^{AI}(Z^*, c^*) \overline{P}(c^* ; \underline{x}, t) \mathrm{d}c^*$$
$$+ \bar{c} \int_0^1 \varphi^{PF}(Z^*, c^*) \overline{P}(c^* ; \underline{x}, t) \mathrm{d}c^* \tag{4.77}$$

其中$c = Y_c / Y_c^{Eq}$是归一化的进度变量。$\overline{P}(c^* ; \underline{x}, t)$是$c$的概率密度函数,并假设该概率密度函数为$\beta$分布,这时需要考虑归一化进度变量$c$的方差$c_V = \overline{cc} - \bar{c}\bar{c}$,可以写作$c_V = \widetilde{Y_c^2} / \widetilde{Y_c^{Eq2}} - (\widetilde{Y_c} / \widetilde{Y_c^{Eq}})^2$。假设进度变量$c$与混合分数不相关,则有$\overline{(c \mid Z^*)} \approx \bar{c}$,从而$\overline{(Y_c \mid Z^*)} = \bar{c} Y_c^{Eq}(Z^*)$,通过概率密度函数积分可以得到$\widetilde{Y_c} = \bar{c} \widetilde{Y_c^{Eq}}$。值得注意的是与混合分数$Z$的统计无关性只能应用于归一化的进度变量$c$,对于反应进度变量$Y_c$或者任何其他从数据库提取的$\varphi_i$并不适用(Domingo et al., 2005a)。方程(4.76)中的$\varphi^{AI}(Z^*, c^*)$与$\varphi^{PF}(Z^*, c^*)$为求解方程(4.62)、式(4.63)得到的燃烧反应数据库。

参 考 文 献

Bradley D, Gaskell P H, Gu X J. 1996. Burning velocities, markstein lengths, and flame quenching for spherical methane-air flames: A computational study. Combustion and Flame, 104:176-198.

Cabra R, Chen J Y, Dibble R W. 2005. Lifted methane-air jet flames in a vitiated coflow. Combustion and Flame, 143(4):491-506.

Chen M, Herrmann M, Peters N. 2000. Flamelet modeling of lifted turbulent methane/air and propane/air jet diffusion flames. Proceedings of the Combustion Institute, 28:167-174.

Consul R, Oliva A, Perez-Segarra C D, et al. 2008. Analysis of the flamelet concept in the numerical simulation of laminar partially premixed flames. Combustion and Flame, 153(1-2):71-83.

Domingo P, Vervisch L. 1996. Triple flames and partially premixed combustion in autoignition of non-premixed mixtures. The Twenty-Sixth Symposium(International) on Combustion, Pittsburgh.

Domingo P, Vervisch L, Bray K. 2002. Partially premixed flamelets in LES of nonpremixed tur-
    bulent combustion. Combustion Theory and Modelling, 6:529-551.

Domingo P, Vervisch L, Payet S, et al. 2005a. DNS of a premixed turbulent V flame and LES of
    a ducted flame using a FSD-PDF subgrid scale closure with FPI-tabulated chemistry. Combustion and
    Flame, 143:566-586.

Domingo P, Vervisch L, Réveillon J. 2005b. DNS analysis of partially premixed combustion in
    spray and gaseous turbulent flame-bases stabilized in hot air. Combustion and Flame, 140:172-
    195.

Domingo P, Vervisch L, Veynante D. 2008. Auto-ignition and flame propagation effects in LES
    of burned gases diluted turbulent combustion. Combustion and Flame, 152:451-432.

Donbar J M, Driscoll J F, Carter C D. 2000. Reaction zone structure in turbulent nonpremixed jet
    flames-from CH-OH PLIF images. Combustion and Flame, 122:1-19.

Donnerhack S, Peters N. 1984. Stabilization heights in lifted methane-air jet diffusion flames dilu-
    ted with nitrogen. Combustion Science and Technology, 41:101-108.

Favier V, Vervisch L. 2001. Edge flames and partially premixed combustion in diffusion flame
    quenching. Combustion and Flame, 125:788-803.

Ferraris S A, Wen J X. 2007. Large eddy simulation of a lifted turbulent jet flame. Combustion
    and Flame, 150:320-339.

Ihme M. 2007. Pollutant Formation and Noise Emission in Turbulent Non-Premixed Flames[PhD
    Thesis]. Standford: Standford University.

Ihme M, Cha C M, Pitsch H. 2005. Prediction of local extinction and re-ignition effects in non-
    premixed turbulent combustion using a flamelet/progress variable approach. Proceedings of the
    Combustion Institute, 30:793-800.

Joedicke A, Peters N, Mansour M. 2005. The stabilization mechanism and structure of turbulent
    hydrocarbon lifted flames. Proceedings of the 30th Symposium(International) on Combustion,
    Pittsburgh.

Kalghatgi G T. 1984. Liff-off heights and visible lengths of vertical turbulent jet diffusion flame in
    still air. Combustion Science and Technology, 41(1):17-29.

Kaplan C R, Oran E S, Baek S W. 1994. Stabilization mechanism of lifted jet diffusion flames. The
    Twenty-fifth Symposium(International) on Combustion, Pittsburgh.

Kioni P N, Rogg B, Bray K N C, et al. 1993. Flame spread in laminar mixing layers:The triple
    flame. Combustion and Flame, 95(3):276-365.

Knudsen E, Pitsch H. 2008. A dynamic model for the turbulent burning velocity for LES of
    premixed combustion. Combustion and Flame, 154(4):740-760.

Knudsen E, Pitsch H. 2009. A general flamelet transformation useful for distinguishing between
    premixed and non-premixed modes of combustion. Combustion and Flame, 156(3):678-696.

Knudsen E, Pitsch H. 2012. Capabilities and limitations of multi-regime flamelet combustion
    models. Combustion and Flame, 159(1):242-264.

Lee B J, Chung S H. 1997. Stabilization of lifted tribrachial flames in a laminar nonpremixed jet. Combustion and Flame, 109:163-234.

Li B, Baudoin E, Yu R, et al. 2009. Experimental and numerical study of a conical turbulent partially premixed flame. Proceedings of the Combustion Institute, 32:1811-1818.

Lockett R D, Boulanger B, Harding S C. 1999. The structure and stability of the laminar counter-flow partially premixed methane/air triple flame. Combustion and Flame, 119:19,20.

Lyons K M. 2007. Toward an understanding of the stabilization mechanisms of lifted turbulent jet flames:Experiments. Progress in Energy and Combustion Science, 33(2007):211-231.

Müller C M, Breitbach H, Peters N. 1994. Partially premixed turbulent flame propagation in jet flames. The Twenty-Fifth Symposium(International) on Combustion, Pittsburgh.

Mansour M S. 2003. Stability characteristics of lifted turbulent partially premixed jet flames. Combustion and Flame, 133:263-274.

Mansour M S. 2004. The flow feld structure at the base of lifted turbulent partially premixed jet flames. Experiment Thermal and Fluid Science, 28:771-779.

Miake-Lye R C, Hammer J A. 1988. Lifted turbulent jet flames:A stability criterion based on the jet large -scale structure. Twenty-second symposium (international) on combustion, Pittsburgh.

Moureaua V, Fiorina B, Pitsch H. 2009. A level set formulation for premixed combustion LES considering the turbulent flame structure. Combustion and Flame, 156:801-812.

Muniz L, Mungal M G. 1997. Instantaneous flame-stabilization velocities in lifted-jet diffusion flames. Combustion and Flame, 111:16-31.

Nogenmyr K-J, Petersson P, Bai X S, et al. 2006. Large eddy simulation and experiments of stratified lean premixed methane/air turbulent flames. Proceedings of the Combustion Institute, 31:1467-1475.

Nogenmyr K-J, Kiefer J, Li Z S, et al. 2010. Numerical computations and optical diagnostics of unsteady partially premixed methane/air flames. Combustion and Flame, 157:915-924.

Persson H, Andersson O, Egnell R. 2011. Fuel effects on flame lift-off under diesel conditions. Combustion and Flame, 158(1):91-97.

Peters N. 1999. The turbulent burning velocity for large scale and small scale turbulence. Journal of Fluid Mechanism, 384:107-132.

Peters N. 2000. Turbulent Combustion. Cambridge:Cambridge University Press.

Peters N, Williams F A. 1983. Liftoff characteristics of turbulent jet diffusion flames. AIAA Journal, 21:423-431.

Phillips H. 1965. Flame in a buoyant methane layer. The Tenth Symposium (international) on Combustion, Pittsburgh.

Pickett L M, Kook S, Persson H, et al. 2009. Diesel fuel jet lift-off stabilization in the presence of laser-induced plasma ignition. Proceedings of the Combustion Institute, 32(2):2793-2800.

Pitts W M. 1988. Assessment of theories for the behavior and blowout of lifted turbulent jet diffusion flames. The Twenty-second Symposium(International) on Combustion, Pittsburgh.

Ruetsch G, Vervisch L, Linan A. 1995. Effects of heat release on triple flame. Physics of Fluids, 6:1447-1454.

Savas O, Gollahalli S R. 1986. Stability of lifted laminar round gas-jet flame. Journal Fluid Mechanics, 165:297-318.

Schefer R W, Namazian M. 1994. Stabilization of lifted turbulent-jet flames. Combustion and Flame, 99:75-86.

Schefer R W, Namazian M, Kelly J. 1988. Structural characteristics of lifted turbulent-jet flames. The Twenty-Second Symposium(International) on Combustion, Pittsburgh.

Upatnieks A, Driscoll J F, Rasmussen C C, et al. 2004. Liftoff on turbulent jet flames-assessment of edge flame andother concepts using cinema-PIV. Combustion and Flame, 138:259-272.

Vanquickenborne L, Tiggelen A V. 1966. The stabilization mechanism of lifted diffusion flames. Combustion and Flame, 10:59-69.

Watson K A, Lyons K M, Donbar J M. 2002. Simultaneous two-shot CH-PLIF and particle image velocimetry measurements in lifted CH$_4$-air diffusion flames. The Twenty-Ninth Symposium(international) on Combustion, Pittsburgh.

Watson K A, Lyons K M, Donbar J M, et al. 1999. Observations on the leading edge in lifted flame stabilization. Combustion and Flame, 113:53-65.

Wichman I S, Lakkaraju N, Ramadan B. 1997. The structure of quenched triple flames near cold walls in convective flows. Combustion Science and Technology, 127:141-165.

Yamashita H, Shimada M, Takeno T. 1996. A numerical study on flame stability at the transition point of jet diffusion flame. Proceedings of the Combustion Institute, 26:27-34.

第5章 超声速燃烧的火焰面模式

超燃冲压发动机是实现大气层内高超声速飞行的理想动力装置之一,为实现其高效、稳定的工作要求,发动机内部复杂的超声速燃烧过程引起了研究者持续的关注。超声速燃烧建模与模拟一直是超声速燃烧过程研究的重要内容之一。超声速湍流燃烧理论研究常使用的方法主要有概率密度函数模型和火焰面模型,其中火焰面模型由于具有物理直观、计算效率高等优点,受到了学术界的高度重视,并被用于超声速燃烧的数值模拟中。

本章介绍了超声速燃烧的特点及火焰面模型应用的若干问题;根据超燃冲压发动机所能达到的飞行条件,从理论上系统地对燃烧室内部燃烧流场是否满足火焰面模型假设进行判别;针对超声速条件下的扩散燃烧建立了适用的火焰面/进度变量模型,并给出其在超声速燃烧中的应用;针对部分预混超声速燃烧引入了火焰面 G/Z 方程并给出了其应用实例。

5.1 超声速湍流燃烧火焰面模型应用综述

5.1.1 超声速湍流燃烧特点及模拟困难

超声速燃烧过程包含激波、局部熄火、重点火等复杂的流动、化学过程,其存在如下特点:

(1) 强耦合性。超声速可压缩流动的一个特征是速度、密度、压力和温度之间的强耦合,密度的变化不仅由燃烧放热引起,还由与高速关联的黏性加热、压缩或膨胀引起。与低速气流相比,超声速流动能引起的加热甚至超过化学反应释热的量级,此时燃烧的影响不再是最主要的。

(2) 可压缩性。湍流流动的亚格子模式首先都是针对低速不可压缩流动建立发展起来的。对于超声速、高超声速复杂湍流流动,研究表明来流马赫数 $Ma \geqslant 3$ 时,Morkovin 假设(如果湍流脉动马赫数不大于 0.3,可压缩性对湍流的影响可忽略)不再成立,必须对亚格子模型进行可压缩性修正。同样,许多实验室火焰都是低速的开放环境中的火焰,此时马赫数很低,可压缩性效应可以忽略,但对于很多实际的火焰(如气体涡轮机、冲压发动机内的火焰),流动可能达到较高的马赫数,另外,其中声学作用十分重要,此时必须要考虑可压缩性。但在湍流模拟中,可压缩影响是一个重要且很困难的课题。对于不同流动,可压缩性的表现很不相同,如自由混合层和壁面剪切层流中可压缩性的作用差异就很明显。目前建立对任何类型流动均适用的可压缩修正模型几乎是不可行的。鉴于高速湍流可压缩影响模拟的困难和 Bradshaw(1996)的讨论,在模拟高速复杂湍流时,往往忽略可压缩影响,而直接应用不可压湍流模型。对于燃烧过程,Ingenito 等(2006)还讨论了化学反应生成项的可压缩修正问题,但修正模型的有效性仍然需要进一步检验。

(3)自点火、熄火与重点火。超声速流动气流本身具有很高的焓值,局部的流动滞止区具有高静温,燃料/空气的混合物有可能在这种环境内点火延迟时间缩短,从而易实现自点火。另外,由于超声速流场中温度、燃料分布非均匀的特点,火焰在传播或扩散过程中会发生局部熄火以及熄火后的重点火现象。对于自点火、熄火与重点火的模拟一般需要借助详细的化学动力学机理,而且一旦出现这些偏离平衡态的复杂化学过程,则目前已建立的多个湍流燃烧模型将失去效用。

(4)激波。超声速流动最显著的特征是出现间断性质的激波。如果激波扫过火焰前锋,火焰前锋和激波引起的温度变化可能处于可比量级,同时化学反应加速,压力发生变化;激波扫过未燃混合气体,可能会出现激波诱导燃烧的情况。这些情况下多种燃烧模型的假设都需要重新评估,计算结果也需要谨慎分析。

(5)湍流与燃烧的相互作用。在高雷诺数的超声速湍流反应流中,湍流和燃烧存在强烈的相互作用。湍流对燃烧的影响主要体现在两个方面:一方面为通过湍流输运影响燃料与氧化剂的混合过程;另一方面为通过引起温度及组分的脉动而影响化学动力学过程。燃烧对湍流的影响则主要表现为改变当地雷诺数,且同时存在两种相反的影响趋势:一是通过燃烧放热提高温度进而增大分子黏性,使当地雷诺数减小,对湍流产生"层流化"效应;二是燃烧使得当地流体膨胀加速,从而增大雷诺数,对流动产生"湍流化"效应。因此,要准确模拟超声速燃烧流动过程,必须考虑湍流和燃烧的相互作用。

(6)非平衡流效应。在超声速化学反应流中,由于流动速度较大,流动特征时间较短,可以与化学反应的特征时间相比拟,使得不能把超声速化学反应流简化为冻结流或者平衡流,而是具有非平衡流的性质。

以上特点使得超声速燃烧的模拟不同于亚声速,存在更多的困难,各种湍流燃烧模型也需要相应的改进。

5.1.2 超声速湍流燃烧中火焰面模型存在的问题

火焰面模型是从低速流中发展起来的,其在超声速湍流燃烧中的应用还存在一些问题需要解决:一是超声速燃烧流场中火焰面模型适用范围的问题,即超声速燃烧流场中火焰面模型假设是否处处成立;二是超声速条件下激波、局部熄火/自点火等复杂物理化学过程给火焰面模型的应用带来了诸多难题,即模型如何修正的问题。

1. 超声速湍流燃烧中火焰面模型的适用性问题

目前,人们对火焰面模型能否用于描述超声速湍流燃烧还存在争论。Swami-nathan 和 Bilger(1998,1999)认为火焰面模型只适用于局部反应区厚度远小于 Kolmogorov 涡旋尺度的情形,而 Eifler 和 Kollmann(1993)、Dauptain 等(2005)认为在非均匀压力、存在自点火机制以及激波结构复杂的流场中应用火焰面模型非常困难。但是,Williams(2000)通过分析常见的工程湍流燃烧模式,认为大部分超声速燃烧满足火焰面模型假设。因此,Swaminathan 和 Bilger 的观点不能成为判别火焰面模型缺陷的准则。

针对超声速湍流燃烧,基于理论分析及数值计算的一些结果表明大部分超声速燃烧可以用火焰面模型描述。Balakrishnan 和 Williams(1994)对超声速条件下的扩散火焰进行量纲分析认为,对于较好组织的氢气/空气超声速扩散燃烧,基于反应面的湍流燃烧计算比分布式反应区概念更切实可行。Bray 等(1994)的分析也认为超声速湍流扩散燃烧可以用火焰面模型描述。基于 LES 结果的分析表明 (Berglund,2007),Waidmann 等(1995)的支板喷射超声速扩散火焰的 Karlovitz 数(定义为化学反应特征时间与 Kolmogorov 涡特征时间的比值)约为 1, Damköhler 数约为 40,且大尺度雷诺数远远大于 1,说明燃烧流场位于"褶皱"的火焰面区。Antonella 和 Claudio(2010)认为超声速预混燃烧火焰的厚度比 Kolmo-gorov 涡旋尺度小,可以用火焰面模型对其进行描述;他还利用 LES 方法对 NASA 兰利研究中心的 SCHOLAR 超声速燃烧室进行计算,发现燃烧室流场满足火焰面模型的假设,且基于火焰面模型的计算结果与实验一致。Mitani 和 Kouchi(2005) 采用 9 组分 17 方程的氢气/空气化学反应模型对飞行马赫数为 6 的超声速燃烧室进行计算,发现氢气喷流与主流交汇形成的扩散火焰很薄,可以近似用氢气/空气对撞扩散火焰描述。

Peters 等(1986,1983)先后提出了判别扩散火焰面模式的判据,之后 Donbar 等(1998)对其进行总结,认为湍流扩散火焰处于火焰面模式要满足如下条件:①反应层足够薄;②反应层的热化学特性(自由基浓度、火焰厚度等)能够由层流对撞射流火焰理论描述;③反应层熄火或合并的频率不高;④反应层的拉伸率正比于耗散率。Donbar 等对湍流射流扩散火焰进行 PIV 与 CH 基、OH 基 PLIF 的联合观测,并依据这些判据对不同雷诺数的低速甲烷射流火焰的火焰面模式进行甄别,发现扩散火焰面模式要求基本满足。

由于火焰面模型假设火焰面的厚度比 Kolmogorov 涡旋尺度还要小,而现有实验观测手段的分辨率还远远不够,无法辨别,因此很难通过实验结果明确判别超声速燃烧流场中火焰面模型假设是否成立。但若干应用了精密观测手段的部分实验结果显示,火焰极薄,呈薄反应区模式,近似满足火焰面模型假设。超声速气流中的稳定燃烧可以通过热源的持续点火或者由速度不均流场内的回火区来组织。前者常见的形式如次级火焰的高温产物引燃主混合气、炽热平板点燃气流等,后者的常见形式是超/亚声速剪切层或者设置回流区。Zheng 和 Bray(1994)、Sabelni-kov 等(1998)对 Evans 等(1978)的环孔超声速双射流(内环孔为燃料、外环孔为高焓污染空气)形成的超/超声速混合、超/亚声速混合扩散火焰进行了分析,发现其满足火焰面模型假设。在超声速气流中设置回流区实现火焰稳定的常见形式有燃料壁面垂直喷射、后向台阶、支板以及凹腔等。目前已有了大量的实验结果,其中应用了综合非接触式光学测量手段[如纹影、平面激光诱导荧光(planar laser-in-duced fluorescence,PLIF)、粒子图像测速仪(particle imaging velocimetry,PIV)]的典型实验结果有:Waidmann 等(1995)在德国航天中心进行的支板超燃发动机实验;Ben-Yakar(2000)对模拟飞行马赫数 8～10 条件下的超声速气流中横向喷注氢气或者乙烯的燃烧实验;Gruber 等(2004)、Rasmussen 等(2007)对凹腔内外进行了燃料喷射的稳定燃烧实验;孙明波(2008)采用 OH 基 PLIF 对凹腔上游氢气喷射燃烧过程的三维火焰结构进行了观测;Micka 和 Driscoll(2008)首次采用 CH基 PLIF 对双模态超燃过程进行了观测。Waidmann 等(1995)对支板喷射超声速燃烧实验结果进行分析,发现支板喷射超声速燃烧流场内形成了近似的扩散火焰。Ben-Yakar(2000)采用 OH 基 PLIF 技术对超声速流中的横向 H_2 射流火焰进行研究,发现从不同空间角度观测到的射流火焰均限于射流柱与主流形成的褶皱交界面上(见图 5.1)。最近,Gamba 等(2011)给出的超声速平板喷流 OH 基 PLIF结果(见图 5.2)显示了火焰区主要位于壁面附近边界层及喷流与来流形成的交界面上,但仍能分辨出射流火焰极薄。Byrne 等(2005)在凹腔内部喷射氢气发现燃烧出现在凹腔回流区与主流的薄剪切层内(见图 5.3)。Gruber 等(2004)、Ras-mussen 等(2007)以及孙明波(2008)的 OH 基 PLIF 结果未能很好地分辨出反应区(见图 5.4 和图 5.5),这主要是由于 OH 基存延时间相对较长造成的。鉴于 OH基不能很好地标示基本反应区,Micka 和 Driscoll(2008)采用 CH 基 PLIF 对凹腔组织的乙烯喷射超声速燃烧过程进行观测(见图 5.6),在图像分辨率不高的情况下仍可发现燃烧处于薄反应区;但由于实验缺乏高分辨率观测,且未与 PIV 结果进行对照,不能推断火焰究竟属于火焰面模式区还是薄反应区。

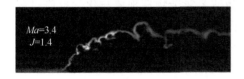

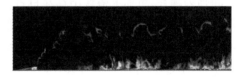

图 5.1　Ben-Yakar(2000)的
OH 基 PLIF 图像

图 5.2　Gamba 等(2011)的
OH 基 PLIF 图像

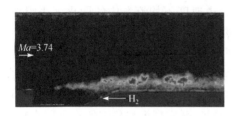

图 5.3　Bryne 等(2005)的
OH 基 PLIF 图像

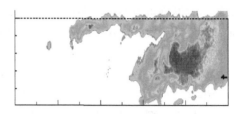

图 5.4　Rasmussen 等(2007)的
OH 基 PLIF 图像

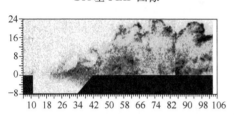

图 5.5　孙明波(2008)的
OH 基 PLIF 图像

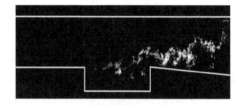

图 5.6　Micka 和 Driscoll(2008)的
CH 基 PLIF 图像

　　以上研究表明,基于理论分析、数值计算以及实验观测的一些结果都表明大部分超声速燃烧流场可以用火焰面模型描述。但是,现有的理论分析均未系统地从理论上证实超声速燃烧流场是否满足火焰面模型假设,而仅仅针对个别超声速燃烧流场进行了粗略计算分析,研究成果不具通用性。另外,现有的部分实验观测结果分辨率不高,不能很好地分辨出薄反应区。因此,究竟能否采用火焰面模式来描述超声速湍流燃烧,火焰面模式在以不同火焰稳定部件组织的燃烧过程中是怎样的存在形态,这种模式在什么类型下的超声速湍流燃烧中适用,或者说火焰面模式的存在条件是怎样的,这些基础性的物理问题目前急需在实验观测中予以明确,主要是为该模式在超声速湍流燃烧中的应用提供原则性概念和基础性理解(孙明波等,2010)。

　　2. 超声速湍流燃烧中火焰面模型的修正

　　在超声速燃烧流场中,由于流动处于超声速条件下,速度、密度、压力以及温度之间强烈耦合,再加上流场中存在自点火、激波等复杂物理现象与化学反应过程,传统低速条件下的湍流燃烧模型都需要进行修正才能应用。目前认为超声速湍流燃烧采用火焰面模型存在若干困难,总结起来有:

　　(1) 激波的作用,激波强度足够大时会促进点火或自点火,这样激波引起的与火焰前锋引起的温度变化可能处于可比量级,这就意味着火焰面模型假设——温度和组分质量分数沿火焰前锋(燃烧波)切向的改变远小于沿火焰前锋法向的改变不再成立。如果出现这种情况,一维扩散火焰面结构将不再适用。

（2）超声速流中 Kolmogorov 涡旋尺度过小，可能使得 Karlovitz 数以及雷诺数不符合火焰面模型假设的要求。

（3）超声速流中密度、速度、温度、压力之间强烈耦合，动能改变引起的温度变化甚至超过化学反应释热的量级。因此，相应的火焰面数据库也应该包含动能的影响。而基于低马赫数假设的火焰面的计算导致一个常压空间，火焰面数据库中仅包含了密度、组分和温度等信息，忽略了动能的影响。这一问题从一开始就受到重视，但迄今仍然没有得到很好的解决。

针对上述超声速流中火焰面模型应用的若干困难，一些学者从可压缩性、激波的影响等方面入手，围绕扩散火焰开展了一系列修正工作。

为了考虑可压缩性的影响，Zheng 和 Bray(1994)首先扩展了不可压层流火焰面模型，将动能改变引起的温度变化修正加入到温度的计算中，也就是不同于低速时的 $\phi(Z,\chi)$，考虑第三个变量——速度 u，得到 $T=T(Z,\chi,u)$，$Y_k=Y_k(Z,\chi,u)$，为得到平均流参数，需要知道联合概率密度函数 $P(Z,\chi,u)$，设定 χ 只与小涡特性相关，则可以认为 $P(Z,\chi,u)=P(Z,u)P(\chi)$，而且有 $P(Z,u)=P(Z)P(u|Z)$；他们考虑了一种简单的动能向内能的转换模型

$$T_n(Z,\chi,\langle u\rangle)=T(Z,\chi)+\Delta T(Z,\chi,\langle u\rangle) \tag{5.1}$$

其中

$$\Delta T(Z,\chi,\langle u\rangle)=\frac{1}{2C_p}\left\{\left[Y_f(Z,\chi)+\frac{1}{1+s}Y_p(Z,\chi)\right]u_f^2\right.$$
$$\left.+\left[Y_o(Z,\chi)+\frac{s}{1+s}Y_p(Z,\chi)\right]u_o^2-\langle u\rangle^2\right\} \tag{5.2}$$

这里，Y 代表质量分数；下标 f, o, p 分别代表燃料、氧化剂以及产物；s 代表化学反应的当量系数。这样，关于温度和组分质量分数的物理量 $\varphi(T,Y_k)$ 可以表示为

$$\langle\varphi\rangle=\iiint\varphi(T(Z,\chi,u),Y_k(Z,\chi,u))$$
$$\cdot P(Z)P(\chi)P(u\mid Z)\mathrm{d}Z\mathrm{d}\chi\mathrm{d}u \tag{5.3}$$

该模型计算与 Evans 等(1978)的超声速扩散火焰湍流燃烧试验结果符合较好。同时，Zheng 和 Bray(1994)考虑了可压缩条件下压力膨胀项的影响，发现压力修正对计算结果影响不大；他们的计算结果还表明，在射流火焰的大部分区域，Kolmogorov 时间尺度与化学反应时间尺度接近相等，这样由 Peters(1986)定义的层流火焰面模式条件能够满足。Secundov(1996)在 Zheng 和 Bray(1994)的修正模型的基础上，建立了多个压力状态的火焰面数据库，且进一步考虑了混合分数脉动的速度条件矩修正，同样对 Evans 等(1978)的超声速扩散火焰进行了计算，发现计算得到的氢气/空气超声速扩散火焰温度好于 Zheng 和 Bray 的修正模型的结果。在 Zheng 和 Bray(1994)及 Secundov(1996)的修正方法中，考虑了关于混合分

数脉动的速度条件矩,进而对 Zheng 和 Bray 建立的扩展火焰面模型进行了进一步修正,设定在 $\langle u|Z\rangle$ 附近的脉动可以忽略,则 $P(u|Z)=\delta(u-\langle u|Z\rangle)$,注意到 $\dot{\omega}_k=\dot{\omega}_k(Z,\chi,\langle u|Z\rangle)$,同时采用火焰面方程可以将 $\widetilde{Y}_k=Y_k(Z,\chi,\langle u|Z\rangle)$, $\widetilde{T}=T(Z,\chi,\langle u|Z\rangle)$ 与 Z 关联求解,再假设 $\langle u|Z\rangle$ 与 Z 之间存在简单的线性关系 $\langle u|Z\rangle=a_1+b_1Z$ 即可实现求解。

为了配合激波捕捉算法,Oevermann(2000)直接舍弃了火焰面数据库中的温度,仅使用数据库中的组分质量分数

$$\widetilde{Y}_k(\widetilde{Z},\widetilde{Z'^2},\bar{a})=\int Y_k(Z,\bar{a})P(Z;\widetilde{Z},\widetilde{Z'^2})\mathrm{d}Z \tag{5.4}$$

式中,$\widetilde{Z'^2}$ 为混合分数方程,由其输运方程得到;$\bar{a}$ 为湍流平均拉伸率,$\bar{a}=C_D\varepsilon/k$,C_D 为经验参数,k 和 ε 分别为湍动能和耗散率。当地的温度则由能量方程隐式求解得到

$$\tilde{e}(\widetilde{T})=\sum_k\widetilde{Y}_ke_k(\widetilde{T}) \tag{5.5}$$

Oevermann(2000)利用 RANS 方法结合该修正模型对 Waidmann 等(1995)所做的支板喷射超声速燃烧流场进行了二维计算,发现计算结果与实验结果基本吻合。在以上修正模型中,Oevermann 的修正模型由于简便易行,计算结果较为合理,已经成为当前超声速湍流燃烧火焰面模型的主流发展方向,并在超声速湍流扩散燃烧、部分预混燃烧以及自点火/熄火等方面逐步得到应用。国内的邢建文等(2007,2008)、杨阳等(2008)、高振勋和李椿萱(2011)利用 RANS 方法结合 Oevermann(2000)的修正模型对超声速支板喷射扩散燃烧以及横向射流燃烧进行了计算,发现其比基于 Arrhenius 有限速率化学反应模型的结果更合理。为了考虑部分预混的影响,一些学者将修正的扩散燃烧火焰面模型和预混燃烧火焰面模型结合来考察超声速燃烧过程。Berglund 和 Fureby(2007)利用 LES 方法并结合基于化学反应进度变量的部分预混燃烧火焰面模型对 Oevermann(2000)计算构型的三维情况进行了计算。图 5.7 给出了计算得到的温度云图和 H_2 等值面图。孙明波(2008)利用 LES 方法并结合基于 G 方程的部分预混燃烧火焰面模型对凹腔上游喷注氢气的超声速燃烧过程进行计算,初步揭示了凹腔内部的火焰传播与火焰稳定过程。最近,Terrapon 等(2009)借鉴 Pierce 和 Moin(2004)的低速条件下的火焰面/进度变量模型,并结合 Oevermann(2000)处理超声速流中火焰面模型的方法,建立了超声速条件下的火焰面/进度变量模型;他利用该模型对德

图 5.7　Berglund(2007)的大涡模拟结果

国宇航研究中心的 Hyshot II 飞行器进行了计算,发现该模型能较好地捕捉到流场中的熄火现象。图 5.8 给出了 Terrapon 等(2009)计算得到的温度和 OH 基分布,可以看出喷口附近没有发生燃烧,火焰发生了抬举,说明火焰面/进度变量模型能较好地捕捉到流场中的局部熄火和火焰抬举现象。Saghafian 和 Terrapon(2011)也利用火焰面/进度变量模型对超声速平板喷流进行了大涡模拟,发现 LES 计算结果与 OH 基 PLIF 结果基本一致。Terrapon 等(2009)的处理方法对于解决超声速湍流燃烧中出现的点火、熄火以及激波作用等问题具有重要意义,可能成为未来超声速燃烧数值模拟的合理发展方向。

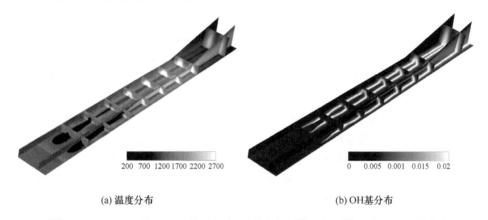

(a) 温度分布　　　　　　　　　　　　　　　　(b) OH 基分布

图 5.8　Terrapon 等(2009)利用火焰面/进度标量模型得到的温度和 OH 基分布

以上研究表明,关于火焰面模型在超声速流中的修正,人们已做了大量尝试和努力,并取得了较大进展。但是,现有的研究还存在以下不足:

尽管 Oevermann 等(2000)的处理方法简化了激波问题,但对于压力及温度不均匀流场,如何避免多个离散火焰面数据库插值带来的状态不连续,以及流场当前状态如何与计算层流火焰面数据库时燃料/氧化剂的边界条件对应,都是十分困难的问题。

火焰面/进度变量模型虽然已被证实可以描述超声速燃烧中的局部熄火现象。但是,现有研究仅仅针对几何外形非常简单的平板喷流开展过,究竟模型的适用性如何,还需要进一步对超声速复杂燃烧流场进行验证。

在出现分离区均匀燃烧、熄火/点火过于频繁以及高强度激波促进点火的情况下,火焰面模型假设将不再成立。此时若在整个流场应用火焰面模型,则必须考虑模型修正。王海峰(2005)在其博士论文中曾提出了自适应的火焰面/PDF 模型,它是根据火焰面模型和 PDF 方法各自的适用范围和优点,按照一定准则对不同类型的燃烧区实现模型间的自动切换,并认为熄火极限对应的标量耗散率是可选的合理指标,但并没有开展进一步的建模工作。

超声速燃烧流场中往往存在超声速/亚声速交织的复杂流区,在不同流区由于当地湍流状态和化学反应状况的不同会导致 Karlovitz 数、Damköhler 数差别较大,这样可能出现火焰面模式与薄反应区模式共存的情况。另外,由于超声速燃烧室内的燃烧不稳定性,火焰可能处于振荡状态,这样就有可能出现同一流区火焰面模式与薄反应区模式随时间相切换的情况。尽管 Mura 等(2007)、Peters(2000)都指出薄反应区模式可以用与火焰面模式相同形式的反应进度变量方程或 G 方程模型进行描述,但由于扩散与反应耦合项的处理方式不同,还需要设立更多的判别准则。

火焰面模型已经受到广泛的重视并在超声速燃烧计算中得到较多应用,特别是部分预混火焰面模型,尽管在低速湍流燃烧领域仍然处在发展期,但是目前在超声速领域的应用已经显现出趋势并且取得了良好的效果,结合大涡模拟对非定常过程的模拟也获得初步成功。需要注意的是,火焰面模式在超声速湍流燃烧中的应用并不是无条件的,究竟在什么类型的超声速湍流燃烧中该模式适用,仍是未解决的基础性物理问题。

从上文国内外研究情况的分析可以看出,目前鉴于火焰面模式的计算效率高、物理直观的特点,将低速的湍流燃烧火焰面模型向超声速湍流部分预混燃烧推广应用已经成为超声速燃烧数值研究的趋势之一。同时,火焰面模型在超声速湍流燃烧的应用中也存在有较大的困难,因此本章首先对超声速燃烧火焰面模式进行判别,接着对超声速湍流燃烧和火焰面/进度变量模型在超声速条件下做修正并对两个算例进行验证,最后提出超声速湍流燃烧 G/Z 方程模型,将其应用在超声速来流稳焰凹腔燃烧的算例中。

5.2 超声速燃烧火焰面模式判别

由上节的分析可知,虽然 Williams(2000)、Bray 等(1994)、Antonella 和 Claudio(2010)等的分析和计算都表明大部分超声速燃烧满足火焰面模型假设,可以用火焰面模型进行描述。但是,现有的研究都是仅仅针对某一具体的超声速燃烧流场进行粗略计算分析,研究成果不具通用性,不能说明超声速燃烧流场的基本特征。因此,对于超声速燃烧流场是否满足火焰面模型假设,还需要进一步比较全面地、系统地理论分析并对其进行细致判别(Fan et al.,2011)。基于此,本节从理论上对超声速燃烧流场中是否存在火焰面模式进行判别。

由于火焰面模型假设火焰面的厚度小于湍流中的 Kolmogorov 涡旋尺度,因此判断超声速流中火焰面模型假设是否成立的核心就是要判定超声速流场中火焰面厚度与 Kolmogorov 涡旋尺度的相对大小。本节首先根据超燃冲压发动机所能达到的飞行条件给出计算条件,然后给出流场中湍流流动特征尺度与燃烧特征尺度的计算方法,最后结合湍流燃烧模式分区图判断超声速流中火焰面模型假设是否成立。

5.2.1　计算条件的给定

计算条件(范周琴等，2012；Fan et al.，2012)主要根据目前超燃冲压发动机所能达到的飞行条件给出，其中燃烧室入口参数通过不同的来流空气加热方式换算得到，如表 5.1 所示。

表 5.1　超燃冲压发动机燃烧室入口模拟参数范围

飞行马赫数	入口马赫数	入口总温/K	入口静压/atm
4	1.5～2.5	840～900	0.6～1.2
4.5	2.0～2.5	1000～1100	0.6～1.0
5	2.0～3.0	1180～1260	0.5～1.1
6	2.5～3.5	1600～1700	0.3～0.7
6.5	3.0～3.5	1850～1950	0.25～0.5
7	3.0～4.0	2070～2190	0.2～0.5

在超燃冲压发动机燃烧室内，燃料通常经由喷嘴喷入燃烧室，一般情况下，认为燃料速度为声速。因此，选择马赫数 1.0，静温 250 K 的氢气作为喷流来流条件。积分尺度 ℓ_0 取燃烧室宽度 75 mm，脉动速度根据超声速混合层的实验结果(Clemens and Mungal，1995；Goebe and Dutton，1991)(见图 5.9 和图 5.10)近似取 $u'=0.001u_\infty \sim 0.2u_\infty$，其中 u_∞ 为燃烧室入口来流速度。

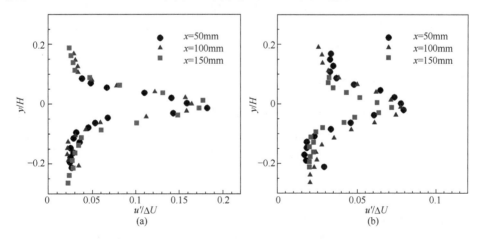

图 5.9　Goebe-Dutton 三维混合层脉动速度分布(Goebe and Dutton，1991)

需要说明的是，由于超燃冲压发动机燃烧室内部气流为超声速，为了实现火焰稳定，组织起高效、稳定的燃烧，通常采取主动或被动的方式在流场中形成环流或

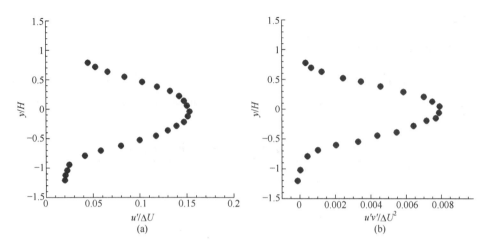

图 5.10　Clemens-Mungal 三维混合层脉动速度分布(Clemens and Mungal，1995)

低速流区作为稳定火焰的措施。关于利用回流区稳定火焰的机理,目前尚未有统一完整的定论。传统上认为是回流区点火机制,即新鲜预混气从低速高温回流区吸收热量,经过点火延迟时间后达到着火温度实现自点火。最近的实验表明(Law,2006)回流区可能存在三岔火焰稳焰机制,即低速高温回流区内预混气燃烧产生的火焰传播速度与回流区和主流交界处的剪切层流动速度相配合,从而在回流区内形成稳定的火焰锋面及向下游发展的扩散火焰面。根据这一理论,可以认为超燃冲压发动机燃烧室内部并不是纯粹的扩散火焰,而是部分预混火焰,即超声速主流中以扩散火焰为主,而在壁面附面层、分离区及回流区内以预混火焰为主。因此,对超燃冲压发动机燃烧室内部燃烧模式的完整判别,需要同时考虑预混、非预混两种燃烧模式。

5.2.2　流场中特征尺度的计算

为判别超燃冲压发动机燃烧室内部流场中火焰面模型假设是否成立(范周琴等,2012),需要计算燃烧室内部湍流流动与化学反应特征尺度的相对大小。湍流流动特征尺度按照 5.2.1 节中的来流条件计算,化学反应时间尺度 τ_F 利用 Flame-Master 软件计算。

首先验证软件的可靠性。图 5.11 给出了常温常压下氢气/空气燃烧的层流火焰传播速度 S_L 随当量比的变化规律。可以发现,预测值与实验值符合较好,说明该软件能较好地预测层流预混燃烧的火焰传播速度,这将为下文中燃烧模式的合理判别提供保证。

对于预混燃烧,由于 $\tau_F = l_F / S_L$,因此利用软件计算出 S_L 和 l_F 的值之后即可求出 τ_F。

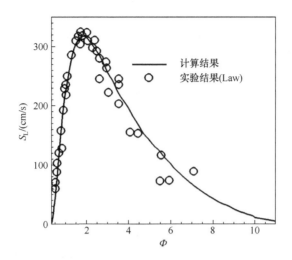

图 5.11　常温常压氢气/空气混合物的 S_L 随当量比变化(范周琴等,2012)

对于非预混燃烧,τ_F 的计算采用 Peters(2000)提出的定义:

$$\tau_F = \frac{Z_{st}^2(1-Z_{st}^2)}{\chi_q} \tag{5.6}$$

其中,Z_{st} 为燃料/氧化剂达到化学恰当当量比时对应的混合分数值;χ_q 为熄火状态对应的标量耗散率。应该指出,式(5.6)中引入了熄火标量耗散率的概念,因此式(5.6)所定义的时间尺度表征的是化学动力学模型中主要放热反应的时间尺度,而放热量正是超燃问题的主要关注点,因此可以认为采用式(5.6)来计算化学反应时间尺度是合理的。

氢气/空气混合物的 Z_{st} 为 0.0283,熄火标量耗散率 χ_q 通过求解混合分数空间的火焰面方程确定。火焰面方程解的 S 曲线中临界标量耗散率即为熄火标量耗散率 χ_q,将 χ_q 的值代入式(5.6)中,即可得到 τ_F。

5.2.3　超声速湍流燃烧模式判别

按照表 5.1 给出的来流条件,利用一维等熵关系式得到静温 T 的变化范围为:373.33~782.14K,结合压力 p 的变化范围 0.2~1.2atm,利用 FlameMaster 软件可以计算出不同(p,T)条件下对应的火焰传播速度 S_L、火焰厚度 δ_l 和熄火标量耗散率 χ_q,根据第 2.2 节中的讨论即可计算出超燃冲压发动机燃烧室内部化学反应的特征尺度 l_0、τ_0 等,再结合湍流流动特征尺度 u',即可对超声速燃烧模式进行判别。

考虑到计算量的问题,仅选取 $p=0.2$atm、0.3atm、0.4atm、0.5atm、0.6atm、0.7atm、0.8atm、0.9atm、1.0atm、1.1atm、1.2atm 和 $T=350$K、400K、450K、

500K、550K、600K、650K、700K、750K、800K 时的条件进行计算,其余条件下结果通过线性插值得到。计算得到的超声速湍流预混燃烧模式的可能范围标示于图 5.12 中,并以不同颜色区分不同飞行马赫数下的计算结果。需要说明的是,部分颜色条带看起来较窄,这并不是其本身覆盖区域小,而是由于不同飞行马赫数下结果有重叠,被覆盖的缘故。

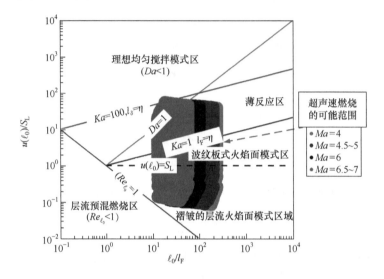

图 5.12　超声速湍流预混燃烧模式图(范周琴等,2012;Fan et al.,2012)

由 $u(\ell_0)\equiv u'$,从图 5.12 可以看出,对预混燃烧模式而言,当湍流脉动速度较小时($u(\ell_0)/S_L$ 在 1 附近),超声速条件下计算结果严格满足 $Ka<1$,火焰面模型假设严格成立;当湍流脉动速度较大时($u(\ell_0)/S_L$ 在 10 附近),超声速条件下计算结果满足 $Ka<100$,说明燃烧流场主要位于薄反应面模式区。按照 Peters 的观点,只要最小尺度涡不能进入到火焰前锋的化学反应区,也可以近似认为火焰面模型假设成立;当湍流脉动速度更大时,存在高飞行马赫数下($Ma=6.5\sim7$)的极小部分区域位于理想均匀搅拌器模式区,不满足火焰面模型假设。但是,考虑到超燃冲压发动机燃烧室内部预混火焰前锋主要位于低速回流区或剪切层内(这是因为超燃冲压发动机燃烧室内部主流区不可能存在稳定的火焰锋面,除非是爆震,而在非预混/部分预混为主的燃烧中,爆震几乎不可能发生),其对应的湍流脉动速度要比超声速主流中的相应值小,即实际流场中预混区的脉动速度最大值会比此处的取值低(此处脉动速度是以超声速主流速度为参考选取的),这样得到的实际超声速燃烧模式的可能区域主要位于图中下半部分,即整体上将满足火焰面模型假设。

此外,Antonella 和 Claudio(2010)还针对马赫数对预混燃烧的影响进行了分析,他们认为超声速燃烧发生在近似定容条件下并导致快速化学反应,这使得火焰具有很高的传播速度和很薄的厚度。随着马赫数提高流体动能增加,压力梯度的增加不足以驱使脉动成比例增加,从而导致燃烧室入口湍流强度低于亚声速流,但是超声速下涡的脉动速度 υ' 比亚声速条件下更大。这说明即便在相同的 Re 和 Da 的条件下,超声速流场与亚声速流场所处的燃烧模式仍可能不同。

根据 Antonella 和 Claudio(2010) 的推导,化学反应速率受到亚格子马赫数 Ma_s 影响,其中 Ma_s 约为马赫数 Ma 的 1%～10%。

火焰传播速度 $S_l = \sqrt{D\dot{\omega}_{Ma>1}}$ 能够通过应用 Arrhenius 反应定律得到

$$\dot{\omega}_{Ma>1} \propto \dot{\omega}_{Ma<1}(1+2Ma_s^2) \tag{5.7}$$

在超声速流动中,从式(5.7)得出可压缩性通过增加化学反应速度(因子 $1+2Ma_s^2$)影响火焰传播速度;相应的,火焰传播速度以 $\sqrt{1+2Ma_s^2}$ 增长。火焰面厚度随火焰传播速度呈反比关系。

在飞行马赫数 7～9 的范围内(燃烧室马赫数 1～3),吸气式燃烧室的温度将达到 1000K 以上,氢气/空气的化学反应很快,应用快速反应是可以接受的。文献(Goebe and Dutton,1991)的大涡模拟预测出,对于燃料喷射和燃烧室尺寸来说的湍流度为 0.5%～10%。由这些数据,可以估计以下无量纲数:

湍流大尺度 Re 定义为

$$Re_t = \frac{\rho U_0 L_0}{\mu} \tag{5.8}$$

湍流大尺度 Da 定义为

$$Da_t = \frac{L_0/U_0}{(\dot{\omega}/\rho)^{-1}} \tag{5.9}$$

Re_t 的范围是 2000～100000;Da_t 的范围是 9～2000。

l_k/δ_l、L_0/δ_l、υ'/S_L 的取值范围共同定义了超声速燃烧的火焰面模式。其中 L_0 是完整湍流尺度,l_k 是耗散尺度,δ_l 是火焰厚度,S_L 是层流火焰速度。图 5.13 中粗实线依次为 $Ma=0.3$、1、3。从 $Ma=0.3$ 到 $Ma=3$ 的过程相当于从不可压流动过渡到可压缩流动,随着 Ma 增大直线位置不断上移,体现了可压缩性改变反应模式的边界。

如图 5.14 所示,由 L_0/δ_l、Re_t 和 Da_t 共同确定了图中的阴影范围,以 l_k/δ_l 为界,上部分处在薄反应区,其余处在火焰面模式区。火焰面模式中,涡旋尺度可能大于火焰面厚度尺度,但是仍然可以通过使火焰面弯曲、褶皱来影响反应速率。在超声速燃烧中,提高当地马赫数,l_k/δ_l 直线向上移,反应处在火焰面模式下的范围增大。这样,可以基于涡耗散的概念定义湍流/燃烧模型,其中反应速率由混合与化学反应共同控制(Magnussen,1989)。

超声速燃烧火焰中,最小的涡可能比火焰厚度还要大并且可以在不进入火焰面的情况下使火焰面褶皱。与低马赫数燃烧火焰相比,超声速燃烧中火焰模式不仅

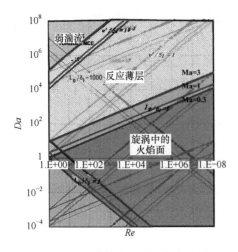

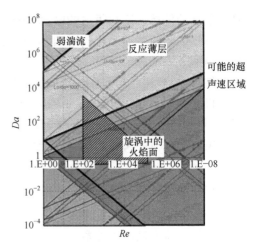

图 5.13　以马赫数为变量的反应模式图
（Antonella and Claudio，2010）

图 5.14　超声速燃烧模式分布图
（Antonella and Claudio，2010）

仅依据雷诺数,还要通过马赫数来确定化学反应和湍流模型。

类似地,超声速湍流非预混燃烧模式的可能范围标示于图 5.15 中,由图 5.15 可以看出,大部分超声速条件下的计算结果满足 $Ka<1$ 和 $Da>10$,火焰面模型假设严格成立;小部分计算结果满足 $100>Ka>1$ 和 $Da>10$,火焰面模型假设近似成立;仅有高飞行马赫数下（$Ma=6.5\sim7$）的极小部分结果属于慢化学反应区,不满足火焰面模型假设。

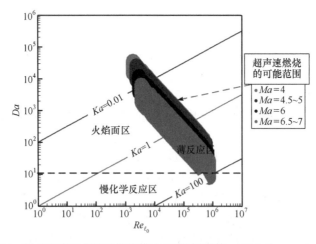

图 5.15　超声速湍流非预混燃烧模式图（范周琴等，2012；Fan et al.，2012）

需要强调的是,本节仅针对超燃冲压发动机燃烧室内部流场燃烧模式进行定性分析,究竟火焰面模型能否适用,与来流条件、燃烧室构型、喷注方式、局部湍流度等密切相关,还需进行细致的流场计算和定量分析。下节将以德国宇航研究中心(DLR)的支板喷氢超声速燃烧流场为例进行计算,进一步从定量上探究超声速燃烧流场中是否存在火焰面模式。

5.2.4　算例分析

为进一步从定量上分析超声速燃烧流场中是否存在火焰面模式,本节以德国宇航研究中心的支板喷氢超声速燃烧流场为具体研究对象,通过计算该流场中的 Ka 来判别整个流场中是否满足火焰面模型假设。

1. 计算模型

图 5.16 给出了 DLR 超燃冲压发动机燃烧室构型示意图(Oevermann,2000;邢建文、乐嘉陵,2008)。预热空气经喷管膨胀进入燃烧室,燃烧室入口高 50mm,宽 40mm,支板长 32mm,高 6mm。氢气通过支板底部上的 15 个小孔喷入燃烧室,喷孔直径为 1mm,喷孔间距为 2.4mm,坐标原点位于下壁面且距离支板前缘 35mm 处。

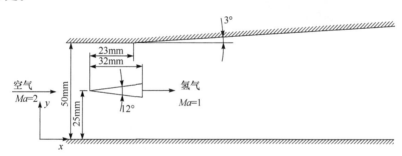

图 5.16　DLR 超燃冲压发动机燃烧室示意图

来流和喷流条件如表 5.2 所示。入口是超声速入流,根据特征线理论,入口参数全部固定;出口认为是超声速出流,采用外插边界条件;燃烧室上下壁面认为是绝热、滑移壁,忽略壁面附面层对中心流场的影响;支板表面认为是绝热、无滑移壁。为减小计算量,取 3 个喷孔进行计算,展向取 22mm,且满足周期性边界条件。图 5.17 给出了计算网格示意图,X、Y、Z 分别代表流向、横向和展向,圆圈标注的是坐标原点位置。流场网格在燃烧室入口、支板前缘、支板壁面以及支板后缘附近进行加密,总量约为 600 万,分 24 个区并行计算。

表 5.2　DLR 算例超声速来流与氢气喷流条件

参数	超声速空气	氢气喷流
马赫数	2.0	1.0
静温/K	340	250

参数	超声速空气	氢气喷流
静压/kPa	100	100
Y_{O_2}	0.232	0
Y_{N_2}	0.736	0
Y_{H_2O}	0.032	0
Y_{H_2}	0	1.0

图 5.17　DLR算例计算网格

2. 控制方程及数值方法

整个流场的计算采用混合 RANS/LES 方法,燃烧的建模计算采用稳态火焰面模型。由于火焰面模型假设火焰面的厚度小于湍流中 Kolmogorov 涡旋尺度,因此可以将湍流流动与化学反应解耦。湍流流动的混合 RANS/LES 控制方程为

$$\begin{cases} \dfrac{\partial \bar{\rho}}{\partial t}+\dfrac{\partial (\bar{\rho}\tilde{u}_i)}{\partial x_i}=0 \\[2mm] \dfrac{\partial (\bar{\rho}\tilde{u}_i)}{\partial t}+\dfrac{\partial \left[\bar{\rho}\tilde{u}_i\tilde{u}_j+\bar{p}\delta_{ij}-\bar{\tau}_{ij}-\tau_{ij}^{\text{Hybrid}}\right]}{\partial x_i}=0 \\[2mm] \dfrac{\partial (\bar{\rho}\widetilde{E})}{\partial t}+\dfrac{\partial \left[(\bar{\rho}\widetilde{E}+\bar{p})\tilde{u}_i+\bar{q}_i-\tilde{u}_j\bar{\tau}_{ji}+H_i^{\text{Hybrid}}+\sigma_i^{\text{Hybrid}}\right]}{\partial x_i}=0 \\[2mm] \dfrac{\partial \bar{\rho}\widetilde{Z}}{\partial t}+\nabla \cdot (\bar{\rho}\boldsymbol{\tilde{u}}\widetilde{Z}-\bar{\rho}\overline{D}\,\nabla\widetilde{Z}+\widetilde{Z}^{\text{Hybrid}})=0 \end{cases} \quad (5.10)$$

其中,$\bar{\rho}$、$\tilde{u}_i$、$\bar{p}$、$\widetilde{T}$、$\widetilde{E}$ 分别为过滤后气体的密度、速度、静压、静温和总能量;$\bar{\tau}_{ij}$、$\tau_{ij}^{\text{Hybrid}}$ 分别为层流黏性剪切应力和不封闭的应力张量;$\bar{q}_i$ 是由热传导和组分扩散引起的能量通量;H_i^{Hybrid}、σ_i^{Hybrid}、$\widetilde{Z}^{\text{Hybrid}}$ 分别为不封闭的焓通量矢量、热通量矢量和混合分数通量;$\overline{D}$ 为层流热扩散系数。

火焰面模型是通过一系列火焰面数据库来表征燃烧流场中的化学热力学状态,且利用标量耗散率 χ 表征化学非平衡效应的影响程度,用混合分数 Z 与标量耗散率 χ 的联合概率密度函数表征湍流与燃烧的相互作用。在超声速流场中,为了考虑激波捕捉算法,仅有火焰面数据库中的质量分数 $\widetilde{Y}_i$ 被采用,温度 $\widetilde{T}$ 则由能量方程隐式计算得到。火焰面数据库中的 $\widetilde{Y}_i$ 是由一系列层流扩散火焰面的系综计算得到

$$\widetilde{Y}_i(\widetilde{Z}, \widetilde{Z''^2}, \tilde{\chi}_{st}) = \iint Y_i(\widetilde{Z}, \tilde{\chi}_{st}) P(\widetilde{Z}, \tilde{\chi}_{st}) \mathrm{d}\widetilde{Z} \mathrm{d}\tilde{\chi}_{st} \tag{5.11}$$

式中,$\widetilde{Z''^2}$、$\tilde{\chi}_{st}$ 分别为过滤后的混合分数方差和化学恰当当量比下的标量耗散率;$Y_i(\widetilde{Z}, \tilde{\chi}_{st})$ 为层流火焰面数据库中的组分质量分数;$P(\widetilde{Z}, \tilde{\chi}_{st})$ 为 $\widetilde{Z}$ 和 $\tilde{\chi}_{st}$ 的联合概率密度函数。计算 $p(\widetilde{Z}, \tilde{\chi}_{st})$ 时,通常假定 $\widetilde{Z}$ 和 $\tilde{\chi}_{st}$ 相互独立,且分别服从 β 分布和 δ 分布。$\widetilde{Z''^2}$ 采用尺度相似模型计算:

$$\widetilde{Z''^2} = C_Z \Delta^2 \nabla \widetilde{Z} \cdot \nabla \widetilde{Z} \tag{5.12}$$

其中,C_Z 为模型参数,取 0.2;Δ 为过滤尺度。

为提高流场分辨率,对流项采用高精度的五阶 WENO 格式离散,时间方向采用二阶时间精度的具有 TVD 保持性质的 Runge-Kutta 法,CFL 数取 0.5。

3. 燃烧流场特征尺度判断

在分析燃烧流场之前,需要判断整个燃烧流场中火焰面模型假设是否处处成立。因此,需要比较湍流流动特征尺度与化学反应特征尺度的相对大小。需要计算无量纲参数 Ka 和大尺度雷诺数 Re_1,其中 τ_F 由式(5.6)计算,τ_η 和 Re_1 采用 k-ω SST 两方程模型中的湍动能 k 和耗散率 ω 来估算。根据湍流理论,$\tau_\eta = \sqrt{\mu/(\rho\varepsilon)}$,其中 ε 为耗散率,且 $\varepsilon = 0.09k\omega$(Wilcox, 2000),于是

$$\tau_\eta = \sqrt{\frac{\mu}{0.09\rho k\omega}} \tag{5.13}$$

$$Re_1 = \frac{\rho \sqrt{2k} l}{\mu} \tag{5.14}$$

由于流场中燃烧仅发生在 $0 < Z < 1$ 的区域,因此,相关的分析可固定 Z 在的等值面上进行。图 5.18~图 5.20 分别给出了 $Z = 0.005$、0.028 和 0.1 等值面上无量纲参数 Ka 和 Re_1 的分布。观察三个等值面上 Re_1 的变化范围,可以发现,Re_1 均大于 1,说明燃烧发生的区域为充分发展的湍流区,且 Re_1 的峰值主要集中在喷口附近的剪切层内,说明那里湍流脉动最强。由于 $Z = 0.028$ 等值面是化学反应最剧烈的地方,而其等值面上的 Re_1 值明显比其他两个等值面上的小,说明燃烧放热会使湍流强度减弱,不利于混合。需要注意的是,本算例计算得到的 Re_1 值明显

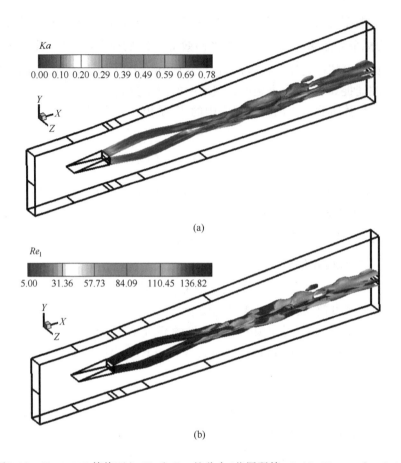

(a)

(b)

图5.18　$Z=0.005$ 等值面上 Ka 和 Re_1 的分布(范周琴等，2012；Fan et al.，2012)

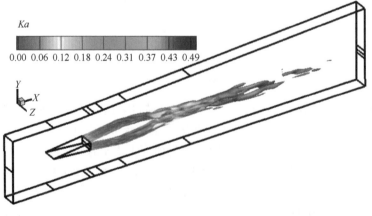

(a)

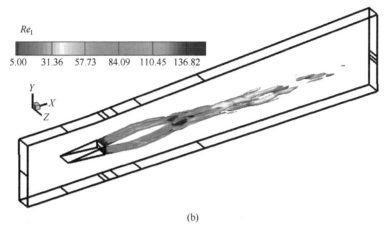

(b)

图 5.19　$Z=0.028$ 等值面上 Ka 和 Re_1 的分布（范周琴等，2012；Fan et al.，2012）

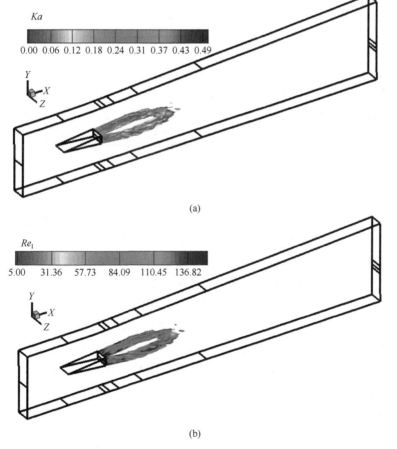

(a)

(b)

图 5.20　$Z=0.1$ 等值面上 Ka 和 Re_1 的分布（范周琴等，2012；Fan et al.，2012）

小于图 5.19 中超声速燃烧范围中的 Re_t 值,这可能是由于燃烧放热使得反应区为亚声速区,其脉动速度值比相应超声速流中小所致。Ka 在三个等值面上的最大值均在喷口附近,说明那里湍流与燃烧的相互作用最强烈。通过对 $0 < Z < 1$ 的多个等值面结果的分析发现,Ka 的最大值约为 0.5,均小于 1,表明本算例条件下的超声速流场中,火焰面模型假设成立。

4. 燃烧流场结果

图 5.21 给出了利用火焰面模型预测的时均数值阴影结果与实验阴影的对比。可以看出,计算结果较好地捕捉到了与实验一致的流场特征,主要包括:①燃烧释热使得支板尾部压力增加,回流区增大,混合层增厚;②支板后缘剪切层向燃烧室上下壁面偏折,进而使得支板尾部膨胀波转变为激波;③在流场下游,受化学反应和流场中波系的影响,上下剪切层平行于射流向下游延伸,且边缘出现不规则的大尺度结构。需要注意的是,由于实验件加工和安装误差以及壁面黏性所引起的激波均未被捕捉到,所以计算得到的激波位置整体向下游偏移。

 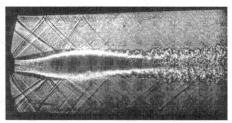

(a) 数值阴影   (b) 实验阴影

图 5.21 燃烧流场数值阴影与实验对比(范周琴等, 2012; Fan et al. , 2012)

图 5.22 给出了流向不同截面温度分布。可以看出:①在喷口附近($x = 78$mm 处),由于燃料刚离开喷口,燃料与空气混合较差,燃烧仅发生在燃料/空气形成的薄混合层内,流场中心因充满了氢气,处于贫氧状态,无法燃烧,因此,流场支板后侧温度呈现中心低,两侧高的分布形态;②随着向下游发展,受大尺度结构的影响,燃料与空气间混合加快,混合层增厚,燃烧区也由上下混合层逐渐向流场中心推移,大约至 $x = 125$mm 处,整个喷流实现了完全燃烧,流场中心温度达到最大;③再往下游,由于上游燃烧使得氢气不断消耗,氢气浓度越来越少,燃烧强度逐渐减弱,反应区逐渐开始收缩,流场中温度也有所降低。由图中看到火焰面模型预测的反应区宽度和温度峰值与实验测量值比较接近,而有限速率模型预测的反应区宽度和温度峰值明显偏小,且还未捕捉到喷口附近温度剖面的双峰分布。考虑到火焰面模型和有限速率模型采用的化学动力学模型相同,因此,认为有限速率模型与实验测量值之间的差异主要是由于忽略了湍流与燃烧的相互作用引起的。

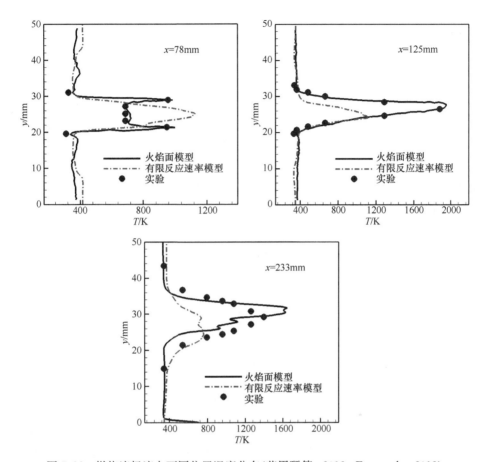

图 5.22 燃烧流场流向不同位置温度分布(范周琴等,2012;Fan et al.,2012)

5.3 超声速湍流燃烧的火焰面/进度变量模型及应用

近年来,Pierce 和 Moin(2004)提出的火焰面/进度变量模型通过求解两个标量(指混合分数和进度变量)的输运方程来描述化学反应,且生成数据库时采用了火焰面方程解的三个完整分支:稳态燃烧分支、具有部分熄火状态的非稳态燃烧分支和完全熄火分支,较好地解决了稳态火焰面模型在临界标量耗散率附近解的不连续问题。另外,还有部分学者认为,火焰面/进度变量模型可以处理燃烧流场中的局部点火、熄火问题(Pierce and Moin,2004)。鉴于火焰面/进度变量模型所具有的上述优点,目前它已经得到广泛应用。但是,火焰面/进度变量模型是基于低马赫数假设发展起来的,向超声速流计算推广还需要考虑可压缩性和激波的影响(Gamba et al.,2011;Terrapon et al.,2009)。本节基于第 3 章 3.5 节中的讨论,建立超声速流中的火焰面/进度变量修正模型,对 Gamba 的平板喷流算例和 DLR 支板算例进行分析验证(Fan et al.,2010;范周琴,2011)。

5.3.1　超声速湍流燃烧火焰面/进度变量模型的修正方法

火焰面/进度变量模型在超声速反应流中的应用困难与稳态火焰面模型类似,也主要体现为激波与可压缩性的影响。关于火焰面模型的修正,前人已做了大量工作,其中 Oevermann(2000)的处理方法简单易行,且可以结合激波捕捉算法。火焰面/进度变量模型的核心是火焰面模型,因此对其修正也主要体现为火焰面模型的修正。此处也采取 Oevermann(2000)的处理方法:只利用火焰面数据库中的组分质量分数,流场当地的温度由能量方程隐式求解得到(范周琴等,2011a,2011b,2011c)。

大涡过滤后进度变量 C 的控制方程为

$$\frac{\partial \bar{\rho}\widetilde{C}}{\partial t} + \nabla \cdot (\bar{\rho}\tilde{u}\widetilde{C} - \bar{\rho}\overline{D}\,\nabla\widetilde{C} + \widetilde{C}^{\text{sgs}}) = \bar{\rho}\bar{\dot{\omega}}_C \tag{5.15}$$

考虑流场中混合分数和进度变量亚格子脉动的影响,化学热力学参数的过滤值由 $\widetilde{Z}$ 和 $\widetilde{C}$ 的联合概率密度函数 $P(\widetilde{Z},\widetilde{C})$ 计算得到

$$\widetilde{Y}_i = \int Y_i(\widetilde{Z},\widetilde{C})P(\widetilde{Z},\widetilde{C})\,\mathrm{d}\widetilde{Z}\mathrm{d}\widetilde{C} \tag{5.16}$$

$$\tilde{\omega}_C = \int \dot{\omega}_C(\widetilde{Z},\widetilde{C})P(\widetilde{Z},\widetilde{C})\,\mathrm{d}\widetilde{Z}\mathrm{d}\widetilde{C} \tag{5.17}$$

超声速条件下模型的控制方程与低马赫数条件下的控制方程(5.15)在形式上类似。$\widetilde{C}^{\text{sgs}}$ 的建模、联合概率密度函数和火焰面数据库的详细讨论请参见第 3 章 3.5.3 节部分。

5.3.2　算例验证

为了验证上节所述超声速流中的修正方法和 3.5.4 节的曲线建表法的可行性,本节将火焰面/进度变量模型与混合 RANS/LES 方法相结合形成计算程序,并利用程序对 Gamba 等(2011)的平板喷流和德国宇航研究中心的支板喷氢超声速燃烧流场(Waidmann et al.,1995)进行计算,分别从定性、定量上对模型进行验证(范周琴等,2011b)。

1. Gamba 等的平板喷流算例

平板喷流经常被用于研究超声速流动中的混合、燃烧问题,虽然其构型相对简单,但其蕴含了许多复杂的流场结构,如流场的三维特性、分离区、回流区、壁面效应以及涡结构等。更重要的是,它是研究超燃冲压发动机其他复杂燃料喷注方式

的基础。

本节选取 Gamba 等（2011）的平板喷流实验为例进行研究（范周琴，2011）。该实验给出了混合流场的纹影图片以及燃烧流场的 OH 基 PLIF 图像，信息量比较丰富，适用于湍流燃烧模型的检验。计算域尺寸示意图和计算网格如图 5.23 所示。喷孔直径为 2mm，位于坐标原点，流向、横向、展向分别取 80mm、40mm 和 60mm。整个流场分 36 个区并行计算，每个区设置 40×40×138 个网格点，且网格在喷孔、壁面及入口处进行加密。

超声速来流马赫数为 2.4，静温和静压分别为 1500K 和 40kPa；氢气喷流动量为 5.0，马赫数为 1.0，总温和总压分别为 300K 和 2024kPa。入口和喷流出口分别给定超声速来流条件和喷流条件，超声速出口采用外插边界条件，燃烧室上下壁面认为是绝热、无滑移壁。整个流场的计算采用混合 RANS/LES 方法。为便于比较，燃烧模型分别采用稳态火焰面模型和火焰面/进度变量模型。为提高流场分辨率，对流项采用高精度的七阶 WENO 格式离散，时间方向采用二阶精度的 Runge-Kutta 法。计算过程中，定义流场特征长度 H 为 1mm，且整个流场采用超声速来流条件进行初始化。

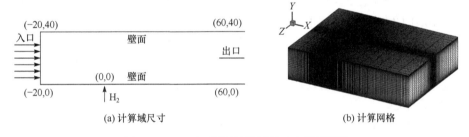

(a) 计算域尺寸　　　　　　　　　　　　　(b) 计算网格

图 5.23　Gamba 算例计算域尺寸和计算网格

为了便于对比分析，稳态火焰面模型计算结果、OH 基 PLIF 实验结果以及文献（Amirreza et al.，2011）中采用的火焰面/进度变量模型的计算结果均予以给出。

图 5.24 给出的是燃烧流场 $z/H=0$ 截面上的瞬时 OH 基分布。从 OH 基 PLIF 结果可以看出，流场中存在三个明显的强燃烧区，分别为燃料射流与超声速空气形成的迎风侧剪切层、喷口下游的壁面附面层以及射流出口上游的回流区。本算例和 Amirreza 等（2011）采用火焰面/进度变量模型的计算结果基本捕捉到了与实验一致的火焰分布特征，且回流区的大小、位置也基本相同。但是，本算例和 Amirreza 等（2011）采用火焰面/进度变量模型的计算结果均与实验结果存在一定差异。本算例与实验之间的差异主要表现为预测的射流出口下游壁面附面层的着火位置（$x\sim2.5H$）明显提前（实验为 $x\sim7.5H$），而 Amirreza 等（2011）预测的射流出口下游壁面附面层的着火位置（$x\sim55H$）明显滞后，且燃料射流与超声速空

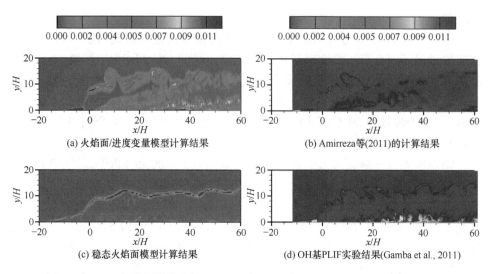

图 5.24　Gamba 算例燃烧流场 $z/H=0$ 截面上瞬时 OH 基分布（范周琴，2011）

气形成的背风侧剪切层也发生了较剧烈的燃烧。稳态火焰面模型预测的结果整体与实验差别较大，主要表现为预测的回流区较大以及几乎没有捕捉到喷口下游壁面附面层中的燃烧现象，这主要与稳态火焰面模型采用的解分支有关。由于稳态火焰面模型主要采用了火焰面方程解曲线中的稳态燃烧分支，与应用了中间解分支的火焰面/进度变量模型相比，相同条件下稳态火焰面模型预测的燃烧强度较大，这有可能使得流场下游反压过高，以至于使喷口上游的亚声速回流区大小和位置发生了改变。

图 5.25 和图 5.26 给出了燃烧流场 $y/H=1$、4 截面上的瞬时 OH 基分布。从图中可以看出，燃料喷孔附近由于处于富燃状态，没有发生燃烧，而壁面附面层附近则发生了较剧烈的燃烧，且距离壁面越近，燃烧越剧烈。在 $y/H=1$ 截面处，喷流前的回流区内也发生了剧烈的化学反应，这是由于回流区内速度较低，导致回流区内燃料与空气能够实现快速混合，再加上来流总温较高，致使回流区内的燃料/空气混合物能在较短时间内达到着火温度并燃烧。壁面附近的燃烧区呈现典型的马蹄涡结构，且马蹄涡的位置和形状由喷流前弓形激波的强度以及上游回流区的大小、位置共同决定。本算例和 Amirreza 等（2011）利用火焰面/进度变量模型预测的燃烧区形状、位置与 OH 基 PLIF 实验结果类似。但稳态火焰面模型预测的反应区明显较宽，且射流上游回流区的位置也明显靠近超声速来流入口，导致稳态火焰面模型预测的燃烧强度较为剧烈，主要与其采用的解空间有关。需要注意的是，利用火焰面/进度变量模型预测的射流出口下游壁面附近燃烧较实验剧烈。这可能是由以下原因造成的：一是高速射流从喷口喷出后急剧膨胀，导致射流出口下游温度明显偏低，而进度变量输运方程中的源项并没有考虑流场温度

变化的影响,这可能会影响计算结果的准确性;二是计算预测的流场中 OH 基浓度是通过预先生成的数据库插值得到,且生成数据库时采取的是定压假设,实际上 OH 基浓度是随压力变化的,如图 5.27 所示,从中可以明显看出 OH 基浓度随压力的降低而降低,而计算值和实验值存在较大差异的区域正好位于射流出口下游,与射流出口相比那里压力相对较低;三是实验拍摄到的 OH 基荧光信号除了受 OH 基浓度影响外,还受流场局部温度、组分、压力的影响,这些因素不可避免地会给实验结果带来一定影响。在 $y/H = 4$ 截面处,燃烧区主要集中在喷流表面以及喷口下游壁面附近,火焰面/进度变量模型计算的喷流燃烧区宽度(约为 $8H$)略比实验小(约为 $12H$),而稳态火焰面模型预测的喷流燃烧区宽度(约为 $24H$)比实验大的多,导致计算与实验间存在差异的原因与 $y/H = 1$ 截面处存在差异的原因一致。

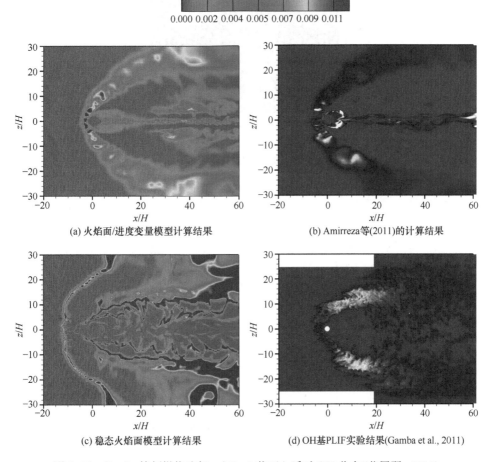

(a) 火焰面/进度变量模型计算结果　　　　　(b) Amirreza 等(2011)的计算结果

(c) 稳态火焰面模型计算结果　　　　　(d) OH 基 PLIF 实验结果(Gamba et al., 2011)

图 5.25　Gamba 算例燃烧流场 $y/H = 1$ 截面上瞬时 OH 分布(范周琴,2011)

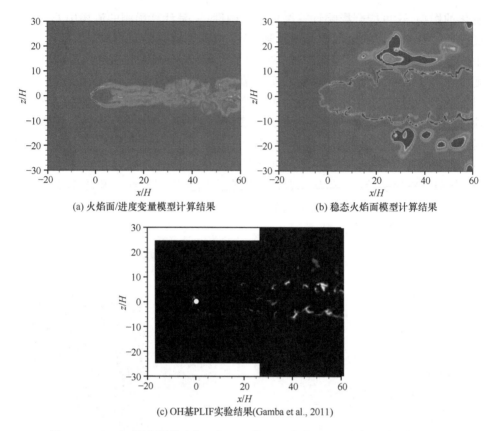

(a) 火焰面/进度变量模型计算结果   (b) 稳态火焰面模型计算结果

(c) OH基PLIF实验结果(Gamba et al., 2011)

图 5.26　Gamba 算例燃烧流场 $y/H=4$ 截面上瞬时 OH 基分布(范周琴，2011)

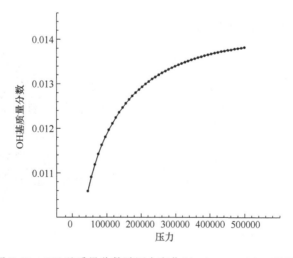

图 5.27　OH 基质量分数随压力变化(Amirreza et al.，2011)

图 5.28 给出了计算得到的时均统计结果与 OH 基 PLIF 实验时均结果的对比,其中,OH 基 PLIF 实验时均值由 11 张连续的瞬时 OH 基 PLIF 结果统计平均得到。需要注意的是,OH 基 PLIF 实验时均结果统计样本不够多,但仍然可以用其来反映燃烧流场的基本结构。

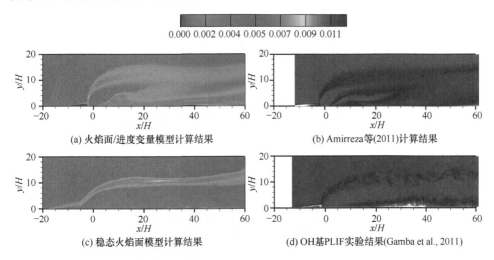

图 5.28 Gamba 算例燃烧流场 $z/H=0$ 截面上时均 OH 基分布(范周琴, 2011)

从图 5.28 中可以看出,火焰面/进度变量模型预测的射流燃烧区宽度、位置、形状与实验基本一致,且射流上游回流区大小、位置也与实验基本相同,唯一的差别仍是上文提到的喷口下游壁面附面层的燃烧区位置问题。需要说明的是,本算例的火焰面/进度变量模型和 Amirreza 等(2011)的火焰面/进度变量模型计算结果一致,均捕捉到了射流喷口下游附近的强燃烧现象,但 Amirreza 等(2011)的计算结果并没有捕捉到 $20<x/H<40$ 壁面附面层的强燃烧现象,这可能与本算例采用的火焰面/进度变量数据库与 Amirreza 等有差异所致。与前述瞬时结果类似,稳态火焰面模型预测的射流上游回流区的大小和位置与实验差别较大。

图 5.29 给出的是燃烧流场 $y/H=1$ 截面上的时均 OH 基分布。从图中可以看出,与前述瞬时结果类似,除射流喷口下游壁面附近燃烧区外,火焰面/进度变量模型预测的燃烧区大小、位置均与实验结果比较接近,而稳态火焰面模型预测的火焰区分布、位置整体上与实验差别较大。另外,由于仅采用了火焰面方程解的稳态燃烧分支,稳态火焰面模型预测的火焰燃烧强度也比火焰面/进度变量模型预测的大得多。

本算例结果表明,与稳态火焰面模型相比,采用火焰面/进度变量模型预测的燃烧区位置、大小均与实验更为接近,说明建立的火焰面/进度变量模型可以较好地捕捉喷流的燃烧过程,适用于超声速燃烧流场的描述。鉴于该算例仅从定性上

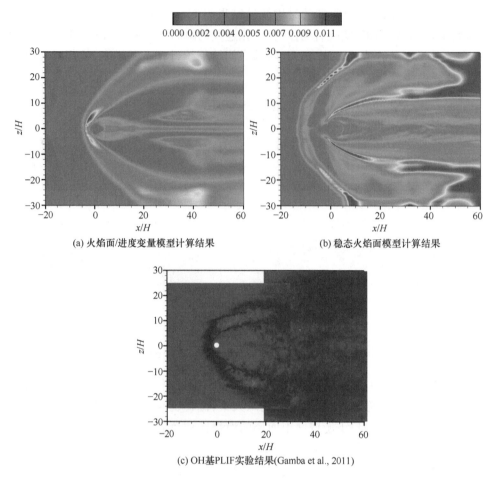

0.000 0.002 0.004 0.005 0.007 0.009 0.011

(a) 火焰面/进度变量模型计算结果　　　　　　(b) 稳态火焰面模型计算结果

(c) OH基PLIF实验结果(Gamba et al., 2011)

图 5.29　Gamba 算例燃烧流场 $y/H=1$ 截面上时均 OH 基分布(范周琴，2011)

比较了火焰面/进度变量模型与稳态火焰面模型的预测能力，下面将以 DLR 支板喷氢燃烧流场为例，定量考察火焰面/进度变量模型的预测能力。

2. DLR 支板算例

由于 DLR 支板算例实验结果较为丰富，常被用于燃烧模型的检验。因此，此处仍以 DLR 支板喷氢燃烧流场为验证算例，以便从定量上比较火焰面/进度变量模型与稳态火焰面模型之间的差异及其各自的预测能力(Fan et al.，2010；范周琴，2011)。DLR 支板算例的物理模型、网格、边界条件以及数值离散方法等均与前文相同，此处不再赘述。这里仅给出燃烧流场结果。

图 5.30、图 5.31 给出了利用火焰面/进度变量模型和稳态火焰面模型计算得到的燃烧流场不同截面的瞬时、时均 OH 基分布，其中展向截面分别为 $x/H=$

1.5、2、2.5、3、3.5、4、4.5、5、5.5、6,流向截面代表的是 $z/H=0$（即过喷孔中心的截面）。在氢气燃烧流场中,通常用 OH 基质量分数标示流场中火焰的位置。从图中可以看出,两种模型得到的喷口附近火焰分布存在较大差异,主要表现为:稳态火焰面模型得到的火焰紧贴在支板后缘壁面上,是一典型的附着火焰,而火焰面/进度变量模型预测的火焰稳定在距离支板后缘 2~10cm 处,是一抬举火焰,这

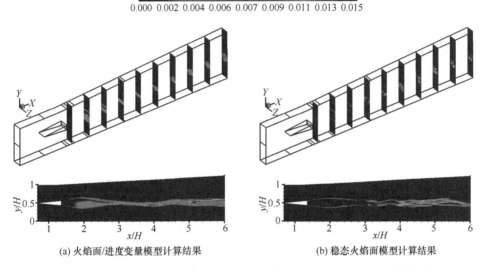

(a) 火焰面/进度变量模型计算结果　　　　　(b) 稳态火焰面模型计算结果

图 5.30　DLR 算例燃烧流场不同截面瞬时 OH 基分布(Fan et al.,2010;范周琴,2011)

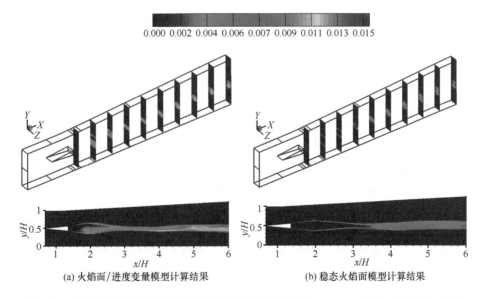

(a) 火焰面/进度变量模型计算结果　　　　　(b) 稳态火焰面模型计算结果

图 5.31　DLR 算例燃烧流场不同截面时均 OH 基分布(Fan et al.,2010;范周琴,2011)

是因为此处发生了局部熄火,导致外部新鲜气流可以直接进入到火焰内部,由此使得局部 OH 基浓度急剧降低,从而形成了抬举火焰,这也表明火焰面/进度变量模型确实可以捕捉流场中的局部熄火和火焰抬举现象。

图 5.32 给出的是燃烧流场阴影图片。从图中可以看出,火焰面/进度变量模型和稳态火焰面模型预测的反应区分布以及流场中的波系结构、位置均与实验结果比较一致。相比较而言,火焰面/进度变量模型预测的反应区较宽,由此导致支板前缘压缩激波的反射激波以及支板尾缘斜激波的位置相对稳态火焰面模型靠前,这些均与实验结果更为接近。需要说明的是,靠近流场下游($x/H>3$ 位置)两种模型预测的反应区分布均比实验的窄,且几乎没有捕捉到实验中所观察到的反应区边缘对称性的涡结构。

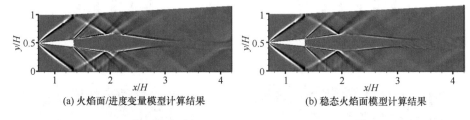

(a) 火焰面/进度变量模型计算结果   (b) 稳态火焰面模型计算结果

图 5.32   DLR 算例燃烧流场阴影图片(Fan et al.,2010;范周琴,2011)

图 5.33 给出的是燃烧流场不同流向位置的时均速度分布。从图中可以看出,在 $x=78\text{mm}$ 和 $x=125\text{mm}$ 两个位置处,火焰面/进度变量模型和稳态火焰面模型预测的速度剖面与实验一致,但火焰面/进度变量模型预测的速度数值上与实验结果更为接近;在 $x=207\text{mm}$ 处,无论是火焰面/进度变量模型,还是稳态火焰面模型,它们预测的燃烧区速度剖面均与实验相反,Oevermann(2000)也得到了类似的结果,具体原因还有待进一步研究。

图 5.34 给出的是燃烧流场不同流向位置的时均脉动速度分布。从图中可以看出,在无反应区,两种模型得到的脉动速度分布一致,说明无反应区脉动速度与燃烧模型无关,主要由混合流场决定;在反应区,定性上两种模型得到的脉动速度分布与实验基本一致,即流向脉动速度呈双峰分布,而横向脉动速度呈单峰分布。但是,定量上而言,火焰面/进度变量模型预测的脉动速度数值上与实验相当,而稳态火焰面模型预测的脉动速度数值上明显要比实验的大得多,这说明脉动速度受燃烧模型的影响较大。

图 5.35 给出的是燃烧流场不同流向位置的时均温度分布。可以看出,不同流向位置处两种燃烧模型得到的温度剖面分布及温度数值均与实验结果比较接近,其中在 $x=125\text{mm}$ 处,火焰面/进度变量模型预测的反应区略大,这与上文阴影结果一致;而在 $x=233\text{mm}$ 处,两种模型得到的反应区均比实验小,相比较而言,火焰面/进度变量模型预测的最大温度与实验的更为接近。

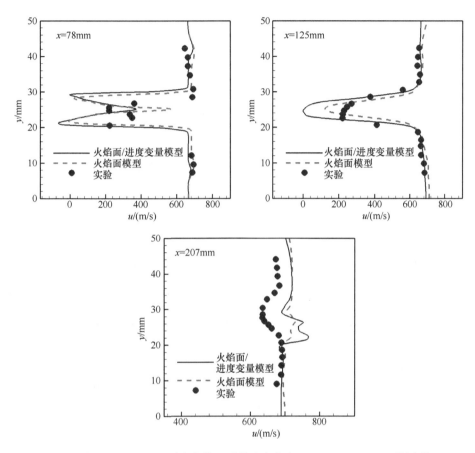

图 5.33 DLR算例燃烧流场不同流向位置时均速度分布(Fan et al.，2010；范周琴，2011)

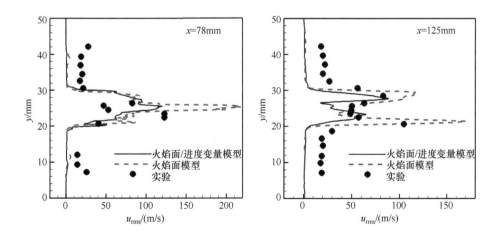

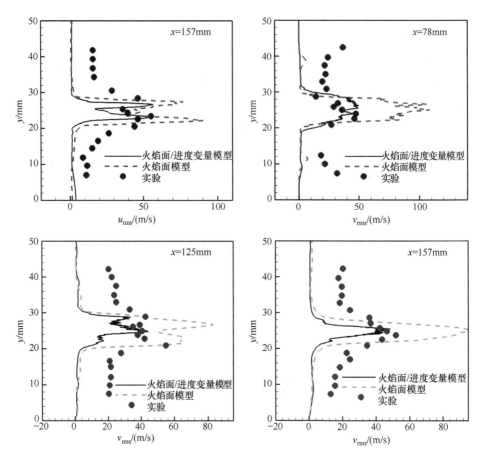

图 5.34　DLR算例燃烧流场不同流向位置时均脉动速度分布（Fan et al.，2010；范周琴，2011）

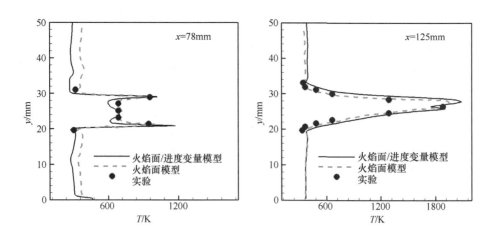

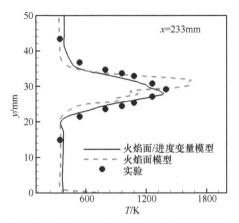

图 5.35　DLR 算例燃烧流场不同流向位置时均温度分布(Fan et al. , 2010；范周琴, 2011)

　　本算例研究结果表明,火焰面/进度变量模型不但可以捕捉到燃烧流场中的局部熄火和火焰抬举现象,而且其预测的燃烧区时均速度分布、时均脉动速度分布及时均温度分布与稳态火焰面模型的相比,与实验结果更为接近,说明本章所建立的火焰面/进度变量模型适用于超声速复杂燃烧流场的描述。

5.4　部分预混超声速湍流燃烧的 G/Z 方程模型及其应用

5.4.1　部分预混超声速湍流燃烧 G/Z 方程模型

　　如第 4 章 4.2 节所述,部分预混火焰中存在着大量的三岔火焰,即存在有局部的预混火焰和扩散火焰,采用描述预混火焰位置的 G 方程与描述非预混火焰的混合分数 Z 方程结合的模型是一种常用的模拟方法(Veynante and Vervisch, 2002)。本节将在第 4.2 节的基础上建立适用于超声速燃烧的部分预混火焰面模型。

　　G 方程过滤后的 LES 控制方程形式为

$$\frac{\partial \bar{\rho}\widetilde{G}}{\partial t} + \nabla \bar{\rho}\bar{u}\widetilde{G} = \bar{\rho}S_{\mathrm{T}} \mid \nabla \widetilde{G} \mid - \bar{\rho}D_{\mathrm{t}}^{\widetilde{G}}\kappa_c \mid \nabla \widetilde{G} \mid \tag{5.18}$$

其中,κ_c 是火焰面的曲率；S_{T} 是湍流火焰传播速度,其取法有多种形式,见 2.3 节。此处取 $\dfrac{S_{\mathrm{T}}}{S_{\mathrm{L}}} = \left[1 + \beta\left(\dfrac{u'}{S_{\mathrm{L}}}\right)^{\alpha}\right]^{\frac{1}{\alpha}}$,u' 是当地的湍流脉动,α、β 分别为 2 和 6.67。G 方程的重构过程可以采用 2.4.1 节中介绍的 MSCF 方法,也可参见相关文献(Sun et al. ,2010)。

　　G 方程模型可以比较好地捕捉到大尺度结构与预混火焰锋面的相互作用,但是不能够描述由于燃料的浓度分布带来的火焰差异。为了描述当地燃料成分不同造成的差异,或者更一般地讲,对于部分预混的燃烧区域,G 方程燃烧模型必须结合混合分数 Z 的输运方程。

Z 方程过滤后的 LES 控制方程形式为

$$\frac{\partial \bar{\rho}\tilde{Z}}{\partial t} + \nabla \cdot (\bar{\rho}\tilde{\boldsymbol{u}}\tilde{Z} - \bar{\rho}D\,\nabla\tilde{Z} + \bar{\rho}D_{\mathrm{t}}^{2}\,\nabla\tilde{Z}) = 0 \tag{5.19}$$

式中,D 为扩散系数。

需要指出的是对于部分预混火焰,G 方程实际上只用来标示火焰前锋位置,在其他超出贫燃或富燃极限区域内 G 方程并没有意义。但是为了简便,仍然在整个区域计算所有 $\tilde{G}(\boldsymbol{x},t) = 0$ 的面,并且令 $\tilde{G} > 0$ 代表能够应用火焰面数据库的可燃区,$\tilde{G} < 0$ 则代表未燃区。对于某些火焰传播速度为零的熄火区,当有回流时,$\tilde{G}(\boldsymbol{x},t) = 0$ 面就会随流动回流形成不确切的火焰前锋,因此一方面火焰前锋的位置需要联合 $\tilde{Z}$ 来确定,另一方面采用熄火的处理办法,将熄火区的 G 方程写作 $\dfrac{\partial \bar{\rho}\tilde{G}}{\partial t} + \nabla\bar{\rho}\bar{\boldsymbol{u}}^{*}\tilde{G} = 0$,此处 $\bar{\boldsymbol{u}}^{*} = (\tilde{u}_{1}^{*}, \tilde{u}_{2}^{*}, \tilde{u}_{3}^{*}) = (|\bar{u}_{1}|, \tilde{u}_{2}, \tilde{u}_{3})$,$\bar{u}_{1}$ 是指回流方向的速度(Nogenmyr et al.,2007)。

5.4.2 部分预混超声速湍流燃烧 *G/Z* 方程模型验证

本小节利用 5.2.4 节介绍的 DLR 支板算例来验证超声速湍流燃烧 G/Z 方程模型(孙明波等,2014)。其中 Z 方程采用之前所述的稳态火焰面模型。计算采用准三维网格,从入口到支板后缘处的网格量为 $169 \times 119 \times 11$,支板后缘到出口处的网格量为 $251 \times 237 \times 11$,总网格量为 80 万。

图 5.36 给出了 G/Z 方程 DLR 算例的三维计算结果。其中显示了中心截面以 $G = 0$ 等值线标记的瞬时 OH 基分布和温度分布。在氢气燃烧流场中,通常用 OH 基质量分数标示流场中火焰的位置。如前所述,G 方程实际上只用来标示火焰前锋位置,在其他超出贫燃或富燃极限区域内 G 方程并没有意义。由图 5.36(a) 可以看出,在支板出口的富燃极限区及支板下游的一些贫燃极限区,化学反应十分微弱,没有火焰的形成,在支板出口附近,火焰发生了抬举。这说明 G 方程与 Z 方程的结合在捕捉火焰前锋位置的同时也能描述火焰抬举现象。由图 5.36(b) 可以看出,$G = 0$ 的等值线在整个区域中并不是连贯一致的,受喷流的影响,$G = 0$ 的等值线不断延伸发展,破碎,黏合,形成了如图 5.36(b) 所示的图像,在这些等值线内,才存在反应的高温区。图 5.37 进一步显示了中心截面上 $G = 0$ 等值线随时间的演化过程($\Delta t = 1.769 \times 10^{-5}\,\mathrm{s}$)。$G = 0$ 等值线包络着富燃的喷流不断延伸发展到边界区域。受喷流上下摆动的影响,$G = 0$ 等值线也不断地改变着形状,在形状改变过程中,不断有小的 $G = 0$ 等值线泡脱离喷流出口区域,在下游区域与其他等值线泡相互作用,从而进一步影响了下游 G 方程的演化过程。这说明模型中的 G 方程有效地捕捉了火焰前锋位置随着时间变化的动态过程。

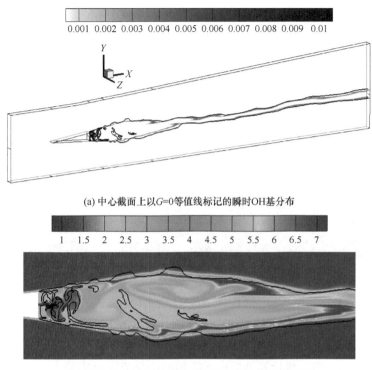

(a) 中心截面上以 $G=0$ 等值线标记的瞬时 OH 基分布

(b) 支板后缘中心截面上以 $G=0$ 等值线标记的瞬时温度分布

图 5.36　G/Z 方程 DLR 算例三维计算结果(孙明波等,2014)

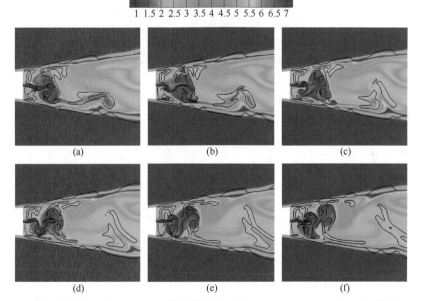

图 5.37　支板后缘中心截面上 $G=0$ 等值线演化过程($\Delta t=1.769\times10^{-5}$ s)(孙明波等,2014)

图 5.38 给出了以 $G=0$ 等值线标记的时均温度分布。高温区域基本包络在 $G=0$ 的等值线内。不同于图 5.36(b)的瞬时结果,$G=0$ 的等值线在空间上基本是对称的。受支板出口喷流的影响,明显可以看出 $G=0$ 的等值线在支板出口是发生抬举的,而且从时均温度的分布可以看出,在支板出口区域,不存在高温区域,高温区域主要存在于下游与来流相互作用的剪切层内,然后反应不断维持到下游区域。

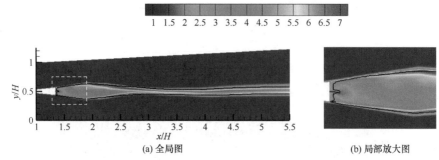

(a) 全局图   (b) 局部放大图

图 5.38 以 $G=0$ 等值线标记的时均温度分布

图 5.39 给出的是 G/Z 方程 DLR 算例计算数值阴影图。从图中可以看出,G/Z 方程预测的反应区分布及流场的波系结构、位置均与图 5.21 实验结果比较一致。相比较而言,准三维计算结果在下游预测的反应区比实验小。由图 5.40 可以看出,在 $x=78\mathrm{mm}$ 和 $x=125\mathrm{mm}$ 两个位置处,准三维计算结果在不同流向位置处

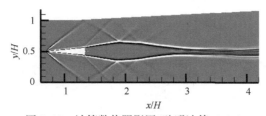

图 5.39 计算数值阴影图(孙明波等,2014)

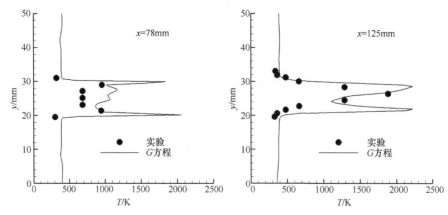

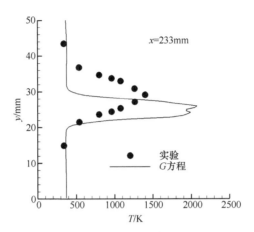

图 5.40　G/Z 方程 DLR 算例燃烧流场不同流向位置时均温度分布(孙明波等,2014)

的温度剖面分布及数值与实验结果比较接近。而在 $x=233$mm 处,由于准三维计算结果预测的反应区更小,明显可以看出温度剖面在 y 方向分布相比实验更窄一些。

　　图 5.41 给出的是燃烧流场不同流向位置的时均速度分布。从图中可以看出,在 $x=78$mm 和 $x=125$mm 两个位置处,计算结果的时均速度分布与实验相差不大,能够反应实验中速度剖面分布的特性;但在 $x=207$mm 处,计算结果预测的燃烧区速度剖面均与实验有一定差异。

　　图 5.42 给出的是燃烧流场不同流向位置的时均脉动速度分布。从图中可以看出,定性上数值计算得到的脉动速度分布与实验基本一致,即流向脉动速度呈双峰分布。但是,从定量上而言,三个位置处计算结果预测的脉动速度在中心流场区域的数值上与实验相当,而在偏离主流靠近壁面的区域与实验上仍有差异。

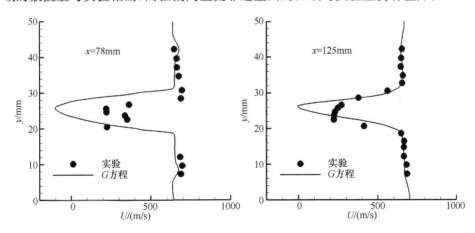

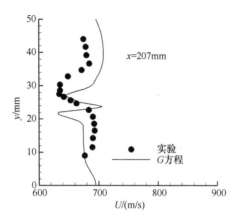

图 5.41　燃烧流场不同流向位置时均速度分布(孙明波等,2014)

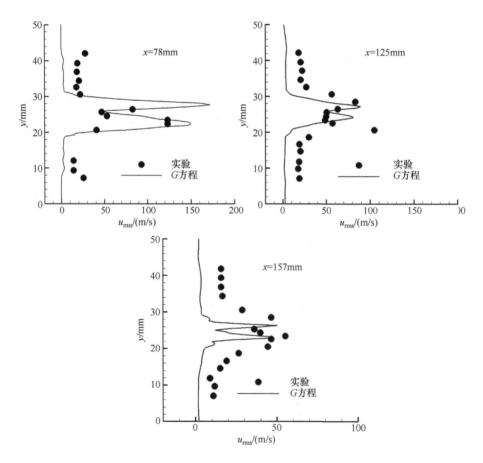

图 5.42　燃烧流场不同流向位置时均脉动速度分布(孙明波等,2014)

本算例研究结果表明,超声速湍流燃烧 G/Z 方程模型可以捕捉到燃烧流场中部分预混现象,而且预测的燃烧区时均速度分布、时均脉动速度分布及时均温度分布与实验结果较为接近,验证了将超声速湍流燃烧 G/Z 方程模型应用到超声速部分预混燃烧流场计算的可行性。

5.4.3　超声速来流稳焰凹腔部分预混燃烧模拟实例

本节给出了超声速来流稳焰凹腔燃烧的实验测量和数值计算结果,并对两者进行比较以进一步验证超声速湍流燃烧中 G/Z 方程模型的有效性(孙明波,2008;Sun et al.,2011)。

首先对超声速来流稳焰凹腔的氢气喷注燃烧过程进行实验研究,对凹腔的三维火焰结构进行 OH 基 PLIF 测量。平面激光通过上壁面窗口射入,通过侧壁面的窗口进行成像(孙明波,2008;Sun et al.,2008)。由图 5.43 可以看出:

(1)喷孔附近的 OH 基信号十分微弱,说明喷流柱在喷口处并没有被直接点燃。中心面以及沿流向截面的 OH 基图像说明喷流柱是在离开凹腔前缘一定距离之后开始燃烧的(去掉凹腔后即不能稳定燃烧)。这说明凹腔在火焰稳定过程中起了重要作用。

(2)从展向截面上 OH 基 PLIF 信号可以看出凹腔前缘的 OH 基主要分布在凹腔剪切层中,这表明有一部分氢气燃料进入凹腔剪切层,与空气混合后先于氢气喷流柱点火燃烧,这一点与氢气燃烧 OH 基自发辐射所得结果是一致的。剪切层中的 OH 基信号强度比凹腔内部要强,这表明剪切层中的 OH 基不是从凹腔后缘随回流区输运回来的。

(3)凹腔剪切层中的 OH 基总是与凹腔上方倾斜的喷流柱中的 OH 基连为一体,这说明凹腔剪切层与喷流之间始终存在着较强的相互作用。从各凹腔实验结果来看,OH 基先进入氢气喷流的中心,然后燃料喷流逐步实现完全燃烧。这可能是由喷流形成的反转旋涡对凹腔剪切层的诱导和提升作用造成的。另外在凹腔后缘下游剪切层火焰与喷流火焰的相互贯透作用已经无法由 PLIF 图像分辨出来。

(4)从不同凹腔的中心侧面 OH 基 PLIF 图像来看,燃烧的喷流柱与主流的交界面向下游发展过程中迅速变形,这表明大尺度结构极大影响着混合过程并进而影响着燃烧过程。从沿流向横截面的 OH 基 PLIF 图像来看,在展向平面内喷流与主流的交界面扭曲变形,说明流向涡也同时强烈影响了燃烧过程。

(5)对于不同凹腔而言,OH 基的空间分布在相同的喷注条件下具有相似性。

此处需要指出,OH 基 PLIF 图像给出的是瞬态图像,不能反映出火焰结构的振荡变化,对火焰稳定过程的解释需要结合高速摄影结果分析。另外由于实验观

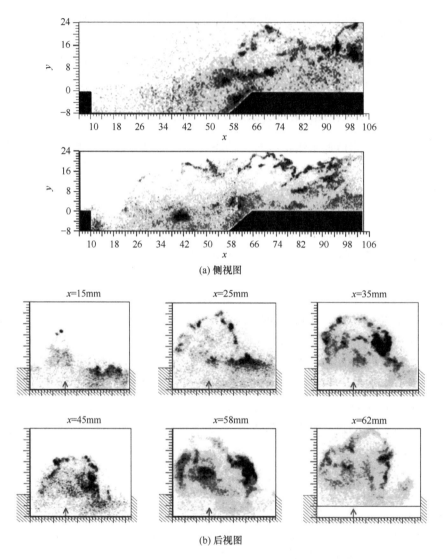

(a) 侧视图

(b) 后视图

图 5.43　超声速来流稳焰凹腔氢气喷注燃烧的 OH 基 PLIF 图像(Sun et al. , 2011)

测条件的限制,对于完整的流动燃烧过程揭示需要借助于数值仿真。

　　流场的计算区域从喷管下游 90mm 开始取,长度为 150mm,入口 34.1mm×22mm,考虑上壁面的 1 度张角。整个流场取网格 321×81×63,喷注圆孔上对应布置 14×8 个网格点,喷孔附近网格加密。壁面采用绝热条件,超声速来流入口条件、喷流入口条件取值见表 5.3。为了简化计算,只考虑空气与燃料两种组分,燃料的热物理属性取值与表 5.3 相同。流场分为 24 个区域采用 24CPU 的集群并行系统进行计算。采用与 5.4.2 节相同的 G/Z 方程模型和求解方法。

表 5.3　横向喷流燃烧试验的喷注工况

参数	数值
喷孔直径/mm	2
喷注总压/MPa	0.7
喷注流量/(g/s)	1.38
喷流总温/K	290
燃料当量比	0.085

　　图 5.44 给出了三维瞬时的 $\widetilde{Z}=Z_{st}$ 等值面($t=120t_c$，$t_c=D/U_\infty$)。可以看出 $\widetilde{G}=0$ 等值面主要存在于凹腔剪切层边缘,同时由于受到喷流反转旋涡对的影响,部分 $\widetilde{G}=0$ 的等值面延伸到了喷流内部,并且由于 $\widetilde{G}$ 等值面本身连续的特点,$\widetilde{G}=0$ 等值面在下游随流动扩展到了下游喷流的整个表面。图 5.45 给出了三维瞬时火焰面上的混合分数分布。所给出的 $\widetilde{G}=0$ 等值面的分布是由于湍流火焰传播速度与流动速度的相互配合造成的,也就是说喷流反转旋涡对中心以及凹腔剪切层内湍流火焰传播速度与低流动速度相互匹配,使得火焰锋面在反转旋涡对中心以及凹腔剪切层这种部分预混环境中得以稳定存在。图 5.46 显示了瞬时流场的 OH 基分布,可以看出 OH 基分布在凹腔内部、凹腔剪切层、喷流柱以及下游的壁面流内,另外该结果因为由火焰面数据库直接插值得到的,等值面并不是十分的光滑。

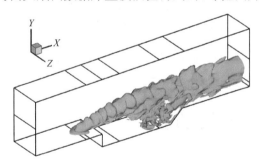

图 5.44　混合分数 $\widetilde{Z}=Z_{st}$ 等值面的瞬时斜视图(Sun et al.，2011)

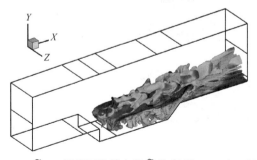

图 5.45　$\widetilde{G}=0$ 等值面及其上的 $\widetilde{Z}$ 分布(Sun et al.，2011)

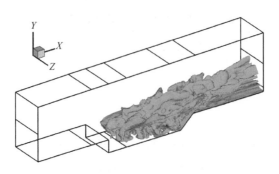

图 5.46　OH 基 $\tilde{Y}_{OH}=0.002$ 等值面的瞬时斜视图(Sun et al., 2011)

　　图 5.47(a)给出了流场切面的混合分数云图和 $\tilde{G}=0$ 等值线图,可以看出在凹腔内部形成的贫燃预混区以及凹腔上方形成的富燃预混区, $\tilde{G}=0$ 前沿横跨凹腔内部及上方的部分预混区域,说明火焰锋面在凹腔流场的部分预混环境中能够稳定存在,图中 $\tilde{G}=0$ 等值线的不连续是由于三维流场的二维切视造成的。图 5.47(b)给出了流场切面的 OH 基云图,可以看出,在展向中心 $z=11\text{mm}$ 处,喷流柱上表面的火焰锋面内出现了 OH 基,这对应于图 5.44 的 OH 基等值面结构,与 PLIF 的实验观测结果也十分吻合。

　　燃烧过程中的反旋转涡结构的影响可以清楚地在图 5.48 和图 5.49 中看到。反旋转涡对吸收凹腔剪切层,它们之间的相互作用形成了部分预混区域。火焰前

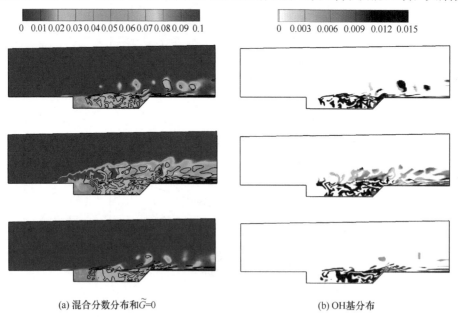

(a) 混合分数分布和 $\tilde{G}=0$　　　　　　　　(b) OH基分布

图 5.47　在 $z=6\text{mm}, z=11\text{mm}, z=17\text{mm}$ 的瞬时切片图(Sun et al., 2011)

端在此区域存在并且可能穿过延伸到射流的外部。这样整个射流就可能被点燃。整个流场的温度、密度分布见图 5.50。图 5.50(b)的密度切面已经表明来自上壁面反射的斜激波打到射流上。然而与图 5.47(b)的 OH 基分布相比,激波对于火焰和燃烧区域的影响很小,这表明火焰面数据库插值方法是可行的。

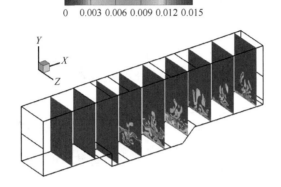

图 5.48　流向 OH 基分布的瞬时切片图(Sun et al.，2011)

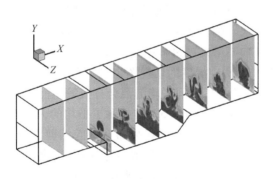

图 5.49　流向温度分布的瞬时切片图(Sun et al.，2011)

　　凹腔火焰稳定器周围氢气燃烧的瞬时流场连续变化情况如图 5.51 所示。凹腔内部的燃烧以及喷流柱内的燃烧使得低速区扩大,使得 $\tilde{G}=0$ 等值面能够向主流中扩展。而且凹腔剪切层内的拟序结构在燃烧释热条件下不稳定性增强,凹腔剪切层内的火焰成为一种引燃火焰,也就是说剪切层和凹腔内中始终存在的燃烧起到了连续点火源的作用。而凹腔剪切层以及凹腔内部形成的火焰锋面向凹腔内所有可燃区传播,而且穿过凹腔剪切层向喷流内部的部分预混区传播,喷流形成的反转旋涡对能够与凹腔剪切层相互作用形成连续的可燃预混区,流场的振荡使得火焰能够穿过该区域达到喷流柱外界面,这样在火焰面之后富燃区未消耗尽的燃

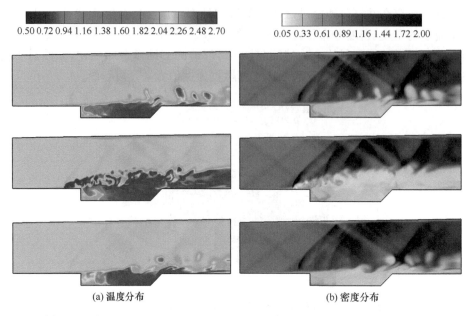

(a) 温度分布   (b) 密度分布

图 5.50　在 $z=5\text{mm}, z=11\text{mm}, z=17\text{mm}$ 的瞬时物理云图(Sun et al.，2011)

料与空气继续发生反应,并形成不规则的扩散火焰面,这样位于主流中的火焰主要是一种扩散火焰,其稳定存在的本质还是由凹腔剪切层以及凹腔内部的近似预混火焰前锋的稳定存在决定的。从图 5.51(a)中可以看出,喷流柱内的 $\tilde{G}=0$ 面都起源于凹腔剪切层并且向下游发展过程中逐渐穿过喷流中心并最后扩展到下游整个喷流柱表面,从图 5.51(b)中温度的切视图也可以看出这一特点。

图 5.52(a)显示了流场中时间平均的混合分数等值面 $\tilde{Z}=Z_{\text{st}}$,可以看出,部分燃料存在于凹腔的剪切层中。图 5.52(b)显示了平均的火焰面 $\tilde{G}=0$,图中也给出了混合分数分布,可以看出,一部分燃料分布在凹腔的剪切层内,并且由于凹腔上方喷流核心形成富燃区以及凹腔内部形成贫燃区,时均火焰前锋完全是处于部分预混环境中。图 5.52(c)、(d)分别显示了平均的 OH 基分布和流场流向的温度分布,OH 基和温度的分布区域正对应于 $\tilde{G}=0$ 火焰锋面包裹区域,这说明基于瞬时流场的分析是有效的。

对比实验数据与数值结果计算,沿燃烧室侧壁中心线的时间平均压力分布如图 5.53 所示。由于流场激波串打到侧壁边界上,压力分布曲线出现了多个尖峰值。实验和计算结果整体吻合较好,然而计算域出口的时均压力值低于实验结果,这可能是由于计算域长度比实验段小,而且因为将侧壁提成周期性边界条件、没有考虑侧壁面压缩效应造成的。总体上看,本节所建立的超声速湍流燃烧 G/Z 部分预混湍流燃烧模型是可行的,但是模型仍然需要进一步改善。

基于上述实验结果和数值结果,图 5.54 给出了凹腔中火焰稳定原理的示意

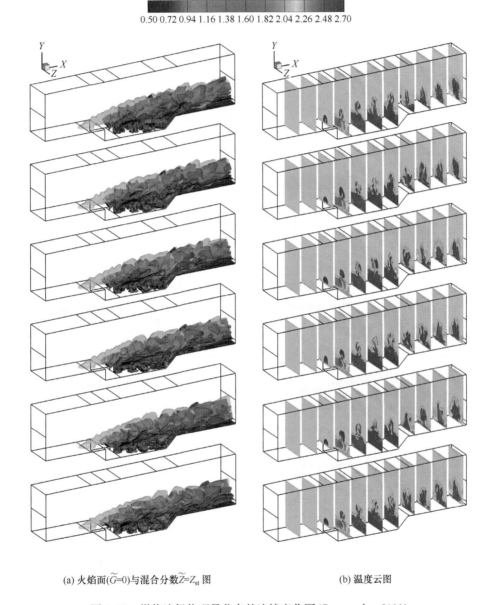

0.50 0.72 0.94 1.16 1.38 1.60 1.82 2.04 2.26 2.48 2.70

(a) 火焰面$(\tilde{G}=0)$与混合分数$\tilde{Z}=Z_{st}$图　　　　　　(b) 温度云图

图 5.51　燃烧流场物理量分布的连续变化图(Sun et al.，2011)

图。对于凹腔内的回流区,当回流区内的燃料/空气形成的部分预混气燃烧产生的火焰传播速度能够与流动速度相配合,就可能形成三岔火焰,而且部分预混火焰前锋稳定在回流区内且受扰动影响不大,从而形成回流区内稳定的火焰锋面以及向下游发展的扩散火焰面。

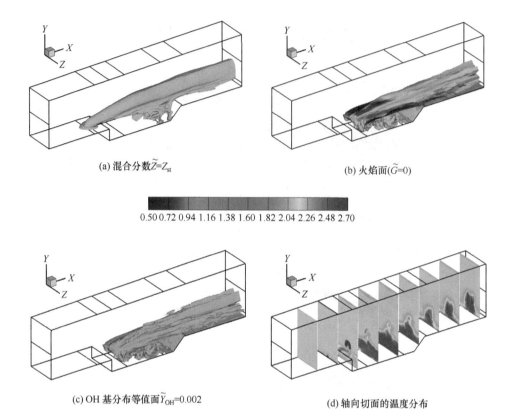

(a) 混合分数$\widetilde{Z}=Z_{st}$

(b) 火焰面($\widetilde{G}=0$)

0.50 0.72 0.94 1.16 1.38 1.60 1.82 2.04 2.26 2.48 2.70

(c) OH 基分布等值面$\widetilde{Y}_{OH}=0.002$

(d) 轴向切面的温度分布

图 5.52　时间平均的燃烧流场参数分布(Sun et al.，2011)

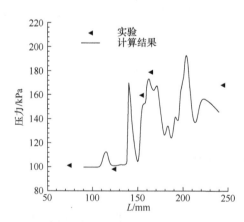

图 5.53　超声速来流稳焰凹腔压力分布实验与计算结果对比(Sun et al.，2011)

　　从图 5.51 中可以看出,凹腔剪切层中的火焰撞击后壁,射流火焰在后壁处卷入凹腔中,这意味着凹腔剪切层中燃烧产物的一部分和射流被凹腔剪切层中非定常运动卷入凹腔内部,与回流一起运动直至到达凹腔前壁。这些高温产物加热了凹腔使得其保持一个高温的环境。这些回流提供了一个低速区,其中火焰传播和流动能够达到平衡;高温的产物能够提供足够的点火能量来保证火焰前锋持续存在于凹腔中。图 5.54 显示了火焰前锋稳定在凹腔剪切层中,而且随着凹腔剪切层和射流的相互作用传播。大部分凹腔下游的射流被点燃而且是扩散型火焰。凹腔剪切层中的稳定火焰前锋或三岔火焰结构有可能是凹腔火焰的基本火焰稳定机制。

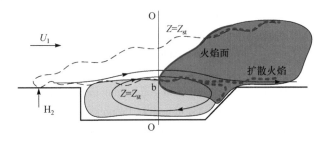

图 5.54 PLIF 图像和计算中得到的可能火焰稳定机制(Sun et al. , 2011)

(深色的阴影是火焰,浅色的是高温燃烧产物)

参 考 文 献

范周琴 . 2011. 超声速湍流燃烧火焰面模式判别、建模及应用研究[博士学位论文]. 长沙:国防科技大学.

范周琴,孙明波,刘卫东 . 2011a. 基于火焰面模型的超声速燃烧混合 LES/RANS 模拟 . 推进技术 32(2):191-196.

范周琴,孙明波,刘卫东 . 2011b. 超声速反应流火焰面/进度变量模型研究 . 航空动力学报,26(8):1750-1755.

范周琴,孙明波,刘卫东,等 . 2011c. 支板喷射超声速燃烧流场三维大涡模拟 . 国防科大学报,33(1):1-6.

范周琴,刘卫东,孙明波,等 . 2012. 超声速湍流燃烧火焰面模型理论分析 . 中国科学:技术科学,(4):443-455.

高振勋,李椿萱 . 2011. 适用于超声速湍流扩散燃烧流动的火焰面模型 . 中国科学,41(5):611-620.

孙明波 . 2008. 超声速来流稳焰凹腔的流动及火焰稳定机制研究[博士学位论文]. 长沙:国防科技大学.

孙明波,范周琴,梁剑寒,等 . 2010. 部分预混超声速燃烧火焰面模式研究综述 . 力学进展,(6):634-641.

孙明波,吴锦水,赵国焱 . 2014. 超声速湍流燃烧 G/Z 方程模型验证 . 高等学校工程热物理第二十届全国学术会议,青岛 .

王海峰. 2005. 湍流非预混燃烧的数值模拟研究[博士学位论文]. 合肥:中国科学技术大学.

邢建文. 2007. 化学平衡假设和火焰面模型在超燃冲压发动机数值模拟中的应用[博士学位论文]. 绵阳:中国空气动力研究与发展中心.

邢建文,乐嘉陵. 2008. 火焰面模型在超燃冲压发动机数值模拟中的应用. 实验流体力学, 22 (2):40-45.

杨阳,邢建文,乐嘉陵,等. 2008. 湍流燃烧模型对氢燃料超燃室流场模拟的影响. 航空动力学报, 23(4):605-610.

Amirreza S, Vincent E T, Frank H, et al. 2011. An efficient flamelet-based combustion model for supersonic flows. The 17th International Space Planes and Hypersonic Systems and Technologies Conference, SanFrancisco, California.

Antonella I, Claudio B. 2010. Physics and regimes of supersonic combustion. AIAA Journal, 48 (3):515-525.

Balakrishnan G, Williams F A. 1994. Turbulent combustion regimes for hypersonic propulsion employing hydrogen/air diffusion flames. Journal of Propulsion and Power, 10(3):434-436.

Ben-Yakar A. 2000. Experimental Investigation of Mixing and Ignition of Transverse Jets in Supersonic Crossflows[PhD Thesis]. Stanford:Stanford University.

Berglund M, Fureby C. 2007. LES of supersoniccombustion in a scramjet engine model. The 18th International Space Planes and Hypersonic Systems and Technologies Conference, Tours, France.

Bradshaw P. 1996. Turbulence modeling with application to turbomachinery. Progress in Aerospace Science, 32:575-624.

Bray K N C, Libby P A, Williams F A. 1994. High Speed Turbulent Combustion //Libby P A, Williams F A. Turbulent Reacting Flows. San Diego:Academic Press.

Byrne S O, Stotz I, Neely A J, et al. 2005. OH PLIF imaging of supersonic combustion using cavity injection. The 13th International Space Planes and Hypersonics Systems and Technologies, Australia.

Clemens N T, Mungal M G. 1995. Large scale structure and entrainment in the supersonic mixing layer. Journal of Fluid Mechanics, 284:171-216.

Dauptain A, Cuenot B, Poinsot T J. 2005. Large eddy simulation of a supersonic hydrogen-air diffusion flame. Complex effects in Large Eddy Simulation,Limassol.

Donbar J M, Driscoll J F, Carter C D. 1998. Simultaneous CH planar laser-induced fluorescence and particle imaging velocimetry in turbulent flames. AIAA 1998-151.

Eifler P, Kollmann W. 1993. PDF prediction of supersonic hydrogen flames. The 31st Aerospace Sciences Meeting & Exhibit, Reno, NV.

Evans J S, Schexnayder J C, Beach H L. 1978. Application of a two-dimensional parabolic computer program to prediction of turbulent reacting flows. NASA Technical Paper 1169.

Fan Z Q, Sun M B, Liu W D. 2010. Flamelet/progress-variable model for large eddy simulation of supersonic reacting flow. AIAA Paper 2010-6878.

Fan Z Q, Liu W D, Sun M B. 2011. Numerical investigation of supersonic combustion using flamelet modeling. The 28th International Symposium on Shock Waves, Manchester, UK.

Fan Z Q, Liu W D, Sun M B, et al. 2012. Theoretical analysis of flamelet model in supersonic turbulent combustion. Science China Technological Sciences, 55(1):193-205.

Gamba M, Mungal M G, Hanson R K. 2011. Ignition and near-wall burning in transverse hydrogen jets in supersonic crossflow. The 49th Aerospace Sciences Meeting including the New Horizons Forum and Aerospace Exposition, Orlando, Florida.

Goebe S G, Dutton J C. 1991. An experimental study of turbulent compressible mixing layers. AIAA Journal, 29(4):538-546.

Gruber M R, Donbar J M, Carter C D, et al. 2004. Mixing and combustion studies using cavity-based flameholders in a supersonic flow. Journal of Propulsion and Power, 20(5):769-779.

Ingenito A, de Flora G, Giacomazzi E, et al. 2006. LES modeling of scramjet combustion. The 44th Aerospace Sciences Meeting, Reno, Nevada.

Law C K. 2006. Combustion Physics. Cambridge:Cambridge University Press.

Magnussen B F. 1990. The Eddy Dissipation Concept for Turbulent Combustion Modeling: Its Physical and Practical Implications. Tronheim:SINTEF.

Micka D J, Driscoll J F. 2008. Reaction zone imaging in a dual-mode scramjet combustor using CH-PLIF. AIAA Paper 2008-5071.

Mitani T, Kouchi T. 2005. Flame structures and combustion efficiency computed for a mach 6 scramjet engine. Combustion and Flame, 142:187-196.

Mura A, Robin V, Champion M. 2007. Modeling of scalar dissipation in partially premixed turbulent flames. Combustion and Flame, 149:217-224.

Nogenmyr K J, Petersson P, Bai X S, et al. 2007. Large eddy simulation and experiments of stratified lean premixed methane/air turbulent flames. Proceedings of the Combustion Institute, 31:1467-1475.

Oevermann M. 2000. Numerical investigation of turbulent hydrogen combustion in a SCRAMJET using flamelet modeling. Aerospace of Science and Technology, 4:463-480.

Peters N. 1986. Laminar flamelet concepts in turbulent combustion. The Twenty-First Symposium(International) on Combust,RWTH Aachen.

Peters N. 2000. Turbulent Combustion Cambridge:Cambridge University Press.

Peters N, Williams F A. 1983. Lift-off characteristics of turbulent jet diffusion flames. AIAA Journal, 21:421-429.

Pierce C D, Moin P. 2004. Progress-variable approach for large eddy simulation of non-premixed turbulent combustion. Journal of Fluid Mechanics, 504:73-97.

Rasmussen C C, Dhanuka S K, Driscoll J F. 2007. Visualization of flameholding mechanisms in a supersonic combustor using PLIF. Proceedings of the Combustion Institute, 31:2505-2512.

Sabelnikov V, Deshaies B, Figueira L S F, et al. 1998. Revisited flamelet model for nonpremixed combustion in supersonic turbulent flows. Combustion and Flame, 114:577-584.

Saghafian A, Terrapon V E. 2011. An efficient flamelet-based Combustion Model for Supersonic Flows. The 17th International Space Planes and Hypersonic Systems and Technologies Conf erence, San Francisco.

Secundov A. 1996. Flamelet model application for non-premixed turbulent combustion. NASA NONCCW-75, Moscow.

Sun M B, Bai X S, Liu W D, et al. 2010. A modified sub-cell-fix method for re-initialization of level-set distance function and its dependence tests on grid stretching. Modern Physics Letters B,24(15):1615-1629.

Sun M B, Wang H B, Bai X S, et al. 2011. Flame stabilization in a supersonic combustor with hydrogen injection upstream of cavity flameholders:Experiments and Simulations. Proceedings of IMechE,Part G:Journal of Aerospace Engineering, 225:1351-1365.

Sun M B, Wang Z G, Liang J H, et al. 2008. Flame characteristics in a supersonic combustor with hydrogen injection upstream of a cavity flameholder. Journal of Propulsion and Power, 24 (4):688-696.

Sun M B, Wang Z G,Bai X S. 2010. Assess ment and modification of sub-cell-fix method for rein-itialization of level-set distance function. International Journal for Numerical Methods in Fluids,62:211-236.

Swaminathan N, Bilger R W. 1998. Assessment of combustion submodels for turbulent non-premixed hydrocarbon flames. Combustion and Flame, 116(4):519-545.

Swaminathan N, Bilger R W. 1999. Comment and reply on the "Assessment of computation sub-models for turbulent non-premixed hydrocarbon flames". Combustion and Flame, 116: 675-677.

Terrapon V E, Ham F, Pecnik R, et al. 2009. A flamelet-based model for supersonic combus-tion. Center for Turbulence Research, Annual Research Briefs.

Veynante D, Vervisch L. 2002. Turbulent combustion modeling. Progress of Energy Combustion Science, 28:193-266.

Waidmann W, Alff F, Böhm M, et al. 1995. Supersonic combustion of hydrogen/air in a SCRAMJET combustion chamber. Space Technology, 15(6):421-429.

Wilcox D C. 1994. Turbulence Modeling for CFD. La Canada,California:DCW Industries.

Williams F A. 2000. Progress in knowledge of flamelet structure and extinction. Progress in Ener-gy Combustion Science, 26:657-682.

Zheng L L, Bray K N C. 1994. The application of new combustion and turbulence models to H_2-Air nonpremixed supersonic combustion. Combustion and Flame, 99:440-448.